똑똑한 구매
현명한 조리
안전한 보관

전형주, 박현경 지음

매일 먹는 **식재료 103가지**와 건강을 위한 **과학적 지식 A to Z**

똑똑한 구매
현명한 조리
안전한 보관

초판 1쇄 인쇄　2017년 12월 01일
초판 1쇄 발행　2017년 12월 15일

지은이　전형주, 박현경
펴낸이　한준희
발행처　(주)아이콕스

기획/편집　박윤선
디자인　이지선, 신현주
사진　나진희
영업지원　김진아
제작　김정진(오크프린팅)

주소　경기도 부천시 중동로 443번길 12, 1층(삼정동)
홈페이지　http://www.icoxpublish.com
전화　032-674-5685
팩스　032-676-5685
등록　2015년 7월 9일 제 2017-000067호
ISBN　979-11-86886-50-2

※ 일러두기
 – '가공식품' 부분의 '주요첨가물'은 시중 제품에 주로 사용되는 원재료와 함량을 재편집한 것
　입니다. 특정 회사의 제품과는 관련이 없습니다.
 – 제품의 이미지는 내용의 이해를 돕기 위해 사용되었습니다. 이미지의 제품과 '주요첨가물'
　의 내용은 상이합니다.
※ 정가는 뒤표지에 있습니다.
※ 잘못된 책은 구입하신 서점에서 교환해드립니다.

똑똑한 구매
현명한 조리
안전한 보관

전형주, 박현경 지음

매일 먹는 **식재료 103가지**와 건강을 위한 **과학적 지식 A to Z**

21세기는 '식품 전성 시대'이자 '음식 전쟁의 시대'라고도 합니다. 즉 우리는 식품을 똑똑하게 구매하고 현명하게 조리하는 것이 꼭 필요한 시대에서 살고 있다고 할 수 있습니다. 많은 전문가들은 '오늘 먹은 음식이 미래의 나를 만들 수 있다.'고 말하곤 합니다. 식품을 식의(食醫)나 식약(食藥)의 틀에서 이해하는 과학적 접근이 아니더라도 식재료는 건강을 지키며 질병을 예방하는 차원에서 중요하다고 설명됩니다. 한편 조리법의 선택은 영양소의 보존을 위하여 식품의 가치를 효율적으로 활용할 수 있는 더 중요한 갈림길입니다. 왜냐하면 식품이 가득한 상황에서 오히려 나쁜 식재료는 우리 식탁을 위협하기도 하며 건강을 위해 먹는 음식에 실제로 우리가 원하는 만큼의 영양 성분이 들어 있지 않을 수 있기 때문입니다.

　음식은 건강이라는 실용적 역할만 하는 것이 아니라 '행복'이라는 정신적 충족의 역할까지 해주는 것입니다. 맛있는 음식을 좋은 사람과 함께 먹을 수 있다는 것은 우리의 삶 속에서 기쁨이 될 수 있는 일인데, 그 맛과 식감에도 좋은 식재료의 선택이 큰 영향을 미치게 됩니다. 사실 생채소나 과일, 샐러드를 제외하면 우리가 먹는 음식은 대부분 '조리'라는 과정을 거치게 됩니다. 원재료에 열을 가하여 일어나는 화학적인 작용이 어떤 맛을 내고 어떤 변화를 일으킬까요? 생선을 구워 먹는 것과 소금에 절여 먹는 것, 또는 발효시켜 먹는 것은 맛뿐만이 아니라 영양소의 효능도 다르다는 것입니다. 식재료들 간 일어나는 조리에서의 상생은 사람들 사이나 기업들 사이의 상생보다 어쩌면 더 중요한 일일지도 모르겠습니다. 그 이유는 혼합의 형태, 익힘의 방법이나 정도에 따라 그 원재료가 가지고 있는 영양 성분의 변화는 파괴와 보존을 넘어서 백세시대의 건강을 지키는 열쇠가 되기 때문입니다.

이제 우리에게 식품와 음식은 과학적인 효능에만 국한되지 않고 상징적이며 사회적이며 예술적인 면까지 통합된 체계로 만나는 일상이 되었습니다. 어떤 식재료를 사용하며 그 원재료를 어떻게 조리하느냐는 실용적 필요성을 넘어서서 경험하는 상징적 개념으로도 중요해졌습니다. 결국 건강을 지키는 식문화를 확립시키기 위해서도 식재료의 똑똑한 선택과 현명한 조리법이 두드러진 관심사가 되었다고 할 수 있습니다.

여럿이 둘러앉아서 밥상공동체를 형성하였던 과거로부터 여성의 직업, 핵가족화, 가공식품의 발달로 인한 식생활의 방법은 달라졌습니다. 따라서 식재료의 선택과 조리 방식은 상징과 의미를 실천하는 각자의 식문화가 되어서 건강과 젊음, 그리고 행복을 위한 수단으로 활용되고 있습니다.

이 책에는 우리나라 사람들이 사랑하는 식재료에 대한 내용을 담았고, 건강하게 잘 먹을 수 있는 구매법, 조리법, 보관법을 식품군별로 분류하여 제시하였습니다. 식품이 넘치는 이 시대에 많은 독자들이 좋은 음식을 먹기 위한 방법을 찾고자 할 때 건강과 행복을 주는 책으로 널리 활용되기를 바라는 바람입니다.

끝으로 이 책이 완성되기까지 사진과 편집에 최선을 다해주신 (주)아이콕스 출판사의 임직원분들께 깊은 감사를 드립니다.

2017년 11월 30일
전형주, 박현경

| 목차

PART 01

01 식품 라벨 제대로 읽기

포장하여 판매되는 식품의 외부 포장에 붙어있는 라벨에는 내용물의 중량, 제조일, 유통기한, 생산자, 판매자, 식품재료, 영양정보, 선택과 관련된 주의 사항 등을 표기하도록 하고 있다. 식품과 영양에 대한 표시 제도는 소비자의 식품 선택에 필요한 정보를 제공하여 소비자를 보호하고 소비자에 대한 교육과 더불어 생산자들로 하여금 건전한 식품을 생산하도록 하기 위한 것으로 식품위생법에 의한 의무 사항이다.

식품에 대한 정보가 들어 있는 모든 면을 라벨이라고 볼 수 있는데 크게 주표시면과 일괄표시면, 기타표시면으로 나눌 수 있다.

제품의 전면인 주표시면은 제품의 명칭과 내용량이 표기되며 내용량 섭취 시 제공되는 열량이 함께 표시되기도 한다.

일괄표시면은 제품의 식품위생법상 식품의 유형, 제조연월일, 유통기한 및 품질유지기한, 원재료명 및 함량, 성분명 및 함량을 표기한다. 원재료는 식품의 제조, 가공, 조리에 사용되는 물질로 최종 제품에 들어 있는 모든 물질을 의미한다. 성분이란 영양소처럼 원재료를 구성하는 단일 성분인데 따로 첨가되어 최종 제품에 남아있는 것을 의미한다.

기타표시면에는 제조자와 판매자, 제조자와 판매자의 주소, 섭취 및 보관과 관련된 주의 사항, 영양성분 등이 표시된다. 소비자가 식품에 대한 정보를 얻기 위해 라벨을 볼 때 특히 주의하여 살펴볼 것은 제조연월일, 유통기한, 원재료, 성분, 영양성분, 보관 및 섭취 시 주의 사항이다.

▶ 주표시면

- 제품명: **감자칩 · 1회 제공량: 1봉지(80g)
- 열량: 410kcal

▶ 일괄표시면

- 식품의 유형: 과자(유탕처리제품) · 원재료: 생감자(미국산), 해바라기유(수입산), 조미가공염 · 포장 재질: 폴리에틸렌 · 유통기한: 후면 표기일까지

▶ 기타표시면

- 제조: ㈜**식품, 경기도 부천시 **구 **동 **번지 · 보관상 주의: 직사광선을 피하여 온도, 습도가 낮은 곳에 보관, 개봉 후 가능한 빨리 섭취하십시오
"이 제품은 밀, 닭고기, 토마토를 사용한 제품과 같은 제조 시설에서 제조하였습니다."

영양성분

1회 제공량: 1봉지(80g)

1회 제공량당 함량		%영양소 기준치	1회 제공량당 함량		%영양소 기준치
열량	410kcal		포화지방	8g	53%
탄수화물	34g	10%	트랜스지방	0g	
당류	0g		콜레스테롤	0mg	0%
단백질	4g	7%	나트륨	280g	14%
지방	25g	49%			

*%영양소기준치: 1일 영양소 기준치에 대한 비율

① 제조연월일과 유통기한

제조연월일과 유통기한은 구매하고자 하는 식품의 신선도를 평가할 수 있는 표시 사항이다. 제품에 따라 제조연월일이 표시되는 것과 유통기한이 표시되는 제품이 있으며 품질유지기한이 표기된 제품도 있다.

제조연월일은 식품의 제조나 가공이 완료된 시점으로 제조연월일이 표기된 제품을 구매 할 때는 제조일이 구매일로부터 최대한 가까운 것을 선택하는 것이 좋다.

유통기한은 소비자에게 판매가 허용되는 기한으로 제조업체가 제품의 품질이나 안전성을 보장하는 기간이다. 따라서 유통기한이 표기된 제품을 구매할 때는 유통기한이 최대한 많이 남은 것을 선택하는 것이 좋다.

품질유지기한은 식품이 적절하게 보관될 때 최고의 관능적 특성을 유지할 수 있는 기간으로 이 시기가 지나도 유통기한 내라면 판매가 가능하다. 소비자의 경우에는 품질유지기한 이내의 식품을 구매해야 하며 가능하면 품질유지기한이 많이 남은 제품을 선택하는 것이 좋다.

② 원재료와 성분

생산된 최종 제품에 들어 있는 주재료와 첨가된 성분들로 감자, 밀가루처럼 주원료의 명칭과 원산지 등이 표기되며 주원료 이외에 들어가는 각종 부원료와 식품첨가물이 표기된다.

소비자는 식품을 구매할 때 원재료의 원산지와 식품첨가물의 종류, 유해 첨가물 사용 여부 등을 잘 살펴보고 식품을 선택해야 한다. 햄이나 소시지 같이 주재료의 함량이 식품의 품질에 큰 영향을 미치는 경우엔 원료의 함량도 함께 표기되니 꼭 확인하여 주원료의 함량이 높은 제품을 구매하도록 한다. 원재료나 성분은 함량이 높은 것부터 순서대로 쓰여 있으니 가장 앞에 쓴 성분의 함량이 가장 많다고 보면 된다. 큰 글씨로 쓰여 있는 것은 큰 의미는 없다.

③ 영양성분

영양성분 또는 영양정보라는 제목으로 박스에 표시되는 영양성분 표시는 구매하고자 하는 식품에 함유된 영양소의 종류와 함량을 표시한다. 표시되는 내용은 포장식품의 내용량과 총열량, 총제공량, 1회 제공량과 1회 제공량에 함유된 열량과 영양소이다.

영양소 중에서는 탄수화물, 당류, 단백질, 지방, 포화지방, 트랜스지방, 콜레스테롤, 나트륨의 함량과 % 영양소기준치가 의무적으로 표시되며 식이섬유나 기타 비타민, 무기질 등은 선택 사항이다. 의무적으로 영양성분 정보에 표시되는 영양소들은 단백질을 제외하고 과잉 섭취가 문제되는 것들이 많다. 따라서 구매하는 식품에 이들 영양소의 함량을 확인하고 섭취량을 조절하거나 다른 제품과 비교하여 선택해야 하는데 특히 콜레스테롤, 포화지방, 트랜스지방, 당류, 나트륨은 반드시 확인하고 함량이 적은 것을 구매한다.

일반 소비자들은 당류나 단백질 등의 함량이 표기된다 하더라도 그 양이 많은 것인지 적은 것이지를 판단하기 어렵다. 따라서 영양소 함량과 함께 % 영양소 기준치가 표시된다. 이는 영양소의 하루 섭취 권장량에 대한 식품을 먹었을 때 동일 영양소의 섭취량 비율이다. 예를 들어 1일 나트륨 섭취 권장량이 1500mg인데 초콜릿 한 통에 들어 있는 나트륨의 양이 15mg이라면 초콜릿 한통을 먹었을 때 나트륨은 1일 권장섭취량의 1%를 섭취하게 되는 것이다. 따라서 표기된 영양소의 함량만 볼 것이 아니라 % 영양소 기준치를 보았을 때 % 기준치가 클수록 함량이 높은 것으로 보면 된다.

④ 영양소 함량 강조 표시

– 트랜스지방 제로의 의미

'트랜스지방 제로'처럼 일부 바람직하지 않은 영양소나 열량에 대해서는 '제로'라는 표현을 사용한다. 하지만 트랜스지방이나 당류, 콜레스테롤 등의 함량이 0으로 표기가 되었어도 실제로 그 함량이 0은 아닐 수도 있다. 그 이유는 트랜스지방의 경우 식품 100g당 0.2g 미만이면 0로 표시할 수 있으며 지방은 0.5g, 포화지방 0.5g, 당류 0.5g, 나트륨은 5mg, 열량은 4kcal 미만이면 0으로 표시할 수 있기 때문이다.

– 저지방, 저열량, 저나트륨의 의미

저지방우유, 저나트륨 햄 등 식품에 '저'라는 표시가 되어있는 것은 과다 섭취 시 문제가 될 수 있는 일부 영양소의 함량을 낮춘 것으로 건강한 식품 선택과 소비에 도움을 줄 수 있도록 표시되는 것이다.

'저'라는 표시를 하기 위해서는 열량의 경우 식품 100g당 40kcal, 액상식품 100ml당 20 kcal 미만의 열량을 함유하여야 하며 지방은 100g당 3g 미만 또는 100ml당 1.5g 미만의 지방을 함유할 때 저지방으로 표시가 가능하다. 저콜레스테롤 표기 식품은 식품 100g당 200mg 미만, 액상식품은 100ml당 100mg 미만을 함유한 것이며 저나트륨은 100g당 나트륨 함량이 120mg 미만인 식품이다.

– 고칼슘, 고단백, 식이섬유 풍부 등의 의미

우유 같은 식품에서 흔히 볼 수 있는 고칼슘, 고단백 등의 표현은 법으로 정해진 일정량 이상의 영양소를 함유한 것에 대하여 표시할 수 있는 것이다. 식품의 라벨에 '고단백' 또는

'풍부하다'는 표현을 사용한 제품은 식품 100g당 1일 권장량의 20%에 해당하는 단백질을 함유했을 때이며 비타민이나 무기질은 100g당 1일 권장량의 30% 이상 함유한 경우에 '고' 또는 '풍부'라는 표시를 할 수 있다. 식이섬유의 경우에는 식품 100g당 6g 이상의 식이섬유를 함유해야 '고식이섬유' 또는 '식이섬유'가 풍부한 이라는 표현을 할 수 있다.

⑤ 주의사항

주의사항으로는 알레르기유발 물질의 함유 가능성에 대한 주의사항과 보관이나 조리, 섭취 시 주의사항 등이 있다.

계란이나 땅콩, 새우, 게, 고등어, 메밀, 토마토 등 알레르기를 유발할 수 있는 식품이 함유되지 않은 식품이라 하더라도 이들 식품을 사용하는 제조 시설에서 만든 식품은 알레르기를 유발할 수 있는 성분을 포함할 수 있으니 특정 성분에 대한 알레르기가 있는 경우에는 반드시 확인하고 구매해야 한다.

신선식품과 달리 가공 식품을 보관할 때 보관 조건에 대하여 신경을 쓰지 않는 경우가 있다. 하지만 가공식품도 그 특성에 따라 온도나 습도, 광선에 노출 등 보관 환경에 주의를 해야 하며 특히 개봉한 것은 잘 보관해야 하므로 구매한 식품에 표기된 보관 시 주의사항을 확인하고 조건에 맞게 보관한다.

조리 및 섭취와 관련하여 날카로운 캔이나 포장 봉지를 개봉할 때 또는 개봉 후 식품의 상태와 섭취 가능 유무에 대한 주의사항 등을 반드시 확인하도록 한다.

02 공산품에 함유된 주요 첨가물 바로 알기

식품산업의 발달과 더불어 가공 생산되는 식품의 품질을 개선하고, 저장성이나 관능적 특성을 증가시키며 대량으로 제조가 용이하도록 다양한 식품첨가물이 이용되고 있다. 현재 우리나라 식품위생법상 허용되는 식품첨가물에는 화학적 합성품이 415품목, 천연첨가물이 207 품목, 혼합제제가 7종 등 629 품목이 있다.

화학적 합성품은 화학적 수단에 의해 만들어진 것으로 화학물질을 원료로하여 화학적으로 합성하여 만들어진 것과 천연물이나 천연물에서 추출한 원료에 화학반응을 일으켜 만든 것이다.

천연첨가물은 천연의 식물이나 동물, 광물 등에서 유효성분만 분리하고 정제하여 만들며 발효에 의해서도 만들어진다.

  사용이 허용된 식품첨가물이라 해도 위해성이 큰 경우에는 사용 방법, 사용 식품, 사용량 등이 식품첨가물공전에 의해 규제되므로 함부로 사용해서는 안 된다.

주요 식품 첨가물의 종류와 용도

분류	용도	대표적인 첨가물
보존료	미생물의 발육을 억제하여 식품의 신선도를 유지하고 보존 기간을 연장	안식향산과 염, 파라옥시안식향산알킬에스터, 소르빈산과 염, 프로피온산과 염, 데히드로초산나트륨
살균제	부패균이나 병원균을 사멸	표백분, 고도표백분, 차아염소산나트륨 등
산화방지제	지방의 산화에 의한 변패 억제, 변색 및 퇴색의 방지	디부틸히드록시톨로엔(BHT), 부틸히드록시아니솔(BHA), 몰식자산프로필, 에리소르브산과 염, 아스코르브산(비타민 C)과 염, 아스코르빌스테아레이트, 아스코르빌팔미테이트, D-토코페롤, 이.디.티.에이.이나트륨 등
착색료	식품에 착색을 통한 색 부여	타르계 색소, 철클로로필린나트륨, 동클로로필린나트륨, 삼이산화철, 수용성아나토, 이산화티타늄, 파프리카추출색소, 코치닐색소, 카라멜색소, 베타카로틴 등
표백제	갈변이나 변색을 억제하기 위해서 또는 착색을 위해 기존의 색소 물질을 파괴	아황산나트륨, 메타중아황산나트륨, 차아황산나트륨, 산성아황산나트륨, 무수아황산나트륨 등
발색제	식품의 색소 물질과 반응하여 색을 내거나 색을 고정하고 안정화시킴	아질산나트륨, 질산나트륨, 질산칼륨, 황산제일철, 황산알루미늄칼슘 등
감미료	설탕 이외의 것으로 식품에 단맛을 주기 위해 사용됨	사카린나트륨, 글리실리진산이나트륨, D-솔비톨, 아스파탐, 스테비오사이드 등
산미료	식품에 신맛을 부여하기 위해 이용	구연산, 사과산, 젖산, 주석산, 호박산, 초산글루코노델타락톤, 빙초산, 아디핀산, 인산, 이산화탄소 등
조미료	식품의 풍미를 증진시키거나 감칠맛을 부여	5'이노신산나트륨, 5'구아닐산나트륨, L-글루타민산나트륨, 글리신, 알라닌, 타우린, D-주석산나트륨, 구연산삼나트륨 등
유화제	물과 기름처럼 잘 섞이지 않는 식품 성분들을 섞어주는 역할	레시틴, 글리세린지방산에스테르, 폴리소르베이트, 솔비탄지방산에스테르, 프로필렌글리콜지방산에스테르 등

분류	용도	대표적인 첨가물
밀가루개량제	밀가루를 표백하고 글루텐의 안정성과 탄력성을 좋게하여 제빵적성 향상	과산화벤조일, 과황산암모늄, 염소, 이산화염소, 스테아릴젖산나트륨, 스테아릴젖산칼슘
팽창제	밀가루 반죽을 부풀림	황산암루미늄염, 주석산탄화수소, 탄산수소나트륨, 탄산암모늄, 효모 등
피막제	과일이나 채소에 피막을 형성하여 신선도 유지	몰포린지방산염, 초산비닐수지
품질개량제	햄이나 소시지 등에서 탄력성과 보수성 등을 증가시켜 질감을 좋게함	중합인산염, 메타인산염, 피로인산염 등
용제	식품첨가물을 용해시켜 식품에 잘 혼합되도록 하는 역할	글리세린, 프로필렌글리콜 등
이형제	빵 반죽의 분할이나 구울 때 달라붙지 않도록 해줌	유동파라핀
소포제	거품의 생성을 억제	규소수지
호료	액체 식품의 점도를 증가시키고 여러 재료가 섞인 경우에 결착력을 높임	폴리아크릴산나트륨, 알긴산프로필렌글리콜, 메틸셀룰로오스, 알긴산나트륨, 카제인나트륨, 카르복시메틸셀룰로오스나트륨 등
산도조절제	식품의 산도나 알칼리도를 조절	수산화나트륨, 황산
영양강화제	식품에 특정 영양소 보충 및 강화	무기질류, 비타민류, 아미노산류, 식이섬유 등
착향료	식품에 특유의 향을 제공하기 위해 사용	계피알데히드, 멘톨, 낙산부틸, 니나롤 등

03 천연첨가물과 합성첨가물

　　많은 식품첨가물은 화학적으로 만들어지는 합성품이며 그중 일부는 타르색소처럼 석탄의 부산물을 주원료로 하는 것들도 있다. 따라서 많은 이들이 비식품을 원료로 하여 화학적으로 합성되는 인공적인 식품첨가물이 들어간 제품에 대하여 거부감을 가지며 그에 대한 안전성에도 의구심을 가진다.

　　화학적 합성품에 대한 이러한 의구심 때문에 과거부터 오랜 세월 사용되고 검증되어온 천연물질이나 천연식품을 이용하고자 하며 이런 소비자의 요구에 의해 천연재료로부터 만들어지는 천연첨가물의 개발과 이용이 많아지고 있다. 하지만 합성은 무조건 나쁜 것이고 천연은 무조건 좋은 것일까?

　사람들이 안전성에 의문을 제기하는 대표적인 화학적 첨가물에는 식용타르색소가 있다. 타르색소는 석탄타르에서 얻어지는 방향족탄화수소를 원료로 하여 만들어진다. 원래 섬유의 착색을 위해 개발된 것으로 일부 타르색소만 식품에 사용 가능하다. 하지만 식품에 사용이 허가된 식용타르색소도 안전성에 대한 논란이 계속 이어지고 있다. 따라서 식용타르색소와 같은 합성색소 대신에 식물, 동물 등에서 추출한 안전한 천연색소를 사용하는 식품들이 증가하였으며 소비자는 천연색소를 사용한 식품은 안전한 것으로 판단하게 된다.

　그러나 동식물에서 천연색소를 추출하는 과정에서 순수하게 색소만을 추출하는 것은 쉬운 일이 아니다. 색소 이외의 불순물이 포함되어 알레르기 등 여러 문제를 유발할 수도 있으며 천연색소 자체도 문제를 유발할 수 있다. 대표적인 예가 꼭두서니 색소로 한방에서 천근이라 불리는 약재인 꼭두서니의 뿌리에서 추출한 이 색소는 천연첨가물로 지정되어 사탕, 양갱, 소시지 등에 이용되었다. 그러나 동물 실험 결과 신장암을 유발하는 것으로 알려져 지정이 취소되었다. 현재 많이 이용되는 코치닐 색소는 연지벌레에서 추출한 색소인데 알레르기 유발 물질로 의심받고 있는 실정이다.

　천연의 동식물로부터 만들어진 천연첨가물이라 하더라도 이를 추출하는 과정에는 물리화학적인 방법이 동원되며 또한 농축된 성분이 갖는 문제점도 있을 수 있으며 불순물의 함유로 인한 문제도 있을 수 있다. 인공적으로 만들어지는 식품첨가물에 대한 불신으로 천연첨가물이 들어간 식품이 인기를 얻고 있지만 이는 어찌 보면 업체의 마케팅 수단에 불과할 수도 있다.

　인공첨가물인지 천연첨가물인지를 구분하기 보다는 안전한 첨가물인가를 고려해야 하며 전체적으로 얼마나 다양한 첨가물을 얼마나 많이 먹는가를 고려하여 식품을 선택하는 것이 바람직하다. 결국 천연첨가물도 식품첨가물이기 때문이다.

PART 02

CHAPTER 01

가공식품

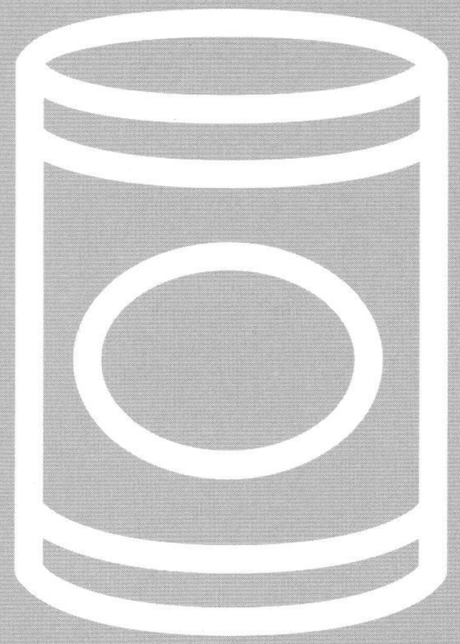

소시지·햄

끓는 물에 15초만 데치면 첨가물 걱정이 없어요

육류의 함량이 높은가?

아질산나트륨, L-글루타민산나트륨을 사용하지는 않았는가?

가공 과정이 단순한가?

콜레스테롤, 나트륨 함량이 낮은가?

육가공품 알고 먹기

햄, 소시지 등의 육가공품은 주로 돼지고기의 여러 부위를 소금에 절인 후 건조나 훈연, 또는 발효의 과정을 거쳐 만드는데 이는 냉장법이 발달하지 않았던 과거에 육류를 저장하는 유용한 방법이었다. 이런 과정을 거친 육가공품은 저장 기간이 길어짐은 물론 조리가 편리하며 신선육과는 다른 특유의 형태와 풍미로 소비량 또한 지속적으로 증가하고 있다. 그러나 요즘 마트에서 판매하는 햄이나 소시지는 판매 가치가 떨어지는 육류의 부스러기를 모아 만든 것이 있으며, 전통 방식으로 만든 육가공품과 유사한 맛을 내기 위해 각종 첨가물을 사용하기도 한다. 따라서 식품 라벨을 꼼꼼히 따져보고 구매하는 것을 권장한다.

제품명 : 소시지A

원재료 및 함량 : 돼지고기 80% (미국산), 정제소금, 백설탕, 과일혼합추출분말, 겨자분말, 대두단백, 난백분말, L-글루타민산나트륨, 마늘, 스모크향, 락색소, 아질산나트륨, 콜라겐케이싱

보관 방법 : 0~10℃에서 냉장 보관

1 L-글루타민산나트륨

효과

· 감칠맛을 내고 단맛, 짠맛을 증가시켜 풍미를 높임
· 식품의 좋지 않은 맛을 없앰

문제점

· 다량 섭취 시 메스꺼움, 구토, 발열감, 무력감, 졸음 증상 유발 가능성
· 유아의 경우 발육 저하, 비만, 신경 내분비장애 유발 가능성

2 아질산나트륨

효과

· 발색제로 제품의 붉은 색 고정
· 식중독균, 부패균의 증식 및 지방의 산패 억제

문제점

· 과량 섭취 시 산소결핍증 유발
· 유아의 경우 혈관 확장, 혈구 파괴, 세뇨관 폐쇄 증상 유발 가능
· 갑상선 기능 저하
· 비타민A 결핍 유발
· 아민류와 반응하여 발암 물질 생성

L-글루타민산나트륨은 감칠맛을 내고 단맛, 짠맛을 증가시켜 음식의 풍미를 좋게 느끼게 해주는 대표적인 육가공품의 첨가물이다. 글루타민산나트륨의 과다 섭취가 식사 후 속이 매스꺼워지거나 발열, 무기력증을 유발한다고 알려지기도 했으나 몸에 해롭다는 과학적 증거는 아직 밝혀지지 않았기 때문에 사용량에 대한 법적 기준도 아직 정해지지 않았다. 하지만 유아의 다량 섭취 시 발육의 저하와 비만, 신경 내분비장애가 발생할 수 있어 만 1세 미만의 유아의 음식에 첨가하지 않을 것을 권장하고 있다. 글루타민산나트륨의 첨가가 신선도나 품질이 떨어지는 재료를 사용한 음식의 질이 좋아 보이게 하는 효과가 있어 소비자는 원재료의 신선도를 확인하기 어렵다. 또한 글루타민산나트

름을 많이 섭취할수록 감칠맛에 대한 욕구가 높아져 글루타민산나트륨의 의존도가 높아질 수 있으므로 섭취에 주의해야 한다.

아질산나트륨은 육가공품의 붉은색을 고정하는 역할을 한다. 실제 육류를 가공하면 신선육의 붉은색과는 다르게 검붉게 변하는데 아질산나트륨은 이것을 방지해 더 먹음직스럽게 보이게 하기 위해 사용된다. 식중독을 일으키는 세균(보툴리누스균, 황색포도상구균, 살모넬라균 등)과 부패균의 생육을 억제하는 장점도 있으나 건강에 대한 위해도 큰 첨가물로 WTO에서는 유아 식품에 사용하는 것을 금지하고 있으며 대부분의 나라에서 식품에 사용 기준을 정해 사용량을 제한하고 있다. 또한 체내에서 아민 성분과 아질산나트륨이 결합하여 발암 물질인 니트로소화합물을 생성해 간과 식도 등에 암을 발생시킬 수 있으므로 다량의 섭취는 피하는 것이 좋다.

똑똑한 구매 Tip

1. 원재료인 육류의 함량이 높고 육류의 종류가 단순할 것
2. 첨가물, 조미료의 수가 적을 것
3. L-글루타민산나트륨, 아질산나트륨이 첨가되지 않은 것
4. 국내산, 무항생제 육류를 사용한 것
5. 가공법이 단순한 것

육가공품의 주재료는 돼지고기이지만 제품에 따라 어육, 닭고기 등 여러 종류의 고기를 모아 뭉쳐 만들기도 한다. 이렇게 이질적인 재료들이 합쳐질수록 가공 과정이 복잡해지며 포함되는 첨가물 수도 많아지므로 재료와 가공 과정이 단순한 것을 선택하는 것이 좋다. 사용되는 첨가물 또한 제품마다 적게는 3~5개에서 많게는 20개 이상인 것도 있으니 라벨을 확인한 후 첨가물 수가 적은 것을 선택한다. 특히 아질산나트륨은 위해성이 높은 첨가물이므로 함유 여부를 확인하고, 신선도와 맛이 우수한 항생제를 투여하지 않은 국내산 육류를 사용한 것인지 확인하는 것이 좋다.

마트에서 쉽게 볼 수 있는 훈제오리, 훈제닭, 훈제삼겹살 등의 훈제 식품 역시 발색제인 아질산나트륨, 산화방지제인 에리소르빈산나트륨, 합성보존료인 소르빈산나트륨, 향미증진제인 글루타민산나트륨과 같은 여러 첨가물이 포함되는 경우가 많다. 이러한 대량생산 제품들은 장시간의 훈연, 훈제의 과정으로 풍미를 내기 어려워 첨가물을 사용해 풍미를 높이고 보존성을 증가시키므로 햄, 소시지와 같은 방법으로 선택, 섭취해야 한다.

현명한 조리 및 섭취 Tip

1 끓는 물에 15초 이상 데친 후 조리

2 직화 조리는 피할 것

3 소금은 최소한으로 사용

4 항산화제가 풍부한 음식과 함께 섭취

육가공품은 끓는 물에 15초 정도 데친 후 조리하면 수용성 첨가물 대부분과 염분, 지방도 일부 제거해 좋지 않은 성분을 최소화할 수 있다. 데칠 때 가공육의 크기를 작게 자를수록 빠져나가는 첨가물의 양이 많아진다.

육가공품을 숯불 구이나 바비큐와 같이 직화로 조리할 경우 벤조피렌이 다량 생성되어 암을 유발할 수 있으니 직화 조리보다는 팬이나 냄비로 조리하는 것이 좋다. WTO는 하루 가공육을 50g 이상 섭취한 사람은 그렇지 않은 사람보다 암 발생률이 18% 증가한다고 발표했으니 과다 섭취하지 않는다.

육가공품은 본래 육류를 장기 보관하기 위한 수단이었기 때문에 염분의 함량이 높으므로 조리 시 소금의 첨가는 최소한으로 하는 것이 좋다. 비타민C, 토코페롤, 폴리페놀과 같은 항산화 성분은 발암 물질의 생성을 억제할 수 있으므로 파, 마늘, 고추, 깻잎, 양파 등의 채소와 함께 조리하거나 오렌지, 귤, 김, 파래, 녹차, 김치 등과 함께 섭취하면 좋다.

안전한 보관 Tip

1 개봉 후에는 밀폐 용기에 냉장 보관

2 장기 보관 시 1회분씩 소분해 냉동 보관

3 통조림 제품은 개봉 후 반드시 용기 교체

유통기한이 남아 있는 제품도 개봉한 후에는 빠른 시간 안에 소비하는 것이 가장 바람직하며 남은 경우에는 반드시 밀폐 용기에 덜어 냉장,냉동 보관해야 한다. 보존료가 들어가지 않은 제품일수록 유통기한이 짧아 부패하기 쉬우므로 반드시 냉장,냉동 보관해야 하며 유통기한 내 섭취해야 한다. 특히 통조림 제품은 캔 내부 코팅 성분인 주석, 비스페놀A 등이 개봉 후 식품으로 용출될 수 있으므로 개봉 후에는 반드시 다른 용기에 옮겨 담아 보관하여야 한다.

어묵·맛살

생선이 70% 이상 함유된 것이 맛있어요

소르빈산류(소르빈산, 소르빈산칼륨, 소르빈산칼슘)를 사용하지는 않았는가?

어육의 함량이 높은가?

색소를 사용하지는 않았는가?

어묵, 맛살 알고 먹기

어묵과 맛살은 생선살을 으깨 소금과 기타 재료를 섞어 가공하여 만든 식품이다. 어묵이라 하면 흔히 기름에 튀긴 것을 떠올리지만 찐 것과 구운 것도 있다. 어묵은 주로 흰살생선 60~70% 정도의 함량으로 만들며 나머지는 밀가루나 전분이 들어간다. 생선이 주재료인 만큼 고단백, 저지방(찌거나 구운 경우) 식품이라 할 수 있으나 제품에 따라 첨가물의 다량 함유, 저급 튀김 기름의 사용, 생선의 품질 등의 문제가 있다. 생선은 수분이 많아 세균의 번식이 용이해 소르빈산칼륨과 같은 방부제가 들어가고 글루타민산나트륨과 같은 풍미증진제, 산도조절제, 감미료 등이 첨가된다.

주요 첨가물

제품명 : 어묵A

원재료 및 함량 : 연육65%(중국산), 밀가루(미국산), 백설탕, 정제소금, 대두단백, L-글루타민산나트륨, 건조대파, 건조당근, 소르빈산칼륨, 어묵맛시즈닝, 산도조절제

보관 방법 : 0~10℃ 냉장 보관

제품명 : 게맛살B

원재료 및 함량 : 연육55%(베트남, 인도 등), 소맥전분, 정제소금, 조미액, 카놀라유, L-글루타민산나트륨, 산도조절제, 글루텐, 게향(합성향료), 혼합제제(코치닐추출색소, 락색소), 파프리카추출색소

보관 방법 : 0~10℃ 냉장 보관

---

1 L-글루타민산나트륨

효과

· 감칠맛을 내고 단맛, 짠맛을 증가시켜 제품의 풍미를 높임
· 식품의 좋지 않은 맛을 없앰

문제점

· 다량 섭취 시 메스꺼움, 구토, 발열감, 무력감, 졸음 증상 유발 가능성
· 유아의 경우 발육 저하, 비만, 신경 내분비장애 유발 가능성

2 소르빈산칼륨

효과

· 식품의 보존성을 높임

문제점

· 다식증(음식 섭취욕의 지나친 증가) 유발
· 아질산나트륨과 함께 섭취 시 발암 물질 생성

3 코치닐색소

효과

· 제품의 색을 보기 좋게 만듦

문제점

· 알레르기 유발 가능

L-글루타민산나트륨은 감칠맛을 내고 단맛, 짠맛을 증가시켜 음식의 풍미를 좋게 느끼게 해주는 첨가물이다. 글루타민산나트륨의 과다 섭취가 식사 후 속이 매스꺼워지거나 발열, 무기력증을 유발한다고 알려지기도 했으나 몸에 해롭다는 과학적 증거는 아직 밝혀지지 않았기 때문에 사용량에 대

한 법적 기준도 아직 정해지지 않았다. 하지만 유아의 다량 섭취 시 발육의 저하와 비만, 신경 내분비 장애가 발생할 수 있어 만 1세 미만의 유아의 음식에 첨가하지 않을 것을 권장하고 있다. 글루타민산나트륨의 첨가가 신선도나 품질이 떨어지는 재료를 사용한 음식의 질이 좋아 보이게 하는 효과가 있어 소비자는 원재료의 신선도를 확인하기 어렵다. 또한 글루타민산나트륨을 많이 섭취할수록 감칠맛에 대한 욕구가 높아져 글루타민산나트륨의 의존도가 높아질 수 있으므로 섭취에 주의해야 한다.

소르빈산칼륨은 식품 속 곰팡이, 일부 세균 등을 억제해 식품의 보존성을 높이는 첨가물로 어묵, 맛살 외에도 치즈, 젓갈, 건어물, 포도주 등에도 사용되는 비교적 독성이 약한 첨가물이다. 하지만 다식증을 유발하고, 아질산나트륨이 포함된 식품(햄, 소시지 등)과 함께 섭취하면 발암 물질을 생성하므로 각별히 주의해야 한다.

코치닐색소는 선인장에 사는 연지벌레에서 추출한 색소인데 이 과정에서 벌레의 단백질 성분이 함께 추출되어 이로 인한 알레르기 증상을 유발할 수 있다. WHO는 코치닐색소를 알레르기 유발 의심 물질로 분류하고 있다.

똑똑한 구매 Tip

1 연육의 함량이 70% 이상인 것

2 원재료인 연육의 종류를 확인할 것

3 굽거나 찐 방법으로 만든 것

4 첨가물(특히 보존료)의 수가 적을 것

5 신선한 제품을 선택할 것 (제조일자, 유통기한)

어묵의 품질은 어육의 함량과 종류로 결정된다. 어육의 함량이 높을수록 어묵에 탄력이 있고 국으로 조리할 때 덜 불기 때문에 식감이 좋으며 단백질 함량 또한 높다. 일반적으로 어육의 함량이 70% 이상이면 식감이 좋은 어묵으로, 80% 이상이면 고급 어묵으로 분류된다. 반면 어육 함량이 60% 이하인 것은 맛과 식감, 영양이 모두 떨어진다. 값싼 어묵일수록 잡생선을 섞어 만든 경우가 많으므로 명태나 조기의 함량이 높은 것을 선택하는 것이 좋다.

튀김 어묵(유탕처리)의 경우 사용하는 기름의 질이 나쁘거나 재사용하였을 경우 해로운 물질이 생길 수 있다. 특히 기름을 고온으로 가열할 때 지방의 산패가 촉진되어 과산화물이 생성되어 식중독과 DNA 변형을 유발할 수 있으니 굽거나 찐 방식으로 만든 어묵을 선택하는 것이 안전하다.

현명한 조리 및 섭취 Tip

1 끓는 물에 15초 이상 데친 후 조리

2 아질산나트륨이 포함된 햄, 소시지와 따로 섭취

3 어묵탕 제품 속 인스턴트 스프의 사용 자제

어묵은 조리 전 적당한 크기로 썰어 끓는 물에 15초 이상 데친 후 조리하면 방부제, 조미료 같은 첨가물 대부분과 기름을 일부 제거할 수 있다. 어묵탕용 제품에 들어 있는 스프는 조미료 등 여러 가지 첨가물이 다량 함유되어 있으므로 사용하지 않는 것이 바람직하다.

소르빈산류(소르빈산, 소르빈산칼륨, 소르빈산칼슘)가 포함된 어묵과 아질산나트륨이 포함된 햄이나 소시지를 함께 섭취할 경우 발암 물질을 생성할 수 있으므로 주의한다. 햄과 어묵이 함께 들어가는 김밥을 만들 경우 아질산나트륨이 들어가지 않는 햄인지 확인한 후 김밥에 사용하는 것이 좋다.

안전한 보관 Tip

1 개봉 후 공기를 차단해 냉장 보관(유통기한 내)

2 장기 보관 시 1회분씩 소분해 냉동 보관

어묵은 구매 후 가능한 빨리 섭취하는 것이 가장 좋다. 반드시 냉장 보관하며 개봉 후에는 공기를 최대한 제거한 후 지퍼백에 넣어 냉장 보관한다. 1주일 이상 보관해야 할 경우에는 1회분만큼 소분하여 냉동 보관한다. 어육의 함량이 높은 경우(70% 이상)는 냉동 후 해동해도 품질에 큰 차이가 없으나 밀가루나 전분 함량이 높은 경우는 해동하면 질감이 좋지 않으므로 냉동 보관하지 않고 냉장 보관하여 유통기한 내 섭취하도록 한다.

두부·유부

소금을 뿌려 물에 담아 보관하세요

Check Point

국내산 콩을 사용하였는가?

소포제를 사용하지는 않았는가?

제조일자가 최근의 것인가?

두부, 유부 알고 먹기

두부는 불린 콩을 갈아 물을 넣고 끓여 비지를 제거한 후 응고제를 넣고 수분을 제거해 만든다. 원재료인 콩에 비해 소화와 흡수가 잘되고 단백질, 칼슘, 갱년기 여성에게 좋은 식물성 에스트로겐인 이소플라본이 풍부하게 함유되어있으며 열량이 낮아 전 세계적으로 저칼로리 영양식으로 인정받고 있다. 시판 두부는 판두부 외에도 순두부, 연두부 등이 있으며 기름에 튀겨 만든 유부도 있다.

제품명 : 두부A
원재료 및 함량 : 대두100%(미국, 캐나다, 중국 등), 천일염 천연응고제, 염화마그네슘, 현미유
보관 방법 : 0~10℃에서 냉장 보관

1 수입산 콩

효과
· 국내산 콩보다 낮은 가격

문제점
· 유전자 변형 콩(GMO)의 가능성

제품명 : 유부B
원재료 및 함량 : 대두93%(수입산), 대두유, 규소수지, 염화칼슘, 황산칼슘, 분말소포제(탄산칼슘, 탄산마그네슘, 레시틴)

2 규소수지

효과
· 두부 제조 시 거품을 제거하는 소포제

수입산 콩은 국내산보다 가격이 낮기 때문에 콩 가공품에 많이 사용된다. 그러나 수입산 콩은 맛과 품질이 국내산보다 떨어질 뿐 아니라 유전자변형콩(GMO; Genetically Modified Organism)일 가능성이 높기 때문에 국내산 콩 100% 제품을 구매하는 것이 안전하다. 수입산이라고 해서 모두 유전자변형콩은 아니지만 확인할 수 없는 것이 문제이다. 이유는 유전자변형콩이라 하더라도 제조 후 GMO DNA나 외래 단백질이 검출되지 않으면 표시 제외 대상이 되기 때문이다.

콩물을 응고시킬 때 염화칼륨, 염화마그네슘, 황산칼륨 등 합성응고제나 간수, 심해수에서 추출한 천연응고제를 이용하는데 천연응고제라 하더라도 오염된 바닷물에서 추출한 경우에는 합성응고제보다 더 큰 문제가 될 수 있으므로 천연이 아니라 해서 무조건 거부감을 가질 필요는 없다.

두부 제조 시 콩의 성분인 사포닌 때문에 콩물을 끓이는 과정에서 거품이 많이 생겨 소포제를 사용하게 된다. 소포제는 규소수지와 식용유가 주로 사용되는데 소포제 자체를 사용하지 않은 것이나 규소수지보다는 현미유, 올리브유 등 식용유를 사용한 것을 권장한다.

🔍 유전자변형농산물(GMO)의 끝나지 않은 논란

유전자변형농산물은 유전자 변형을 통해 병이나 해충, 제초제 등에 대한 저항성을 향상시킨 것으로 수량 증대와 영양소 증가로 인한 품질 향상의 좋은 점도 있지만 인체는 물론 환경에 대한 위험 논란이 끊임없이 제기되고 있다. 한국의 경우 콩, 옥수수, 콩나물, 감자에 대해 '유전자 변형'이라는 표기로 GMO를 표시하도록 하였으나 두부 등 콩 가공품에 대해서는 제조 후 GMO DNA나 외래 단백질이 검출되지 않으면 표시 제외 대상이 되므로 원재료가 GMO인지 알 수 없는 문제점이 있다. 따라서 국내산 콩 100%로 만든 제품을 섭취하는 것이 GMO를 피할 수 있는 가장 확실한 방법이다.

똑똑한 구매 Tip

1 국내산 콩을 사용한 것

2 깨끗한 바닷물에서 얻은 천연응고제를 사용한 것

3 합성 소포제를 사용하지 않고 식용유를 사용한 것

4 유부는 첨가물이 적은 것

5 제조일이 최근의 것인 것

두부와 유부는 국내산 콩 100%로 만든 것을 구매하는 것이 유전자변형농산물의 위험에 안전하다. 응고제의 경우는 깨끗한 바닷물에서 얻은 천연응고제가 가장 좋다. 소포제의 경우 규소수지나 폴리소르베이트는 소량이라도 독성이 있을 수 있기 때문에 소포제를 아예 사용하지 않거나 현미유, 올리브유 등 식용유를 사용한 것을 선택하는 것이 좋다. 두부는 상하기 쉬운 식품이므로 반드시 제조일자가 오래되지 않은 것을 확인하고 특히 수제 두부를 구매할 경우에는 반드시 당일에 제조한 신선한 제품을 구매한다.

1 흐르는 물에 충분히 헹군 후 조리

2 유부는 뜨거운 물에 살짝 데쳐 기름기와 첨가물을 제거한 후 조리

3 유부초밥에 들어 있는 조미액은 가능한 사용하지 않을 것

4 해조류와 함께 섭취해 요오드 성분 배출 방지

두부는 찬물에 헹구면 응고제가 어느 정도 제거된다. 유부는 뜨거운 물에 살짝 데치면 기름기와 첨가물 일부를 제거할 수 있으며 열량도 낮출 수 있다.

유부초밥 제품의 조미액은 각종 첨가물이 포함되어 있으므로 식초와 설탕을 이용해 직접 만드는 것이 몸에는 더 좋다.

콩의 사포닌 성분은 면역력과 항암 효과가 있어 몸에 좋으나 체내 대사나 갑상선에 좋은 요오드 성분을 배출시키는 단점이 있어 김이나 미역과 같이 요오드가 풍부한 해조류와 함께 섭취하면 좋다.

1 남은 두부는 물에 담가 두부 위에 소금을 뿌려 냉장 보관 (유통기한 내)

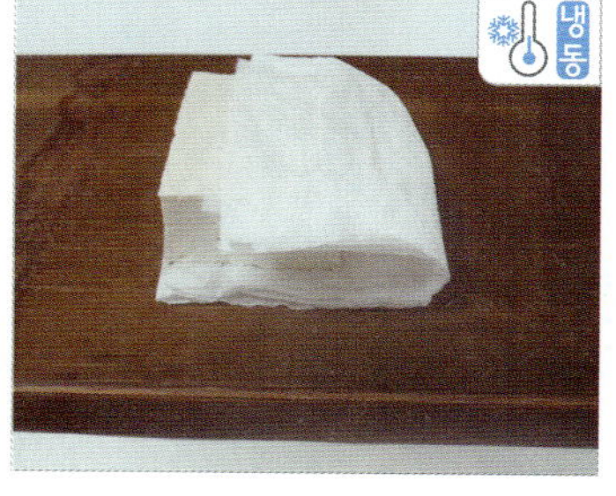

2 장기 보관 시 수분 제거 후 냉동 보관

3 유부는 1회분만큼 소분하여 냉동 보관

두부와 유부는 구매 후 반드시 냉장 보관하며 장기 보관 시 수분을 제거해 냉동 보관한다. 남은 두부는 물에 담가 두부 위에 소금을 뿌리고 보관하면 신선한 상태로 오래 보관할 수 있다. 이때 물은 매일 갈아주면 좋고 밀폐된 용기에 넣어 냉장 보관하며 장기 보관 시에는 수분을 제거해 냉동 보관하도록 한다.

통조림

10분만 열어두면 휘발성 물질을 제거할 수 있어요

제조일자가 너무 오래되지는
않았는가?

캔이 찌그러지거나 부풀거나
녹슬지는 않았는가?

주 재료의 함량이 높은가?

색소 등 첨가물이 많이 들어 있
지는 않은가?

통조림 알고 먹기

통조림은 원래 식품 중 부패미생물을 없애고 외부로부터의 미생물 침입을 막아 식품을 장기 저장하기 위해 만들어졌다. 통조림은 내용물을 가공 또는 조미하여 용기에 넣은 후 스팀으로 탈기하고 곧바로 밀봉해 만든다. 통조림은 장기 보관이 가능하고 유통과 섭취가 간편해 바쁜 현대인들이 편리하게 사용하고 있으며 과일통조림부터 생선, 고기, 각종 반찬까지 그 종류는 수없이 많다.

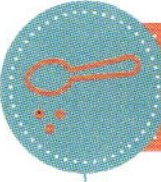

주요 첨가물

제품명 : 과일통조림A

원재료 및 함량 : 파인애플33%, 파파야 24%, 나타드코코8%, 체리가공품2%, 정제수, 백설탕, 정백당, 코코넛밀크, 식용색소적색제3호, 구연산, 초산

보관 방법 : 서늘한 곳에 보관

1 식용색소(합성착색료)

효과
· 식품에 다양한 색을 냄

문제점
· 다량 섭취 시 알레르기 유발

식품에 사용되는 색소는 크게 식품에서 추출한 천연색소와 인공 합성착색료로 나뉜다. 문제가 되는 것은 합성착색료로 석탄 타르에서 얻은 원료로 만든 타르색소가 대표적이다. 우리나라에서는 식용색소적색 제2호, 제3호, 제40호 및 제102호, 식용색소황색 제4호와 제5호, 식용색소녹색 제3호, 식용색소청색 제1호와 제2호 등 9품목만이 사용 가능한데 허용 범위 내에서 사용 가능하다. 빛에 대한 안정성은 식품의 성분, pH, 경도 및 금속의 존재 여부 등에 따라 다른데 식용색소청색 제1호 및 적색 제3호는 빛에 불안정하다.

똑똑한 구매 **Tip**

1 제조일로부터 가까운 것

2 캔이 찌그러지거나 부풀거나 녹슬지 않은 것

3 고온에 보관되지 않은 것

4 주재료의 함량이 높고 첨가물이 적은 것

5 나트륨 함량이 낮은 것

통조림의 유통기한은 보통 3~5년으로 다른 식품보다 매우 길다. 하지만 제조일로부터 시간이 지날

수록 캔 내부의 코팅 성분의 용출이 많아질 수 있으므로 제조일로부터 1년 이내의 것을 구매하는 것이 좋다.

캔이 찌그러지거나 부푸는 등 형태의 변화가 있는 것은 밀봉이나 멸균의 과정이 잘못된 것으로 미생물이 증식했을 가능성이 높으니 구매하지 않도록 한다. 특히 녹슬거나 파손된 것은 선택하지 않는다.

통조림 안의 식품의 풍미를 좋게 하거나 예쁜 색을 위해 각종 첨가물이 들어갈 수 있는데 되도록 첨가물의 수가 적은 것을 선택한다. 또한 통조림은 그대로 섭취할 수 있도록 조미가 되어 있는 것이 대부분인데 나트륨 함량이 낮은 것을 구매하고 과다 섭취하지 않도록한다.

현명한 조리 및 섭취 Tip

1 통조림의 담금액은 섭취하지 않을 것
2 옥수수, 콩, 햄, 소시지 통조림은 내용물을 끓는 물에 데친 후 조리
3 과일 통조림은 과일을 찬물에 헹군 후 섭취
4 통조림 개봉 후 10분 후 섭취

통조림의 담금액에는 주석, 비스페놀A와 같은 캔 성분이 용출되어 있을 수 있으며 담금액에 함유된 과량의 나트륨, 설탕, 기름 섭취의 원인이 될 수 있으니 마시지 않는 것이 좋다. 통조림 식품 섭취 전에 내용물을 물에 씻거나 데치면 여분의 담금액 성분과 첨가물을 제거할 수 있다.

통조림 식품을 열처리할 때 생기는 퓨란이라는 성분은 발암 가능 물질로 논란이 되고 있는 것인데 휘발성 물질이기 때문에 캔을 개봉한 뒤 5~10분만 방치하면 쉽게 제거되므로 개봉 후 10분 후 섭취하는 것이 좋다.

안전한 보관 Tip

1 직사광선을 피해 서늘하고 건조한 곳에 보관

2 개봉 후 밀폐 용기에 냉장 보관

통조림을 온장고와 같은 뜨거운 곳에 보관하면 몸에 해로운 캔 내부의 코팅 성분이 더 많이 용출된다. 또한 습한 곳일수록 상대적으로 부식의 위험이 높기 때문에 건조하고 서늘한 곳에 보관하는 것이 좋다.

　개봉된 통조림은 빠르게 부패하고 캔 코팅 성분의 용출이 증가하므로 개봉 후에는 반드시 밀폐 용기에 옮겨 보관하고 2일 이내에 섭취하는 것이 좋다.

식용유

들기름은 참기름과 8:2 비율로 섞으면 오래 보관할 수 있어요

제조일이 오래 지나지 않았는 가?

유전자변형농작물(GMO)을 사용하지는 않았는가?

'00맛 기름'처럼 첨가물로 맛 을 내는 기름은 아닌가?

식용유 알고 먹기

식물성 원료에서 채유하여 만든 식용유는 튀겼을 때의 바삭한 식 감과 고소함으로 많은 요리에 쓰인다. 대부분의 식물성 기름은 우 리 몸에 꼭 필요한 불포화지방산의 함량이 높다. 특히 들기름에는 오메가3 지방의 함량이 높고 올리브유에는 심혈관질환에 좋은 올 레산(단일불포화지방)이 풍부하며 참기름에는 천연 항산화제인 토 코페롤과 세사몰이 함유되어 있다. 이러한 이유로 식물성 기름, 특히 옥수수유와 콩기름이 각광받았으나 최근에는 유전자변형농 작물(GMO)의 가능성과 높은 열량으로 기피 대상이 되었다.

주요 첨가물

제품명 : 콩기름A
원재료 및 함량 : 콩100%(미국, 브라질 등)
보관 방법 : 직사광선을 피해 서늘한 곳에 보관

제품명 : 튀김전용유B
원재료 및 함량 : 콩99.8%(미국, 파라과이 등), 혼합제제(글리세린지방에스테르, 토코페롤)
보관 방법 : 직사광선을 피해 서늘한 곳에 보관

1 수입산 콩

효과
· 국내산 콩보다 낮은 가격

문제점
· 유전자 변형 콩(GMO)의 가능성

2 글리세린지방산에스테르

효과
· 혼합되지 않는 이질적인 물질들을 잘 섞이게 하는 유화제

문제점
· 과다 섭취 시 알레르기 유발 가능
· 영양 성분의 흡수 방해 가능

가장 많이 사용되는 식용유인 콩기름, 옥수수유, 카놀라유는 대부분 수입된 원료로 채유를 한다. 이들 작물은 GMO(Genetically Modified Organism, 유전자변형농산물) 생산이 많으며 실제로 우리나라에 수입되는 GMO 작물의 많은 양이 식용유의 생산에 이용된다. 그러나 유전자변형작물로 가공한 식용유라 하더라도 제조된 식용유에서 GMO DNA나 외래단백질이 검출되지 않으면 제품 용기에 유전자변형작물이라는 표기를 하지 않아도 되므로 소비자들은 GMO 작물로 만들어진 제품인지 확인할 수 없다.

튀김전용유처럼 특수한 목적에 맞도록 만들어지는 식용유는 여러 기름을 섞어 만들기 때문에 이들이 잘 섞이도록 글리세린지방에스테르와 같은 유화제를 첨가하기도 한다. 글리세린지방에스테르는 서로 잘 섞이지 않는 여러 물질을 잘 섞이도록 하는 특성을 지녀 아이스크림 같은 가공 식품에 많이 이용되는데 장에서 발암 물질의 흡수를 촉진하고 신장이나 간에 좋지 않은 영향을 미칠 수 있다는 논란이 있다.

식당 등에서 많이 이용하는 참기름 맛이 나는 향미유는 여러 기름에 조미료, 향신료, 착향료 등을 첨가하여 만드는 것으로 값이 저렴한 것 중에는 기름의 질이 좋지 않은 것도 있으니 주의해야 한다.

1 제조일이 최근인 신선한 제품 선택
2 산화 방지를 위해 소량씩 자주 구매
3 참기름의 원재료는 참깨가루가 아닌 통참깨인 것
4 '○○맛기름'과 같은 첨가물이 함유된 향미유는 피할 것
5 올리브유는 정제를 거치지 않은 '엑스트라버진'으로 선택
6 들기름, 참기름은 볶지 않거나 저온에서 볶은 것을 선택

신선한 기름의 섭취는 지방의 섭취에서 가장 신경을 써야 할 부분이다. 건강에 좋은 불포화지방산이 함유된 기름이라도 산화된 것은 오히려 건강에 해롭기 때문이다. 따라서 기름을 고를 때에는 제조일 자가 최근인 것을 고르고 소량씩 자주 구매하는 것이 좋다.

참기름을 선택할 때는 반드시 참깨가루가 아닌 통참깨로 만든 제품을 구매해야 한다. 참깨는 가루를 내는 순간부터 지방의 산화가 시작되어 변질이 쉽고, 가루를 내면 원재료의 품질과 위생 상태를 확인하기 어렵기 때문이다. 또한 참기름과 들기름은 고소한 맛과 향을 증가시키기 위해 압착하기 전 300℃ 이상의 고온에서 볶는 경우가 많은데 이때 벤조피렌이라는 발암 물질이 생성될 수 있다. 따라서 볶는 과정이 생략되거나 저온에서 볶은 것을 선택하는 것이 좋다.

올리브오일은 품질에 따라 세 가지 등급으로 나뉜다. 최상급인 엑스트라버진 올리브유는 가열하지 않은 올리브를 압착하여 채유한 것으로 특유의 맛과 향, 색이 모두 좋으며 항산화 성분인 토코페롤, 폴리페놀이 풍부하며 산화가 아주 낮다. 중급인 버진오일은 엑스트라버진 올리브유보다 산화가 조금 높으며 하급인 퓨어 올리브유는 정제 과정을 거쳐 맛과 향, 색이 모두 떨어지므로 엑스트라버진 올리브유를 선택하는 것이 좋다.

1　용도에 맞는 식용유를 선택
2　기름에서 연기가 나지 않도록 조리
3　기름의 재사용은 피할 것
4　새 기름과 사용했던 기름을 섞지 않을 것

식용유는 종류에 따라 발연점이 달라 반드시 목적에 맞게 사용해야 한다. 180℃ 이상의 고온에서 볶거나 튀기는 경우에는 발연점이 높은 콩기름, 옥수수유, 포도씨유, 현미유, 카놀라유가 적당하다. 반면 정제 과정을 거치지 않아 발연점이 낮은 올리브유, 들기름, 참기름은 나물이나 드레싱소스처럼 가열하지 않는 요리에 적합하다.

발연점이 높은 식용유라 하더라도 고온으로 장시간 조리하게 되면 기름에서 기름에서 연기가 나는데 이는 지방이 분해되는 현상이다. 이때 생성되는 아크롤레인이라는 물질은 피부와 점막을 자극하고 심한 경우 암을 유발할 수도 있으니 고온으로 장시간 조리하는 것은 피한다.

몸에 좋은 불포화지방의 함량이 높은 기름일수록 산패도 빠르므로 한 번 사용한 기름은 재사용하지 않고 새 기름과 섞어서 사용하지도 않아야 한다. 또한 지방의 과다 섭취는 비만과 각종 질병의 원인이 될 수 있으므로 과한 섭취는 피하도록 한다.

1 밀폐해 직사광선을 피한 서늘한 곳에 보관

2 들기름은 반드시 냉장 보관

3 장기 보관 시 들기름은 참기름과 8:2 비율로 섞어 냉장 보관

산패가 빠른 기름은 반드시 밀폐해 직사광선이 없는 서늘한 곳에 보관해야 한다. 특히 조리하기 편하게 가스레인지 가까이 두는 경우가 많은데 이 경우 높은 온도도 인해 산패 속도가 빨라지므로 반드시 피해야 한다. 용기를 교체해야 하는 경우에는 짙은 색 병에 보관하도록 한다.

산화를 막아주는 성분이 풍부한 참기름과 달리 들기름은 항산화 성분이 많지 않으므로 구매 후 반드시 냉장 보관하고 1~2달 이내에 소비하는 것이 바람직하다. 들기름의 장기 보관 시 들기름과 참기름을 8:2 비율로 섞어 보관하면 1년까지 보관이 가능하다. 이는 세사몰, 토코페롤, 리그난 등 참기름에 함유된 항산화 물질들이 들기름의 산패를 막아주는 역할을 하기 때문이다.

장류

개량 된장은 짧게, 재래식 된장은 오래 끓여야 맛이 좋아요

국내산 원료 100%인가?

대두박, 대두분, 탈지대두가 아닌 대두가 원료인가?

첨가물, 염분의 함량이 지나치게 많지는 않은가?

소르빈산칼륨, 파라옥시안식향산 등의 보존료를 사용하지는 않았는가?

장류 알고 먹기

장류의 주원료인 콩은 단백질을 풍부하게 함유하고 있어 쌀과 보리 같은 곡류 단백질을 보완하기에 매우 효과적이다. 또한 칼륨, 인, 마그네슘, 칼슘 등의 무기질의 함량이 높고, 갱년기 여성에게 특히 좋은 식물성에스트로겐인 이소플라본도 풍부하다.

콩으로 만든 각종 장류는 집에서 만드는 한국의 대표적 전통 건강식품이었지만 생활 방식의 변화로 현대인들은 대량 생산하는 제품을 저렴하게 구매하게 되었고 대량생산하는 과정에서 첨가물, 원재료, 제조 방법 등에 대한 문제점이 생기게 되었다.

제품명 : 진간장A

원재료 및 함량 : 정제수, 탈지대두(인도산), 정제소금, 효소처리스테비아, 양조간장(탈지대두, 인도산), 천일염, 소맥, L-글루타민산나트륨, 파라옥시안식향산에틸

보관 방법 : 직사광선을 피해 실온 보관, 개봉 후 냉장 보관

1 탈지대두(대두분, 대두박)

효과

· 생 대두에 비해 싸고 쉽게 얻을 수 있음

문제점

· 수입산의 경우 유전자변형작물의 가능성
· 영양적으로 질이 떨어짐

2 효소처리스테비아

효과

· 단맛을 내는 감미료

3 L-글루타민산나트륨

효과

· 감칠맛을 내고 단맛, 짠맛을 증가시켜 풍미를 높임
· 식품의 좋지 않은 맛을 없앰

문제점

· 다량 섭취 시 메스꺼움, 구토, 발열감, 무력감, 졸음 증상 유발 가능성
· 유아의 경우 발육 저하, 비만, 신경 내분비장애 유발 가능성

4 파라옥시안식향산(에틸)

효과

· 식품의 보존성을 높이는 합성 방부제

문제점

· 남성의 생식 기능 저하
· 위장 장애

대량으로 생산되는 장류 가공품에는 국내산 대두보다 수입산 대두나 탈지대두(대두분, 대두박)가 사용되는 경우가 많다. 앞서(두부, 식용유) 언급했듯 수입산 콩은 유전자변형 가능성이 있어 안전성이 검증되지 않았으며 콩에서 기름을 짜고 남은 콩인 대두박은 영양적으로 질이 떨어진다.

L-글루타민산나트륨은 감칠맛을 내고 단맛, 짠맛을 증가시켜 음식의 풍미를 좋게 해주는 첨가물로 유아의 경우 다량 섭취 시 발육의 저하와 비만, 신경 내분비장애가 발생할 수 있어 만 1세 미만의 유아의 음식에 첨가하지 않을 것을 권장하고 있다. 글루타민산나트륨은 신선도나 품질이 떨어지는 재료에 사용해도 음식의 질이 좋아 보이게 하는 효과가 있어 소비자는 원재료의 신선도를 확인하기 어렵다. 또한 글루타민산나트륨을 계속적으로 섭취할수록 인공 감칠맛에 대한 의존도가 높아져 글루타민산나트륨의 의존도가 높아질 수 있으므로 섭취에 주의해야 한다.

파라옥시안식향산이나 소르빈산칼륨은 식품 속 미생물의 생육을 억제해 보존성을 높이는 합성 방부제로 위해성이 낮은 첨가물로 알려져 있지만 남성의 경우 생식 기능 장애를 가져올 수 있어 주의가 필요하다.

똑똑한 구매 Tip

1. 탈지대두, 대두박, 대두분이 아닌 대두가 원료인 것
2. 국내산 대두, 국내산 고춧가루를 사용한 것
3. 보존료와 향미증진제가 첨가되지 않은 것
4. 산분해간장이 아닌 양조간장을 선택할 것

시판 장류 중에는 콩에서 기름을 짜고 남은 대두박이나 대두분을 이용해 만든 것이 많은데 이는 온전한 상태의 콩이 아닌 쓰고 남은 콩으로 만든 것이기 때문에 영양적으로 질이 떨어진다. 또한 수입산 콩을 원료로 사용한 경우는 유전자변형콩의 가능성이 있으므로 국내산 콩 100%를 사용한 것을 선택하는 것이 좋다. 특히 고추장의 경우 고춧가루가 아닌 고추양념, 고추양념분말이 함유된 경우가 있는데 이러한 양념의 재료는 대부분 수입산이므로 반드시 라벨의 원산지를 확인하고 구매해야 한다.

일부 장류는 보존성을 높이기 위해 소르빈산칼륨, 파라옥시안식향산과 같은 첨가물을 사용하며 감칠맛을 위해 글루타민산나트륨과 같은 향미증진제를 사용하기도 하는데 이 첨가물들은 위해성이 적은 식품첨가물로 분류되나 여러 첨가물과 함께 섭취할 경우 결코 안전하다고 할 수 없으므로 가급적 첨가물이 들어가지 않은 제품을 구매하는 것이 안전하다.

　모조 간장이라 볼 수 있는 산분해간장은 제조 공정에서 인체에 유해한 물질이 생성될 수 있고 발효 간장의 맛을 내기 위해 각종 첨가물을 사용하기 때문에 양조간장을 구매하는 것이 좋다.

현명한 조리 및 섭취 Tip

1 용도에 맞는 간장으로 조리

2 고추장은 당도에 따라 알맞게 사용

3 된장찌개는 쌀뜨물, 육수, 부추로 조리

4 개량 된장은 짧게, 재래식 된장은 오래 끓일 것

보통 염도가 높은 국간장(조선간장, 집간장)은 국이나 찌개, 나물을 무칠 때 사용하며 진간장(양조간장)은 조림이나 찜을 할 때 사용한다.

　고추장의 경우는 고추장용 메주로 쌀이나 찹쌀, 밀 등을 넣고 만든 재래식 고추장과 일본식 메주인 코지를 이용해 만든 개량 고추장(대부분의 시판 고추장)이 있다. 시판 고추장에는 물엿 등으로 당도를 높인 것도 있는데 찌개용으로는 당도가 낮은 전통 고추장을 사용하는 것이 더 좋다.

　된장은 콩으로 메주를 띄워 만든 전통 된장, 콩과 밀을 섞어 코지를 만들어 완성하는 개량 된장(대부분의 시판 된장)이 있다. 개량 된장은 살짝 끓여야 맛이 나는 반면 전통 된장은 오래 끓일수록 감칠맛이 깊어진다.

　된장은 글루타민산나트륨과 같은 향미증진제가 함유되지 않은 제품을 사용하는 것이 좋으며 이 경우 쇠고기나 멸치, 조개, 표고버섯과 같은 재료를 불린 물을 이용해 끓이면 첨가물의 사용 없이도 깊은 감칠맛을 낼 수 있다. 된장찌개를 끓일 때 쌀뜨물을 이용하면 쌀뜨물의 전분으로 인해 국물이 더 부드럽고 진한 맛이 나며 천천히 식는 효과도 있다.

　된장찌개의 염분이 높아지는 것을 방지하기 위해 처음에는 간을 싱겁게 해 국물이 졸아도 짜지 않게 하며 나트륨 배출을 돕는 칼륨이 풍부한 부추는 장류와 궁합이 좋으므로 함께 조리하면 좋다.

안전한 보관 Tip

1 된장과 고추장은 랩으로 덮고 밀폐한 후 냉장 보관

2 재래식간장은 서늘한 곳에 보관하고 가끔 뚜껑을 열어 환기

3 진간장은 개봉 후 반드시 냉장 보관

소르빈산칼륨, 파라옥시안식향산과 같은 보존료가 첨가되지 않은 된장과 고추장은 반드시 밀폐해 냉장 보관해야 한다. 또한 표면을 평평하게 해 비닐이나 랩을 씌워 보관하면 곰팡이가 생기는 것을 막을 수 있다.

재래식 간장은 염도가 높아 그늘진 상온에 보관해도 문제가 없으나 상대적으로 염도가 낮고 당도가 높은 개량 간장은 부패되기 쉬워 개봉 후에는 반드시 냉장 보관해야 한다.

소스

항산화 효과는 생토마토보다 케첩이 더 좋아요

향미증진제, 산화방지제, 감미료 등 첨가물이 과하게 사용되지는 않았는가?

케첩의 경우 토마토퓨레나 토마토페이스트의 함량이 높은가?

사용된 간장이 혼합간장이 아닌 양조간장인가?

소스 알고 먹기

그 종류만 해도 수백 가지는 족히 넘는 소스는 음식의 맛을 풍부하게 하는 감초 같은 역할을 한다. 토마토에는 항산화 성분인 라이코펜이 풍부하며 가열할 경우 그 흡수율이 더 높아져 생토마토보다 케첩에 라이코펜 성분이 더 많다. 하지만 시판 케첩은 25% 정도의 설탕, 과당과 함께 나트륨도 상당량(100g당 1.3g) 포함한다. 마요네즈 또한 재료의 80% 이상이 기름 성분이며 100g당 700칼로리가 넘는 고열량 식품이다. 조금만 첨가해도 마법처럼 맛을 향상시키는 소스류, 이제는 알고 먹어야 할 때이다.

주요 첨가물

제품명 : 토마토케첩A

원재료 및 함량 : 토마토페이스트44%, 정제수, 물엿, 백설탕, 발효식초, 정제소금, 잔탄검, 케첩향신료, 양파분

보관 방법 : 건조하고 서늘한 곳에 보관, 개봉 후에는 뚜껑을 꼭 닫아 냉장 보관

1 1. 잔탄검(산탄검), 변성전분

효과

· 액체를 걸쭉하게 만드는 증점제

문제점

· 12개월 이하의 영유아 섭취 시 괴사성 장염 유발

제품명 : 마요네즈B

원재료 및 함량 : 대두유(수입산), 정제수, 난황액, 양조식초, 백설탕, 정제소금, 포도당, 잔탄검, 이디티에이칼슘이나트륨

보관 방법 : 건조하고 서늘한 곳에 보관, 개봉 후에는 뚜껑을 꼭 닫아 냉장 보관

2 이디티에이칼슘이나트륨

효과

· 지방의 산패를 막는 합성산화방지제

소스류에 많이 사용되는 증점제는 액체를 걸쭉하게 만드는 역할을 하며 잔탄검(산탄검)과 변성전분이 주로 쓰인다. 미생물을 이용해 얻은 첨가물인 잔탄검에 대한 문제점이 보고된 바는 없으나 12개월 이하의 영유아가 섭취했을 경우 괴사성 장염을 유발한 사례가 있다. 마요네즈는 기름이 주 원료이기에 산패되기 쉬워 이디티에이칼슘이나트륨과 같은 산화방지제를 사용하는데 이는 합성첨가물로 드레싱 등 사용 범위가 제한되어 있다.

돈까스소스, 우스터소스, 스테이크소스에서도 잔탄검, 변성전분과 같은 증점제가 함유된 것을 쉽게 볼 수 있으며 소스 특유의 색을 내는 캐러멜색소도 사용된다. 캐러멜색소는 당을 고온으로 가열할 때 만들어지는 것으로 천연색소로 분류되지만 4-메틸이미다졸이라는 발암 가능성 물질이 발견되는 등 유해성에 대한 논란이 끊이지 않는 첨가물 중 하나이다.

우스터소스에 함유된 혼합간장은 탈지대두를 사용한 것이 많은데 소량이라 할지라도 각종 첨가물과 유전자변형의 위험성, 제조상의 문제점이 있을 수 있으니 라벨을 꼼꼼히 확인한 후 양조간장을 사용한 것을 구매할 것을 권장한다.

1 첨가물의 수가 적은 것
2 케첩은 토마토퓨레나 토마토페이스트 함량이 높은 것
3 마요네즈는 합성산화방지제가 포함되지 않은 것
4 혼합간장이 아닌 양조간장을 사용한 것

케첩에 함유된 페이스트는 보통 35~45%, 많게는 60~70%까지 들어간다. 페이스트의 함량이 높을수록 진하고 맛도 좋으며 항산화 성분인 라이코펜의 함량도 많다. 가공식품에 쓰이는 토마토 종이 생과일로 섭취하는 토마토 종보다 라이코펜의 함량이 높아 항산화 효과는 생토마토보다 토마토 가공식품이 더 좋다. 소스를 걸쭉하게 만들기 위한 잔탄검(산탄검), 변성전분 등의 증점제와 보존을 오래하기 위한 산화방지제 등의 첨가물이 들어가지 않은 것이 좋다.

소스류는 설탕, 물엿, 과당 등 감미료가 많이 들어간 식품이므로 열량 또한 높다. 칼로리가 낮다고 광고하는 소스류에는 설탕이나 물엿 대신 합성 감미료를 사용하는 경우가 많다. 저칼로리 소스의 경우 칼로리는 낮지만 단맛을 대체하기 위해 효소처리스테비아를 첨가하므로 저칼로리 제품이라고 해서 무조건 몸에 좋은 것은 아니다.

마요네즈는 산패가 쉬워 대부분 산화방지제를 사용하는데 최근에는 합성산화방지제의 유해성에 대한 논란이 많아지면서 이디티에이칼슘이나트륨 대신 천연항산화제로 대체되는 추세이다. 산화방지제가 들어가지 않은 제품이 가장 좋지만 그만큼 보존 기간이 짧기 때문에 작은 것을 구입하여 빨리 소비하는 것이 좋다.

1	최소한의 양을 사용하여 조리
2	튀긴 음식보다 삶거나 구운 요리에 활용
3	기름이 많은 소스는 1~2개월 안에 섭취

소스류는 설탕, 물엿, 과당 등 감미료가 많이 들어간 식품이므로 열량 또한 높기 때문에 뿌려 먹는 것보다 찍어 먹어 섭취를 줄이는 것이 좋다. 기름에 튀긴 음식은 그 자체로도 열량이 높기 때문에 소스 사용을 최대한 자제하고 신선한 채소를 삶거나 굽는 방식으로 조리한 음식에 활용하는 것을 권장한다.

또한 마요네즈와 같이 기름의 함량이 높은 제품은 작은 제품을 구매해 1~2개월 안에 섭취하는 것이 좋다.

소스의 층이 분리되면 상한 것?

보관한 소스류의 층이 분리되는 경우가 있다. 이는 물과 기름층이 자연스럽게 분리된 것으로 유통기한이 지난 소스가 아니라면 먹기 전 흔들어 먹으면 아무 문제가 없다. 이런 현상은 물과 기름이 잘 섞이게 하는 유화제를 사용하지 않은 제품에서 더 많이 나타나므로 제품의 이상이 아니라 오히려 유화제를 사용하지 않은 제품임을 확인할 수 있는 현상이다.

1 개봉 후 뚜껑을 꼭 닫고 냉장 보관

2 마요네즈는 튜브 안 공기를 최대한 없앤 후 냉장 보관

소스류는 장기 보관하는 경우가 많기 때문에 뚜껑이 잘 닫혔는지 확인하는 것이 중요하다. 개봉 후에는 뚜껑을 잘 닫고 냉장 보관하며 뚜껑이 헐거운 경우에는 용기를 교체하여야 한다.

지방 성분이 많은 마요네즈는 산패를 막기 위해 튜브 안 공기를 최대한 뺀 후 뚜껑을 닫아 냉장 보관한다.

라면

면을 데친 후 새 물도 끓이면 100kcal나 줄일 수 있어요

나트륨, 열량이 지나치게 높지
는 않은가?

제조일이 오래되지는 않았는
가?

첨가물의 종류가 지나치게 많
지는 않은가?

라면 알고 먹기

우리나라는 1인당 라면 소비량이 세계 1위인 나라이다. 그만큼 라면의 종류도 수백 가지나 된다. 라면은 익힌 국수를 기름에 튀겨 전분이 익은 상태를 유지하도록 해 빠른 시간 안에 조리할 수 있도록 만든 음식이다. 하지만 튀긴 음식이 가질 수 있는 문제점과 스프에 들어가는 각종 첨가물, 그리고 라면 자체의 높은 열량과 염분은 건강에 문제가 될 수 있어 각별한 주의를 기울일 필요가 있다.

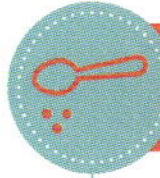

주요 첩가물

제품명 : 라면A

원료 및 함량(면) : 소맥분(미국산), 변성전분, 팜유, 정제염, 양파엑기스, 면류첨가알칼리제, 비타민B2

원료 및 함량(스프) : 소고기맛베이스, 정제염, 정백당, 양념간장분, 햄맛분말, 식물성간장분말, 김치조미분말, 후추분, 돈육풍미분말, 아미노산혼합제제, 호박산이나트륨, 팜유, 파프리카추출물, 5-리보뉴클레오티드이나트륨, 청경채, 실당근, 건양배추, 건파

보관 방법 : 상온 보관

---

1 면류첨가알칼리제(탄산칼슘, 탄산나트륨, 피로인산나트륨)

효과

· 식품의 보존성을 높이는 산도조절제
· 면발을 쫄깃하게 만들어 탄력을 향상시킴

문제점

· 인체 항상성 유지 방해
· 민감성 피부의 경우 피부 질환 발생

2 호박산이나트륨

효과

· 감칠맛을 증가시키는 조미료
· 글루타민산나트륨과 혼합 시 풍미 증가

문제점

· 아직까지 보고된 바 없음

3 5-리보뉴클레오티드이나트륨

효과

· 맛을 풍부하게 하는 향미증진제
· 글루타민산나트륨과 혼합 시 풍미 증가

문제점

· 가열 공정을 거친 제품에서 문제 보고된 바 없음

라면 면발이 쫄깃하고 탱탱하게 오래 유지되는 이유는 면류첨가알칼리제가 함유되었기 때문인데 다량 섭취 시 우리 몸은 안정 상태로 유지해주는 항상성이 유지되지 않을 수 있고 민감성피부의 경우는 피부 질환을 유발할 수 있다.

라면의 스프에는 맛을 내기 위한 각종 첨가물이 함유된다. 최근 글루타민산나트륨에 대한 소비자의 거부감이 심해져 이 대신 호박산이나트륨, 5-리보뉴클레오티드이나트륨, 핵산조미료, 캐러멜색소 등 감칠맛과 풍미를 높이는 향미증진제가 사용되고 있다.

똑똑한 구매 Tip

1 제조일이 최근인 것

2 첨가물의 종류가 많지 않은 것

3 나트륨 함량이 낮은 것

4 열량이 걱정된다면 기름에 튀기지 않은 라면을 선택

라면의 면은 기름에 튀겨 만들어 산패가 빠르기 때문에 제조일이 오래되지 않은 것을 선택하는 것이 좋다.

라면 한 봉지의 나트륨은 약 1900mg 정도인데 이는 세계보건기구 하루 섭취 권장량인 2000mg과 거의 같은 수준으로 염분이 매우 높은 식품이므로 영양성분표의 나트륨 함량을 반드시 확인해 염분 함량이 낮은 제품을 선택한다. 요즘에는 기름에 튀기지 않아 열량을 낮춘 라면과 나트륨 함량을 낮춘 라면도 많이 출시되고 있으니 꼼꼼히 따져보고 선택하면 나트륨, 열량을 제한할 수 있다.

> **1** 유탕면은 끓인 후 물을 교체해 기름기 제거
> **2** 스프의 양은 줄이고 고춧가루, 마늘을 추가해 조리
> **3** 나트륨 배출에 효과적인 식품과 함께 섭취
> **4** 곁들이는 김치는 최소한으로 섭취

기름에 튀긴 유탕면은 끓는 물에 삶아낸 후 물을 교체해 조리하면 면의 기름기가 제거되어 열량을 100kcal 이상 줄일 수 있다. 또한 스프의 양을 줄이고 부족한 맛은 고춧가루, 마늘, 파 등으로 보완하여도 첨가물과 열량의 섭취를 줄일 수 있다.

나트륨 함량이 높은 라면은 나트륨 배출을 도와주는 채소(양파, 양배추, 버섯, 콩나물, 숙주)와 함께 조리하면 좋다. 반면 라면과 곁들이는 김치는 나트륨 함량이 높기 때문에 소량만 섭취하는 것이 좋다. 라면을 먹은 후 우유와 토마토와 같은 과일을 먹으면 섭취하면 나트륨 배출에 도움이 된다.

1 직사광선을 피해 서늘한 곳에 보관

2 개봉한 후 남은 라면과 스프는 폐기

라면의 유통기한은 5개월 정도인데 온도가 높은 곳에 두면 유통기한 내라도 산패가 진행될 수 있어

빛이 들지 않는 서늘한 곳에 보관하는 것이 좋다.

　튀긴 면은 개봉 후 산소와 접촉하게 되면 산패가 더 빠르기 때문에 남은 라면은 보관하지 않고 폐기하는 것이 좋다.

스낵

팜유를 사용한 튀김 제품보다는 구운 제품을 고르세요

국내산 곡물로 만든 제품인가?

유탕처리 제품인가, 구운 제품
인가?

쇼트닝, 팜유를 사용하지는 않
았는가?

나트륨, 트랜스지방, 당류의 함
량이 높지는 않은가?

과자 알고 먹기

남녀노소 간식으로 즐기는 과자류는 감자, 곡류, 전분, 콩 등을 튀
기거나 굽고 각종 조미료와 첨가물로 맛을 낸 것으로 특유의 바삭
함과 달콤하고 짭짤한 맛으로 사랑받는 식품이다. 그러나 수입산
원재료, 가공 과정의 문제점이 있으며 과자에 함유된 다수의 첨가
물은 건강에 좋지 않다. 소비자의 요구에 따라 팜유 대신 해바라
기씨유를 사용한 제품, 튀기는 대신 구운 제품, 첨가물 함량을 최
소화한 제품도 출시되고 있으니 알고 구매할 필요가 있다.

주요 첨가물

제품명 : 과자A

원재료 및 함량 : 감자(미국산), 팜유, 미강유, 조미염분말, 천일염, 감자분말, 양파맛시즈닝, 수크랄로스, BHC, TBHQ

보관 방법 : 빛이 들지 않는 서늘한 곳에 보관

1 수크랄로스

효과
· 설탕의 600배 단맛을 내는 합성감미료
· 0칼로리

문제점
· 체내에서 분해되지 않음
· 주요 장기(신장, 간) 손상 가능성
· 면역력 저하
· 백혈병 유발 가능

2 BHA

효과
· 산화 방지

문제점
· 발암 가능성

3 TBHQ

효과
· 산화 방지

문제점
· 알레르기 증상의 심화

스낵류는 튀겨 만든 것(유탕처리)들이 대부분이며 이 제품들의 기름 함량은 적게는 10%에서 많게는 40% 이상인 것들도 있는데 라벨의 지방 함량을 보면 스낵 1봉지를 섭취했을 경우 1일 지방 섭취 권장량의 100% 가까이 섭취하게 되는 제품도 있어 주의할 필요가 있다. 보통 팜유에 식물성 기름을 섞어 사용하는 경우가 많은데 팜유는 산패가 느린 장점이 있지만 포화지방의 함량이 높고 고온 조리 시 발암 물질이 생성될 수 있어 주의해야 한다.

단맛이 나는 스낵에는 설탕을 비롯하여 과당, 아스파탐, 솔비톨, 수크랄로스 등 다양한 감미료가 들어간다. 수크랄로스의 단맛은 설탕의 600배, 아스파탐이나 효소처리스테비아의 단맛은 설탕의 100~200배 정도로 매우 높아 소량만 첨가해도 단맛을 내 설탕 대체료로 많이 사용된다. 아스파탐의 경우 페닐알라닌대사이상질환자는 섭취를 제한해야 한다.

스낵의 라벨을 읽다보면 시즈닝이라는 단어가 많이 나온다. 양파맛시즈닝, 스위트플레이버시즈닝, 베이컨맛시즈닝 등 그 종류도 다양한데 시즈닝은 MSG나 MSG와 유사한 향미증진제와 착향료 등이 들어 있는 혼합조미료로 볼 수 있다. 조미소금이 들어간 스낵도 있는데 조미소금이란 MSG가 들어간 맛소금으로 이 또한 섭취를 신경 쓸 필요가 있다.

똑똑한 구매 Tip

1 수입산이 아닌 국내산 곡물이 원료인 것
2 유탕처리보다는 구운 제품을 선택
3 대용량 제품보다는 소포장 제품을 선택
4 팜유, 합성산화방지제, 쇼트닝을 사용하지 않은 것
5 트랜스지방, 나트륨, 당류 함량을 확인하고 선택

수입산 옥수수의 경우 유전자변형작물(GMO) 가능성이 있어 가능하면 국내산 감자, 양파, 밀가루 등으로 만든 제품을 선택하는 것이 좋다. 또한 스낵류는 열량이 높은 제품이 많으므로 기름에 튀긴 유탕처리 제품보다 구워 만든 제품을 선택해 조금이라도 열량 섭취를 줄이는 것이 좋다. 유탕처리 스낵을 구매할 경우 포화지방 함량이 높은 팜유보다는 해바라기씨유 등의 기름으로 만든 것이 좋으며 한 봉지에 많은 양을 넣은 대용량 제품보다는 소포장된 제품을 구매하는 것이 좋다.

극히 일부이지만 스낵의 튀김 기름에 부틸하이드록시아니솔(BHA)나 터셔리부틸히드로퀴논(TBHQ)이라는 산화방지제를 넣은 제품이 있는데 식품 라벨에서 이것이 보인다면 구매하지 않기를 권한다. 이유는 BHA는 발암 가능성을 비롯한 여러 문제를, TBHQ는 알레르기 증상의 심화 문제 등 그 안전성에 대한 논란이 지금도 활발하게 보고되고 있기 때문이다.

스낵에 함유된 포화지방의 과다 섭취는 비만은 물론 고지혈증, 각종 혈관질환을 유발한다. 일반 기름도 고온에서 장시간 가열하면 트랜스지방이 만들어져 심장병, 암, 당뇨병, 알레르기 등 여러 질환의 원인이 되므로 스낵의 섭취는 되도록 줄이는 것이 좋다.

현명한 조리 및 섭취 Tip

1 개봉 후 빠른 시간 안에 섭취할 것

2 1회 제공량씩 섭취할 것

3 나트륨 배출을 돕는 식품과 함께 섭취할 것

기름 함량이 많은 스낵류(특히 유탕처리 제품)는 산패가 빠르기 때문에 먹기 직전 개봉하고 최대한 빠른 시간 안에 섭취하는 것이 좋다. 작은 사이즈로 소포장된 제품을 하나씩 섭취하는 방법을 권장한다.

식품 라벨을 살펴보면 1회 제공량이라고 표시된 부분이 있다. 예를 들어 '1회 제공량(30g, 총 3회 분량)'이라 표기된 것은 과자 한 봉지가 아닌 1/3봉지에 대한 제공량을 의미하며 밑에 표기된 열량, 당류, 염분 등도 1/3봉지에 대한 양이니 혼동하지 않아야 한다. 소포장된 작은 사이즈 제품이 아닌 대용량 제품의 경우에는 한 번에 1회 분량만을 섭취하는 것이 당류, 지방, 염분 등을 과하게 섭취하지 않는 방법이다.

염분이 많은 스낵은 탄산음료나 주스와 함께 먹는 것보다 우유와 함께 섭취하는 것이 나트륨 배출을 도와줄 뿐 아니라 단백질 보충에도 도움이 된다.

1 빛이 들지 않는 서늘한 곳에 보관

2 개봉 후 공기를 차단해 어두운 곳에 보관

3 개봉 후 공기를 차단해 냉장 보관

기름기가 많은 스낵류는 한 번 먹을 분량으로 된 제품을 구매해 빛이 들지 않는 서늘한 곳에 보관해야 산패를 최소화할 수 있다. 양이 많은 제품을 개봉했을 경우에는 공기를 차단할 수 있는 집게, 지퍼백 등을 사용해 어두운 곳에 보관해 최대한 빠른 시간 내에 섭취한다.

1일 이상 보관할 경우 냉장 보관하며 냉장 보관이라도 2일을 넘기지 않도록 한다.

초콜릿

폴리페놀 함량이 높은 다크초콜릿을 고르세요

카카오 함량이 높은 것인가?

카카오버터를 사용했는가, 식물성유지를 사용했는가?

인공 색소를 사용하지는 않았는가?

초콜릿 알고 먹기

입에 넣는 순간 사르르 녹아버리는 달콤쌉싸름한 초콜릿은 충치와 비만의 원인으로 알려졌으나 그것은 초콜릿 가공품에 포함된 설탕 때문이다. 초콜릿 원료인 카카오는 항산화 작용이 있는 폴리페놀의 함량이 높아 적당히 섭취하면 오히려 건강에 좋다. 폴리페놀은 밀크초콜릿보다 카카오 함량이 35% 이상인 다크초콜릿에 더 많이 함유되어 있으니 건강을 위해서라면 과자, 사탕, 캐러멜 등이 들어 있지 않은 다크초콜릿을 먹는 것이 좋다.

주요 첨가물

제품명 : 초콜릿A

원료 및 함량 : 코코아메스, 코코아버터, 백설탕, 탈지유, 유당, 유지방, 정제소금, 합성착색료(식용색소황색4호), 레시틴

1 합성착색료(식용색소)

효과

· 식품에 화려한 색을 내는 석탄타르를 원료로 한 합성색소

문제점

· 알레르기, 소화기 장애
· 발암 가능성

2 레시틴

효과

· 첨가물이 잘 섞이게 하는 유화제
· 혈관, 치매 예방, 피부미용에 좋음

문제점

· 알레르기 유발

코팅 초콜릿의 알록달록한 색은 석탄타르로 만든 타르색소를 사용하는데 과다 섭취 시 알레르기, 소화기 장애를 일으킬 수 있고 발암 가능성이 있어 특히 아이들에게 섭취를 제한하는 것이 좋다.

초콜릿에 들어가는 설탕 등이 서로 들러붙지 않고 잘 섞이게 하기 위해 대부분의 초콜릿에는 유화제가 들어가며 보통 레시틴을 많이 사용한다. 레시틴은 혈관에 좋고 치매를 예방하며 피부에 좋은 장점이 있지만 대두에 알레르기가 있는 사람의 경우에는 문제가 될 수 있다.

똑똑한 구매 Tip

1 카카오 고형분의 함량이 높을 것
2 과자, 사탕 등 다른 식품이 들어가지 않은 것
3 식용유지가 아닌 100% 카카오버터 제품을 선택
4 경화유가 들어가지 않을 것
5 인공색소가 들어간 알록달록한 초콜릿은 피할 것
6 유통기한이 충분히 남은 것

카카오매스나 카카오분말의 함량이 높을수록 폴리페놀의 함량도 높다. 폴리페놀은 항산화 기능이 있어 심혈관질환을 예방하고 노화를 억제하므로 카카오 함량 35% 이상인 다크초콜릿을 선택하는 것이 좋다. 과자가 들어간 초콜릿바나 인공색소가 들어간 초콜릿은 폴리페놀의 함량이 거의 없거나 낮으니 선택하지 않도록 한다.

시중에는 값이 비싼 카카오버터 대신 값싼 식물성 유지를 넣는 제품도 있다. 질적으로 반드시 카카오버터가 우수하다고 보기는 어렵지만 식물성 기름 중 품질이 떨어지거나 경화시킨 것들이 들어갈 수 있고, 경화유를 만드는 과정에서 트랜스지방이 생성될 수 있으므로 경화유가 들어간 것은 선택하지 않는 것이 좋다.

화려한 색으로 코팅된 초콜릿은 타르색소로 만든 것으로 알레르기, 소화기 장애, 발암 가능성이 있으므로 피하는 것이 좋다.

초콜릿은 수분이 거의 들어 있지 않아 부패는 일어나지 않지만 지방 함량이 높아 산패가 발생할 수 있기 때문에 유통기한이 충분히 남은 제품을 선택한다.

🔍 초콜릿의 종류와 카카오 고형분 함량

초콜릿은 원재료인 카카오의 함량과 우유나 설탕의 첨가량에 따라 다크초콜릿, 스위트초콜릿, 밀크초콜릿, 화이트초콜릿, 준초콜릿, 카카오 가공품 등으로 나뉜다.

국가에 따라 초콜릿에 들어가는 카카오의 함량에 대한 기준은 차이가 있으나 보통 다크초콜릿은 카카오 고형분의 함량이 35% 이상이어야 한다. 스위트초콜릿은 설탕의 함량이 더 높고 카카오 고형분의 함량은 30% 이상인 것을 말한다. 밀크초콜릿은 카카오 고형분이 25% 이상이고 유고형분의 함량이 12% 이상인 것을 말한다. 화이트초콜릿은 카카오매스는 들어가지 않고 카카오버터만 20% 이상 함유된 것으로 유고형분이 14% 이상 들어간다. 카카오 고형분의 함량이 7% 이상인 것은 준초콜릿으로 분류하며 초콜릿에 너트나 과자, 캔디 등을 넣은 것은 카카오 가공품으로 부른다.

현명한 조리 및 섭취 **Tip**

1 1회 제공량 이상 섭취하지 않을 것
2 수면장애, 위·식도역류, 요로결석, 요실금, 편두통의 질환자는 섭취에 주의할 것

카카오 함량이 높아 폴리페놀이 풍부한 초콜릿이라 하더라도 많은 양을 섭취하면 지방, 설탕도 과다 섭취하게 되기에 하루에 라벨에 표기된 1회 제공량만을 섭취하는 것을 권장한다. 시판 초콜릿의 1회 제공량은 전체 1/2에 해당하는 30~35g 정도이며 보통 밀크초콜릿 35g은 열량이 195kal, 당이 18g, 지방이 12g 정도가 함유되어 있다. 이 경우 지방 함량은 1일 권장섭취량의 약 24%이며 이 중 포화지방은 1일 권장섭취량의 약 47%이다. 다크초콜릿의 경우 당 함량은 밀크초콜릿보다 적지만 열량이나 지방은 큰 차이가 없으므로 1회 제공량 이상 섭취하지 않는다.

카카오에는 항산화 성분인 폴리페놀 외에 각성 효과가 있는 카페인도 함유되어 있으므로 수면장애가 있는 사람이나 성장기 어린이는 섭취를 제한하는 것이 좋다. 초콜릿 속 설탕은 체내에 빠르게 흡수되어 혈당을 올리므로 당뇨 환자의 경우 피해야 하며, 수산화나트륨은 요로결석의 증상을 악화시킬 수 있으므로 요로결석 환자도 피하는 것이 좋다. 또한 초콜릿에는 편두통을 유발할 수 있는 페닐알라민 성분도 있으므로 평소 편두통이 심한 사람도 피하는 것이 좋다.

보관이 잘못되어 포장이 찢어지거나, 기름이 녹은 후 굳어 형태의 변화가 있거나, 설탕이 굳어 색이 변하는 경우가 있는데 이 경우 맛과 질감이 달라지긴 하지만 위상의 문제는 없어 섭취해도 무방하다.

안전한 보관 Tip

1 어둡고 습기가 없는 서늘한 곳에 보관

2 개봉 후 밀폐해 상온 보관

초콜릿은 습기에 약하고 지방의 함량이 높아 냄새를 잘 흡수하므로 건조한 곳에 밀봉한 상태로 보관해야 한다.

초콜릿을 냉장고에 보관하는 경우 표면에 습기가 생기고 표면의 색이 희게 변하는데 이는 카카오 버터가 표면에 올라오면서 미세 결정이 생기는 것으로 인체에는 무해하나 맛이 떨어지므로 냉장·냉동 보관하지 않고 밀봉 후 상온(15~20℃)에 보관하는 것이 가장 좋다.

우유

하루 두 잔 흰우유로 칼슘을 보충하세요

체세포수 1급, 세균수 1A인 제품인가?

국산 원유 100%인가?

우유 알고 먹기

수천 년 전부터 인류가 이용해온 우유는 비타민C, 철분, 식이섬유를 제외한 대부분의 영양소를 고르게 함유하고 있다. 특히 한국인에게 부족하기 쉬운 칼슘이 풍부하며 우유의 칼슘은 체내 흡수율도 좋아 성장기 어린이, 칼슘이 부족한 노인에게 특히 좋은 식품이다.

원재료 및 함량

제품명 : 흰우유A

원재료 및 함량 : 국산 원유 100%(체세포수 기준 1급, 세균수 기준 1등급A)

보관 방법 : 0~10℃에서 냉장 보관

1 체세포수

정의

· 생체 조직의 구성 성분
· 원유의 위생 등급의 기준(젖소의 건강 상태 기준)

2 세균수

정의

· 원유의 위생 등급의 기준

대부분의 시판 흰우유는 국산 원유 100%, 세균수 1A라는 표기를 볼 수 있다. 우유는 세균수에 따라 1급 A, 1급 B, 2, 3, 4 등급으로 나뉘는데 우리나라에서 유통되는 우유의 90% 이상은 세균수 1A 등급이다.

한 회사에서 2016년 체세포수 1급 우유를 내세우며 체세포수에 대한 관심이 커지고 있다. 체세포는 죽은 상피세포나 백혈구 등으로 구성되며 유방염을 앓은 소의 경우 크게 증가해 그 수가 적을수록 좋으며 건강한 소에도 미량 함유되어 있지만 큰 문제는 없다. 우리나라에서 유통되는 우유의 90% 이상은 체세포 1~2 등급으로 안심해도 된다.(1등급 56.7%, 2등급 35.9 %) 세균수 또한 원유의 위생 등급을 결정하는 기준인데 유통되는 대부분의 우유가 세균수 1A등급이므로 걱정하지 않아도 된다.

1   '00맛 우유'보다는 흰우유를 선택
2   가공우유는 환원유가 아닌 원유로 만든 것
3   유통기한이 충분히 남은 신선한 것
4   상온에 보관된 우유는 구매하지 않을 것
5   항생제, 성장호르몬이 염려된다면 유기농 우유를 선택할 것

바나나맛우유, 초코우유 등의 가공유는 설탕 등 기타 첨가물이 함유되어 흰우유보다 건강에 좋지 않다. 이러한 가공유는 국산 원유가 아닌 수입산 탈지분유에 물을 섞은 환원유가 대부분이며 설탕 대신 액상과당으로 단맛을 내는 경우, 안전성에 대한 논란이 많은 인공감미료인 수크랄로스를 사용하는 경우가 많으므로 주의해야 한다.

　우유는 유통기한이 충분할수록 신선한 것이므로 제조일자나 유통기한을 확인하도록 한다. 간혹 시장에서 파는 우유 중 상온에 보관되어 판매되는 경우가 있는데 우유는 반드시 냉장 유통되어야 하는 것이므로 이런 경우는 절대 구매하지 않도록 한다. 항생제나 성장호르몬이 염려된다면 무항생제 우유, 유기농 우유를 선택하도록 한다.

1   가공우유보다는 흰우유를 섭취
2   비만, 포화지방이 걱정된다면 저지방 우유 섭취
3   소화가 힘들다면 유당을 제거한 우유 섭취
4   칼슘 보충을 위해 성인 기준 1일 2잔의 우유 섭취
5   달걀, 등푸른생선, 딸기, 감자와 함께 섭취
6   시금치, 땅콩, 통곡류, 초콜릿과 동시 섭취는 피할 것

가공우유는 당의 함량이 높고 첨가물이 들어가니 가능하면 흰우유를 마시는 것이 건강에 좋으며 고지혈증이나 열량의 과다 섭취가 염려되는 사람은 저지방 우유를 마시는 것이 좋다. 간혹 '유당불내증'이라 하여 우유를 마시면 배가 아프고 설사를 하는 증상이 나타나는 사람이 있다. 유당을 분해하지 못해 이런 현상이 나타나는데 이 경우는 유당을 제거한 우유(시중에서는 '소화가 잘되는 우유'로 판매됨)를 먹으면 된다.

우유는 칼슘이 풍부한 대표적인 식품이며 칼슘의 흡수율 역시 일반 식품 중 가장 높은 50%에 이른다. 우유 한 잔에는 칼슘 약 200mg이 함유되어 있으며 성인의 경우 하루 2잔, 청소년의 경우 하루 3잔의 우유를 섭취하는 것이 좋다.[성인의 1일 칼슘 필요량은 700mg, 청소년은 1000mg(남)/900mg(여)]

칼슘의 흡수율은 함께 먹는 음식의 영향을 많이 받아 달걀, 등푸른생선과 같은 비타민D가 풍부한 음식이나 딸기, 감자와 같은 비타민C가 풍부한 음식과 함께 먹으면 칼슘의 흡수율이 높아진다.

시금치나 땅콩에는 수산이 함유되어 있고 통곡류에는 피틴산의 함량이 높은데 수산이나 피틴산은 칼슘을 비롯한 무기질의 흡수를 방해하므로 우유와 함께 먹지 않는 것이 좋다. 우유와 초콜릿은 둘 다 포화지방의 함량이 높은 식품이므로 함께 먹으면 포화지방의 섭취량이 높아진다. 따라서 초콜릿은 저지방 또는 무지방 우유와 섭취하는 것이 좋다.

안전한 보관 Tip

1 집게로 산소를 차단해 반드시 냉장 보관

2 김치, 마늘처럼 향이 강한 음식과는 분리해 냉장 보관

3 냉장고 안쪽에 보관

우유는 미생물이 자라기 좋은 식품이므로 반드시 냉장 보관해야 하며 냉장고 문 쪽은 열고 닫을 때 더운 공기가 가장 빨리 닿는 곳이므로 온도 변화가 적은 안쪽에 보관하는 것이 좋다.

한 번 개봉한 우유는 가급적 빨리 섭취하는 것이 좋으며 우유의 지방 때문에 냄새를 잘 흡수하는 성질이 있어 보관 시 집게로 산소를 최대한 차단하고 향이 강한 식품과는 분리하는 것이 좋다. 특히 우유 입구에 입을 대고 마시면 침 속 효소와 세균으로 인해 더 쉽게 상하므로 컵에 따라 마시는 것이 좋다.

🔍 살균 방식에 따른 우유의 종류

흰우유는 살균 방식에 따라 저온살균우유, 고온살균우유, 초고온살균우유 등으로 나뉜다.

우리가 흔히 먹는 우유는 대부분 초고온살균우유로 130℃에서 2~3초 가열하는데 이때 우유 속 모든 균이 사멸한다. 저온살균우유는 63~65℃에서 30분간 살균하는 방법으로 유산균과 일부 내열성 균은 죽지 않고 남아 있어 유통기한이 지나거나 개봉 후에 품질이 빨리 떨어질 수 있다.

요구르트

유산균이 장까지 살아 갈 수 있게 물 한 잔을 먼저 섭취하세요

탈지분유가 아닌 원유로 만들어졌는가?

액상과당, 수크랄로스가 함유되지는 않았는가?

당 함량, 칼로리가 지나치게 높지는 않은가?

유통기한이 충분한 신선한 제품인가?

요구르트 알고 먹기

우유를 발효하여 만든 요구르트는 칼슘과 단백질이 풍부하며, 발효 과정을 거치는 동안 일부 사람들에게 배를 아프게 하는 유당이 제거되어 소화가 잘되고, 몸에 좋은 유익균으로 알려진 유산균이 풍부해 장의 건강에도 좋은 식품으로 알려져 있다. 그러나 마트에서 구매하는 다양한 요구르트 중에는 소비자의 기호에 맞게 감미료와 과즙, 잼 등과 첨가물을 첨가하기 때문에 선택에 있어 고려해야 할 사항들이 많은 제품 중 하나이다.

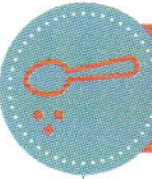

주요 첨가물

제품명 : 요구르트A

원료 및 함량 : 원유 70%(국산), 정제수, 액상과당, 유산균 배양액, 혼합탈지분유, 변성전분, 아미드팩틴, 수크랄로스, 혼합제제(유화제, 산도조절제), 합성착향료(요구르트향)

보관 방법 : 0~10℃ 냉장 보관

1 액상과당

효과

· 설탕과 같은 단맛을 냄
· 설탕에 비해 저렴해 원가 절감

문제점

· 복부 비만, 심장질환 유발
· 인슐린 저항성의 빠른 증가

2 변성전분

효과

· 액체를 걸쭉하게 만드는 증점제

문제점

· 아직까지 보고된 문제점 없음

3 수크랄로스

효과

· 설탕의 600배 단맛을 내는 합성감미료
· 0칼로리

문제점

· 체내에서 분해되지 않음
· 주요 장기(신장, 간) 손상 가능성
· 백혈병 유발 가능
· 면역력 저하

4 합성착향료

효과

· 식품 고유의 맛과 향을 내는 인공첨가물

문제점

· 알레르기 유발
· 과잉행동장애 유발

마시는 요구르트는 발효유와 농후발효유로 구분되는데 흔히 어린이들이 많이 마시는 발효유는 실제로 소량의 탈지분유에 물과 액상과당, 요구르트향으로 맛을 낸다. 여기에 칼로리가 없는 수크랄로스 같은 인공감미료나 효소처리스테비아 같은 천연감미료로 열량을 줄이고 단맛을 보충하기도 한다.

설탕으로 만들어져 안전한 인공감미료로 알려졌던 수크랄로스는 백혈병 유발 가능성에 대한 논란이 제기되면서 미국의 공익과학센터에서는 안전 등급을 하향 조정하였다.

액상과당은 요구르트 뿐 아니라 많은 가공식품에 이용되는데 옥수수전분으로 만들어 가격이 저렴하며 당도가 높아 청량한 단맛을 내 맛을 더 좋게 한다. 과당은 설탕보다 빠르게 체내로 흡수되는데 인슐린 분비를 촉진하지 않아 포만감을 느끼기 어려워 과식의 원인이 될 수 있으며 쉽게 지방으로 축적되는 문제점이 있다.

요구르트를 가공하는 과정에서 고유의 맛과 향이 날아가기 때문에 합성착향료를 사용해 고유의 맛과 향을 증가시킨다. 하지만 과잉 섭취 시 알레르기, 과잉행동장애 등의 문제점이 있다.

🔍 요구르트의 종류

요구르트는 발효유, 농후발효유, 호상요구르트로 구분할 수 있다.

우유를 젖산균으로 발효시켜 만드는 발효유(마시는 요구르트 중 점도가 낮은 것)는 발효에 의해 유산균이 증가하고 유당은 분해되어 젖산이 되면서 산도가 높아져 저장성이 좋아지며 새콤한 맛과 단백질이 응고되어 생기는 특유의 질감도 생긴다. 발효유는 원유나 유가공품의 함량이 3% 이상이며 발효유에 들어가는 첨가물에는 정제수, 액상과당, 혼합탈지분유, 요구르트향, 수크랄로스, 효소처리스테비아 등이 있다. 발효유는 탈지유를 사용하기 때문에 지방은 거의 들어 있지 않지만 단맛을 내기 위해 첨가된 당 때문에 대부분의 칼로리가 당에서 온다. 요구르트 1병의 경우 당 10g 이상의 당을 섭취하게 된다.(성인의 1일 첨가 당 섭취 권고량은 50g, 어린이는 연령에 따라 다르지만 22.5~45g 정도)

발효유보다 맛이 진한 농후발효유(마시는 요구르트 중 걸쭉한 것)는 원유나 유가공품이 8% 이상 함유되어 있는 것을 말한다. 농후발효유는 주로 원유나 환원유를 이용하여 제조되며 농축과일즙으로 맛을 내는 제품이 많다. 단맛을 내기 위해 설탕이나 과당, 올리고당 등 여러 가지 감미료를 혼합하여 단맛을 낸다. 식이섬유의 함량과 점도를 증가시키기 위해 식이섬유를 첨가하는 제품도 있다. 농후발효유는 원유나 환원유를 원재료로 하기 때문에 상대적으로 단백질이나 칼슘의 품질이 좋은 편이며 유산균의 함량도 발효유에 비해 10배 이상 높다. 그러나 양이 많으므로 칼로리와 당 함량은 발효유보다 높다.

떠먹는 요구르트인 호상요구르트 역시 농후발효유에 포함된다. 호상요구르트는 농후발효유와 마찬가지로 원유를 주원료로 하여 만들어지는데 걸쭉한 제형으로 만들기 위해 젤라틴이나 아미드펙틴과 같은 증점제가 들어간다. 단맛이 있는 호상요구르트에는 설탕이나 올리고당, 과당 등이 들어가며 과일 맛 요구르트들은 과일 시럽 이외에 합성착향료가 들어가기도 한다.

1 발효유보다는 농후발효유를 선택
2 탈지분유가 아닌 원유로 만들어진 것
3 가능하면 '플레인' 제품을 구매
4 액상과당, 수크랄로스를 함유하지 않은 것
5 당 함량, 칼로리가 낮은 것
6 유통기한이 충분히 남은 신선한 제품 구매

발효유보다 농후발효유가 우유 성분의 함량(발효유 3%, 농후발효유 8%)이 높고 단백질, 칼슘, 유산균 함량도 높기 때문에 액상과당, 수크랄로스 등의 인공감미료를 첨가하지 않은 농후발효유를 선택하는 것을 권장한다.

같은 제품이라도 딸기맛, 복숭아맛 등 다양한 맛으로 종류가 나뉘는데 이 경우 고유의 맛을 내기 위해 합성착향료를 함유하므로 첨가물 수가 상대적으로 적은 '플레인' 제품을 선택하는 것이 좋다. 또한 이런 단맛으로 인해 제품마다 열량 차이가 많이 나므로 가능한 열량이 낮은 제품을 구매하는 것이 좋다.

1 요구르트 섭취 전 물 한 잔을 마실 것
2 제조일로부터 3일 이내, 유통기한 7일 전의 제품 섭취
3 식이섬유가 풍부한 과일, 채소와 함께 섭취

몸에 좋은 유산균을 장까지 효과적으로 가게 하려면 요구르트를 마시기 전 물 한 잔을 마시는 것이

좋다. 이는 물을 마시면 위산이 희석되어 유산균이 강한 산에 의해 죽는 것을 막아주기 때문이다. 유산균은 요구르트 제조 후 3일부터 유통기한 7일 전까지가 가장 함량이 높으므로 이 때 마시는 것이 가장 좋다.

식이섬유가 풍부한 과일이나 채소는 유산균의 먹이가 되기 때문에 요구르트와 함께 섭취하면 좋다. 특히 바나나, 양파 등에는 유산균이 좋아하는 올리고당이 풍부하므로 함께 먹으면 좋다.

안전한 보관 Tip

1 구매 후 반드시 냉장 보관

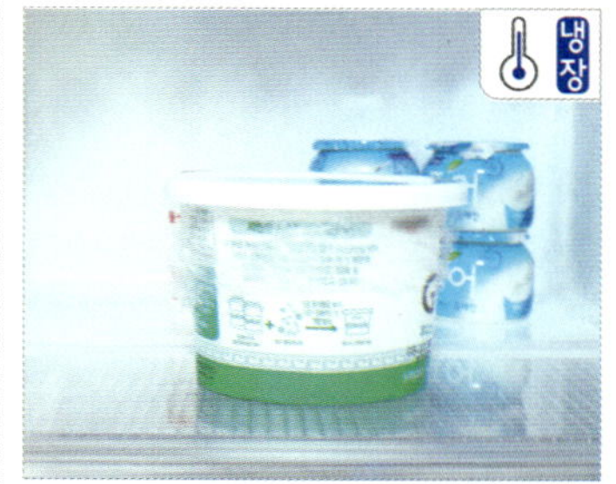

2 개봉 후 밀폐해 냉장고 안쪽에 보관

요구르트는 구매 후 바로 냉장 보관하며 대용량 요구르트의 경우에는 먹을 만큼 접시에 덜어 먹고 남은 것은 공기와 닿지 않게 차단한 후 냉장고 안쪽에 보관하며 가능한 빨리 섭취한다.

치즈

냉장고 속 치즈는 실온에 둔 후 먹어야 본연의 맛을 느낄 수 있어요

자연치즈의 함량이 높은가?

식물성경화유가 아닌 버터를
사용하였는가?

나트륨, 지방(특히 트랜스지방)
함량이 높지는 않은가?

치즈 알고 먹기

우유의 단백질인 카제인을 효소나 산으로 응고, 발효, 숙성의 과정을 거쳐 만드는 치즈는 맛도 영양도 좋은 유제품이다. 원유의 종류, 응고, 발효, 숙성시키는 방법 등에 따라 그 종류는 800여 가지나 된다. 자연치즈는 치즈를 만드는 과정에서 유당은 제거되고 단백질과 칼슘, 지방, 비타민A, B 등의 함량이 증가되어 맛과 영양 모든 면에서 좋은 식품이다. 하지만 시중에서 우리가 쉽게 구매하는 치즈는 발효, 숙성 정도가 다른 여러 자연치즈를 섞고 여기에 유화제, 색소, 산도조절제, 식염 등을 첨가해 한 장씩 먹기 좋게 포장한 가공치즈가 주를 이루기 때문에 꼼꼼히 살펴보고 구매할 필요가 있다.

제품명 : 치즈A

원재료 및 함량 : 자연치즈 80%(뉴질랜드산), 원유, 유산균주, 식염, 우유응고효소, 정제수, 산도조절제, 파프리카추출색소

보관 방법 : 0~10℃에서 냉장 보관

1 산도조절제

효과

· 식감 향상
· 식품의 산화와 부패 방지

문제점

· 아토피 유발 가능
· 칼슘 흡수 방해

가공치즈에 들어가는 산도조절제는 식감을 좋게 하고 산화나 부패를 억제해 보존성을 높여 유통기한이 긴 가공치즈에 꼭 사용되는 첨가물이다. 산도조절제로 많이 사용되는 것으로는 인산염이 있는데 인산염은 칼슘의 흡수를 방해하고 아토피를 유발할 수 있다. 하지만 치즈의 라벨에 '산도조절제'라고만 표기하여 산도조절제로 무엇을 사용했는지 모르게 하는 제품이 대부분이기 때문에 인산염을 사용한 것인지 알 수 없는 문제점이 있다.

건강을 위해 칼슘과 인의 섭취량은 동일한 것이 좋은데 가공식품의 섭취가 많아지며 상대적으로 인의 과다 섭취가 문제가 되고 있다.

똑똑한 구매 Tip

1 자연치즈 100%인 것

2 가공치즈의 경우는 자연치즈 함량이 높은 것

3 식물성경화유가 아닌 버터가 함유된 것

4 나트륨, 지방(특히 트랜스지방) 함량이 낮은 것

건강을 생각한다면 자연치즈 100% 제품을 구매하는 것이 가장 좋다. 가공치즈를 구매할 경우에는 자연치즈의 함량이 높고 첨가물, 나트륨, 지방(특히 트랜스지방) 함량이 낮은 것을 선택한다.

가공치즈에는 버터나 식물성경화유가 첨가된다. 버터는 우유로 만들기 때문에 괜찮지만 식물성경화유는 경화 과정에서 트랜스지방이 생기는데 트랜스지방은 혈관질환, 콜레스테롤, 비만을 유발하기 때문에 피하는 것이 좋다. 또한 가공치즈는 나트륨 함량이 높은 편으로 치즈 1장에 200mg(성인 1일 나트륨 섭취 권장량은 2000mg)인 것도 있어 잘 확인하고 구매해야 한다.

현명한 조리 및 섭취 Tip

1 과다 섭취하지 않을 것
2 식이섬유가 풍부한 식품과 함께 섭취
3 냉장고의 치즈는 상온에 잠깐 둔 후 섭취

치즈는 단백질과 칼슘을 보충해주는 좋은 식품이지만 가공치즈 한 장의 열량은 60kcal정도로 높은 편이며 지방(특히 포화지방과 콜레스테롤), 나트륨이 많이 함유되어 있어 과다한 섭취는 피하는 것이 좋다. 치즈에 부족한 비타민C와 식이섬유가 풍부한 과일, 채소와 함께 먹는 것은 영양적으로 상호보완이 되어 좋으며 나트륨 함량이 높은 치즈의 나트륨 배출에도 효과적이다.

냉장고에 보관한 치즈는 먹기 전 미리 상온에 꺼내두어야 본연의 맛과 향, 식감을 제대로 느낄 수 있다.

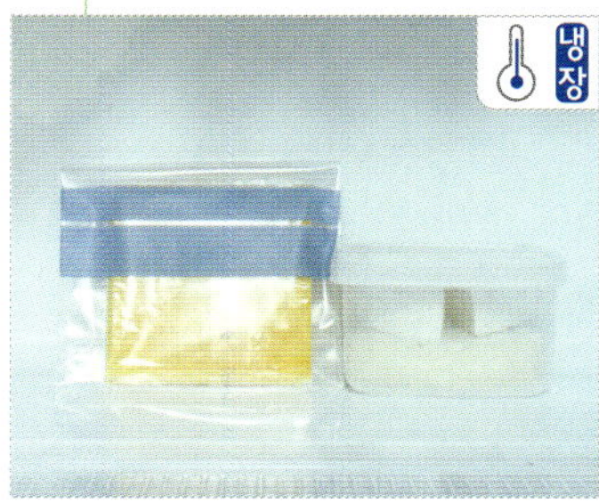

1 밀봉해 냉장 보관

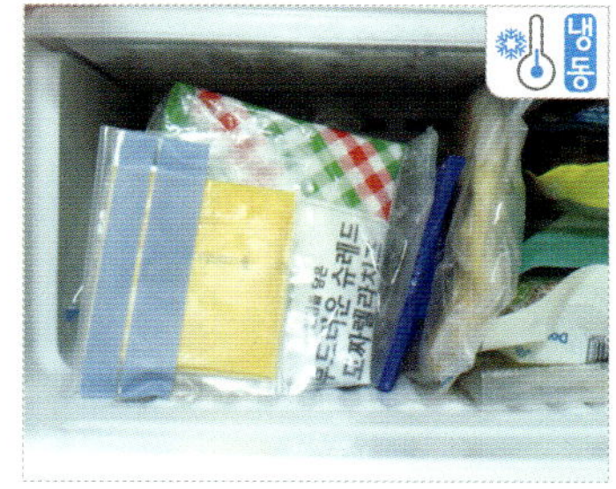

2 장기 보관 시 밀봉 후 냉동 보관

안전한 보관 Tip

우유처럼 치즈도 냄새를 잘 흡수하므로 밀봉한 후 냉장 보관하여야 한다. 냉장 보관하는 경우에는 유통기한을 넘기지 않아야 하며 냉동 보관이 가능한 치즈는 유통기한 내에 소비하지 못할 경우 밀봉한 후 냉동 보관한다.

버터 · 마가린

합성첨가물이 없는 우유로만 만든 무염버터가 가장 좋아요

우유로만 만든 순수 버터인가?

색소, 윤활제 성분이 함유되어 있지는 않은가?

트랜스지방, 첨가물이 함유되어 있지는 않은가?

버터, 마가린 알고 먹기

빵이나 과자에 고소하고 부드러운 맛을 내기도 하고 조리에 이용되어 특유의 풍미를 주는 버터와 마가린, 이 두 가지는 어떻게 다른 것이고 무엇이 좋은 것일까? 인류가 수천 년 전부터 이용해온 버터는 우유의 지방을 분리해 고체화한 것으로 주성분은 유지방(유크림)이다. 반면 마가린은 액체 상태인 동·식물기름에 수소를 첨가하는 공정을 거쳐 고체 상태로 만들고 여기에 버터의 맛과 색을 내기 위해 색소와 합성착향료, 유화제 등을 첨가(제품에 따라서는 버터와 비슷하게 영양소를 강화)한 것이다.

주요 첨가물

제품명 : 마가린A

원재료 및 함량 : 가공버터99.58%, 유크림, 팜유, 유화제, 데히드로초산나트륨

보관 방법 : 0~10℃ 냉장 보관

제품명 : 마가린B

원재료 및 함량 : 식물성유지, 가공유지, 팜유, 옥수수유, 정제수, 정제염, 유청분말(우유), 유화제, 천연착색료, 영양강화제, 효모추출물, 디아세틸(버터향)

보관 방법 : 0~10℃ 냉장 보관

1 팜유

효과
· 오일팜(기름야자)의 과육에서 착유한 고체 기름
· 노화 억제, 항암 작용, 혈전증 예방

문제점
· 혈관 질환 유발 가능
· 고지혈증 유발

2 유화제

효과
· 첨가물이 잘 섞이게 함

문제점
· 대두 레시틴의 경우 알레르기 유발 가능

3 데히드로초산나트륨

효과
· 미생물의 생육을 억제해 제품의 보존성을 높임

문제점
· 다량 섭취 시 간 장애, 염색체 변형 가능성

4 디아세틸

효과
· 버터향을 내는 인공첨가물

문제점
· 알레르기 유발 가능성
· 과잉행동장애 유발 가능성

팜유는 안전성에 대한 논란이 있는 기름이다. 영양소나 항산화제가 풍부하여 좋은 기름이라는 주장이 있는 반면 고온 가열에 의해 발암 물질이 생성될 가능성이 높다는 연구도 있다.

가공버터나 마가린에는 버터향, 옥수수향 같은 향을 첨가해 버터와 같은 느낌을 주는데 버터향의 주성분인 디아세틸은 폐 손상을 유발할 수 있다.

데히드로초산나트륨은 합성보존료로 미생물의 생육을 억제해 보존성을 증가시킨다. 버터, 마가린 이외에 치즈에도 첨가할 수 있으며 첨가량은 0.5g/kg 이하로 사용하도록 하고 있다. 과량 섭취 시간에 영향을 줄 수 있고 염색체 변형을 초래할 수 있다.

버터의 노르스름한 색을 내기 위해 많이 이용하는 착색료는 합성베타카로틴이다. 천연 식품에 들어 있는 베타카로틴과는 달리 합성베타카로틴은 폐암을 유발한다는 연구 결과들이 보고되고 있다. 마가린에 들어가는 합성베타카로틴의 양은 매우 적지만 합성베타카로틴이 들어 있는 가공식품 여러 가지를 함께 먹을 경우에는 다량 섭취하게 되므로 주의해야 한다.

똑똑한 구매 Tip

1 원재료에 가공버터가 아닌 '버터'로 표시된 것
2 색소나 윤활제 성분이 함유되지 않은 것
3 트랜스지방, 첨가물 함량이 낮은 것

버터는 원재료에 우유 또는 유크림이 99.9% 이상이라고 표기된 것이 첨가물이 들어가지 않은 순수 버터이기 때문에 가장 좋다. 버터와 마가린을 두고 어느 것이 낫다는 것을 말하기는 어렵다. 첨가물이 들어가지 않는 순수한 천연 제품이 좋다면 버터를 선택해야 하고 포화지방이나 콜레스테롤이 적은 것을 원한다면 마가린을 선택해야 한다.

트랜스지방 함량이 높은 경화유가 함유된 제품은 피하는 것이 좋다. 실제 판매되는 제품에는 마가린인데도 트랜스지방이 전혀 함유되지 않는 제품도 있고, 버터이지만 트랜스지방이 꽤 많이 함유된 제품도 있다.(트랜스지방이 0.2g 이하이면 '트랜스지방 0'이라 표기할 수 있어 전혀 함유되지 않은 것은 아니다.) 결론은 버터이든 마가린이든 트랜스지방과 합성첨가물이 들어가지 않은 것이 좋다는 것이다.

제품의 용기에는 버터라고 되어 있는데 원재료에는 가공버터가 들어가는 제품들도 많으니 주의해야 한다. 천연버터에도 색소나 윤활제 성분이 함유된 것이 있는데 천연제품을 먹기 위해 버터를 선택하면서 굳이 첨가물을 먹을 이유는 없으니 버터를 구매할 경우에는 식품 라벨을 확인해 우유나 유크림 외에 다른 첨가물이 함유되지 않은 것을 선택해야 한다.

현명한 조리 및 섭취 Tip

1 고열량 식품이므로 과다 섭취하지 않을 것
2 가능한 무염버터를 섭취할 것

마가린은 포화지방의 함량이 매우 높고 열량도 높다. 따라서 과다한 섭취는 비만과 고지혈증, 동맥경화 등으로 인한 심혈관질환을 일으킬 수 있으니 최소의 양만 섭취하는 것이 좋다.

조리 시 소금이 함유된 가염버터를 사용하면 소금의 첨가량을 결정하기 힘들어지고 나트륨을 과다 섭취할 수 있다. 따라서 나트륨 과다 섭취가 염려된다면 무염버터를 이용하는 것이 좋다.

안전한 보관 Tip

1 랩으로 싸 밀폐 후 냉장 보관

2 장기 보관 시 랩으로 싼 후 포일로 감싸 밀봉해 냉동 보관

3 음식물이 묻지 않은 상태로 깨끗하게 보관

버터와 마가린은 구매 후 반드시 냉장 보관한다. 버터의 경우 유통기한 내에 사용할 양만 냉장 보관하고 나머지는 소분해 냉동 보관하는 것이 좋다. 이때 랩이나 포일로 이중 포장하여 최대한 냉동실에 있는 다른 식품의 냄새가 흡수되지 않도록 한다.

간혹 음식물이 묻은 조리 도구로 버터나 마가린을 뜨는 경우가 있는데 버터나 마가린의 표면에 음식물이 묻으면 상하기 쉬우므로 반드시 깨끗한 상태로 보관해야 한다.

두유

유당이 없어 우유를 소화하지 못하는 사람에게 좋아요

국내산 콩으로 만든 제품인가?

용기가 팽창되거나 손상되지는
않았는가?

설탕, 과당, 첨가물의 함량이 높
지는 않은가?

두유 알고 먹기

콩을 갈아 음료로 만든 두유는 유당을 소화하지 못해 우유를 먹기 힘든 사람에게는 매우 훌륭한 우유 대용식이기도 하다. 두유에는 단백질과 불포화지방이 풍부하고 이소플라본이라는 특수 성분도 함유되어 있다. 이소플라본은 유방암, 전립선암, 대장암 등에 예방 효과가 있는 것으로 알려졌으며 심혈관질환과 여성의 갱년기 장애에도 탁월한 효과가 있다. 그러나 마트의 선반에서 구입하는 두유는 100% 콩만으로 만들어지지 않는다. 두유의 고소하고 달콤한 맛과 향, 부드럽고 매끈한 질감을 내기 위해 여러 가지 첨가물이 들어간다. 건강을 위해 선택한 두유를 제대로 고르기 위해 먼저 알아두어야 할 사항이 있다.

주요 첨가물

제품명 : 두유A

원료 및 함량 : 두유액95%(대두고형분7% 이상, 대두-수입산), 정백당, 정제수, 대두유(수입산), 정제염, 글리세린지방산에스테르, 비타민B1, 염산염, 비타민B2, 비타민C, 드라이비타민D3(비타민D3, 디엘알파토코페놀, 중쇄중성지방, 아카시아검, 수크로오스, 옥수수전분), 엽산, 니코틴산아미드, 탄산칼슘혼합제제(탄산칼슘, 대두다당류), 구연산나트륨, 황산제일철, 산화아연, 합성착향료(볶은콩향), 카라기난

보관 방법 : 직사광선을 피해 서늘한 곳에 보관, 개봉 후 냉장 보관

1 글리세린지방산에스테르

효과

· 지방과 물이 잘 섞이게 하는 유화제

문제점

· 과다 섭취 시 알레르기 유발 가능

· 영양성분의 흡수 방해 가능성

2 구연산나트륨

효과

· 신맛을 내는 첨가물

문제점

· 아직까지 보고된 바 없음

3 합성착향료

효과

· 식품 고유의 맛과 향을 내는 인공첨가물

문제점

· 알레르기 유발 가능성

· 과잉행동장애 유발 가능성

4 카라기난

효과

· 홍조류에서 추출한 천연 첨가물

· 액체를 걸쭉하게 만드는 젤화제

· 거품을 가라앉히는 증점제

· 물과 지방을 섞이게 하는 유화안정제

문제점

· 대장암 유발 가능성

· 소화기관에 염증 가능성

시판 두유는 대부분 대두 고형분으로 대두액을 만들고 대두유나 옥배유를 넣어 고소한 맛을 내 목넘김이 부드럽도록 한다. 또한 인위적으로 첨가한 지방이 물과 잘 섞이도록 하기 위해 증점제와 유화제를 첨가한다. 유화제로 많이 사용되는 것은 글리세린지방산에스테르이며 증점 및 유화보조제로는 아라비아검이나 카라기난 등이 이용된다.

카라기난은 원래 홍조류에서 추출한 천연 첨가물로 두유를 비롯해 아이스크림, 젤리, 육가공품, 생과자류 등 여러 식품에 젤화제, 증점제, 유화안정제 등 다양한 용도로 사용된다. 고분자 카라기난은 문제가 없으나 신체에 들어간 후 작게 분해된 카라기난의 안전성에 대해서는 논란이 있는데 한때 대장에서 암을 유발할 가능성이 있는 물질로 논란이 되기도 했으며 소화기관에 염증을 일으킬 수 있다는 보고도 있다.

유화제인 글리세린지방산에스테르 역시 과다 섭취 시 알레르기를 유발할 수 있고 영양성분의 흡수를 방해하기도 한다. 두유에 사용되는 유화제의 양이 매우 적고 안전한 것이라 하더라도 유화제는 거의 모든 가공식품에 널리 이용되기 때문에 두유 이외의 식품으로부터 섭취되는 양까지 고려한다면 주의할 필요가 있다. 합성착향료 역시 알레르기나 과잉행동장애의 원인의 논란이 있는 첨가물이다.

똑똑한 구매 Tip

1. 국내산 유기농 콩으로 만든 제품
2. 대두 고형분의 함량이 높은 제품
3. 설탕, 과당, 첨가물 함량이 낮은 것
4. 칼슘의 함량이 높은 것
5. 용기가 팽창되거나 손상되지 않은 것

대두 고형분의 함량이 높은 것이 콩 함량이 높은 것이다. 대두 고형분이 수입산일 경우 유전자변형작물(GMO)의 가능성이 있어 국산 콩으로 만든 제품(유기농이면 더 좋다)을 선택하는 것이 좋다. 시판 두유 중에는 콩 외에 호두, 검은깨, 땅콩 등이 들어간 것도 많은데 이들의 원산지도 확인하는 것이 좋다.

단맛이 강한 두유는 아이들에게 먹이기 좋지만 비만, 당뇨의 원인이 될 수 있는 당 함량이 높아 주의해야 한다. 2015년에 실시된 시판 두유의 당 함량 조사 결과에 의하면 두유 200ml에 평균적으로 6.8g의 당이 함유되어 있고 높은 것은 10g이나 된다. 특히 몸에 더 좋다고 생각하는 검은콩두유는 흰두유보다 당 함량이 높았다. 평균 9.0g의 당이 들어 있고 높은 것은 약 11g이나 들어 있었다. 당 함량은 제품에 따라 다르니 꼼꼼히 따져보고 구매하는 것이 좋다.

두유는 콩으로 만들어 우유와 달리 유당이 함유되어 있지 않아 우유를 못 먹는 사람도 쉽게 섭취할 수 있다. 또한 우유만큼 단백질은 풍부한 반면 포화지방의 함량은 낮다. 하지만 콩에는 칼슘이 많지 않아 두유 가공 시 칼슘을 첨가하는데 우유보다 함량이 낮다. 따라서 우유 대신 섭취하는 것이라면 칼슘의 함량이 높은 것을 선택하는 것이 좋다. 칼슘은 제조사에 따라 1팩에 25~283mg인 것까지 있어 차이가 많이 나며 대체로 검은콩 두유가 흰두유보다 칼슘 함량이 높다.

현명한 조리 및 섭취 Tip

1 영유아에게는 영유아용 제품을 먹일 것
2 하루에 2잔 섭취

설탕이나 과당의 함량이 낮은 두유를 먹는 것이 당의 섭취도 줄이고 열량의 과다 섭취도 예방할 수 있다. 일반 두유는 콩의 껍질인 비지를 제거하고 만드는데 비지를 제거하지 않고 만든 두유(전두유, 전체식두유)가 단백질, 식이섬유, 이소플라본, 무기질 등의 함량이 높고 첨가물도 적게 들어가 영양적 측면에서는 더 좋다. 성인과 달리 두유로 대부분의 영양 공급을 의존하는 영유아의 경우에는 필요한 영양소들이 골고루 함유된 영유아 전용 두유를 먹어야 한다.

콩단백질은 하루 25g 정도 섭취하면 심혈관질환 예방에 좋으며(미국 FDA) 보통 두유 한 잔에는 단백질이 7~8g 정도 함유되어 있다. 하지만 두부, 된장, 청국장 등 한국인이 즐겨 먹는 다른 식품에도 단백질 함량이 많으므로 두유는 하루 1~2잔만 섭취해도 충분하다. 특히 두부에 풍부한 이소플라본은 식물성 에스트로겐으로 여성호르몬과 유사한 작용을 하기 때문에 갱년기 여성에게는 좋으나 영유아, 어린이가 과하게 섭취할 경우 성조숙증 등의 문제를 야기할 수 있다. 이에 관해 시판 두유에는 이소플라본 함량이 낮아 문제가 없다는 주장, 아이들에게는 이소플라본 작용 수용체가 없어 안전하다는 주장도 제기되고 있으나 과하게 섭취하는 것은 바람직하지 않다.

안전한 보관 Tip

1 직사광선이 들지 않는 어둡고
서늘한 곳

2 개봉한 두유는 뚜껑을 꼭 닫아
냉장 보관

두유는 개봉 전에는 직사광선이 들지 않는 어둡고 시원한 곳이라면 상온에도 보관이 가능하다. 개봉한 후에는 빠른 시일 내에 섭취하는 것이 좋으며 보관할 경우 뚜껑을 꼭 닫아 냉장 보관하고 유통기한 내에 소비하도록 한다.

아이스크림

성에가 끼거나 변형된 아이스크림은 먹지 마세요

아이스크림 알고 먹기

형형색색의 다양한 아이스크림은 더운 여름 최고의 간식이다. 하지만 당의 함량과 열량이 높고 알록달록한 색과 새콤달콤한 향을 내기 위한 각종 첨가물들이 많이 들어 있다. 또한 유통기한 표시 없이 제조일자만 표시되는 문제점과 함께 보관상의 문제로 제품에 문제가 생길 수 있지만 간과하고 섭취하는 경우가 많아 주의를 기울여야 하는 식품 중 하나이다.

제조일이 너무 오래되지는 않았는가?

당분 함량, 열량이 높지는 않은가?

첨가물의 수가 지나치게 많지는 않은가?

주요 첨가물

제품명 : 아이스크림A

원료 및 함량 : 정제수, 백설탕, 우유, 혼합분유, 가공버터, 기타올리고당, 견과류가공품, 땅콩분태, 식물성유지, 카라기난, 로커스트콩검, 바닐라추출액, 합성착향료(바닐라향), 치자황색소, 정제소금, 수크랄로스, D-소르비톨

보관 방법 : 냉동 보관

1 카라기난, 로커스트콩검

효과
· 홍조류에서 추출한 천연 첨가물
· 반 고형의 겔(gel)을 만드는 겔화제
· 점도를 높이는 증점제
· 물과 지방을 섞이게 하는 유화안정제

문제점
· 대장암 유발 가능성
· 소화기관에 염증 가능성

2 합성착향료

효과
· 식품 고유의 맛과 향을 내는 인공첨가물

문제점
· 알레르기 유발
· 과잉행동장애 유발

3 수크랄로스

효과
· 설탕의 600배 단맛을 내는 합성감미료
· 0칼로리

문제점
· 체내에서 분해되지 않음
· 주요 장기(신장, 간) 손상 가능성
· 면역력 저하
· 백혈병 유발 가능

4 D-소르비톨

효과
· 설탕의 60% 단맛을 내는 감미료

문제점
· 과다 섭취 시 설사 유발

수많은 종류의 아이스크림은 각각의 맛과 향, 색이 다른 만큼 사용되는 첨가물도 다양하다. 물과 유지방을 잘 섞이게 하고 특유의 부드러운 질감으로 만들기 위해 대부분의 제품에 사용되는 것이 유화제이다. 유화제는 카라기난, 로커스트콩검이 많이 사용되며 유화제나 액체의 점도를 높이는 증점제, 겔화제 등으로 이용되기도 하는데 소화기관 장애를 유발할 수 있어 다량 섭취하지 않는 것이 좋다.

아이스크림의 단맛을 내기 위해 설탕이나 액상과당 외에도 수크랄로스, D-소르비톨 등이 사용되는데 이들은 설탕과 비슷하거나 훨씬 높은 단맛을 내는 합성감미료로 복통과 설사를 유발하기도 한다.

아이스크림은 종류에 따라 각종 타르색소와 합성착향료가 사용되는데 다량 섭취 시 알레르기를 유발할 수 있으므로 아이들에게는 특히 섭취량을 제한해야 한다.

똑똑한 구매 Tip

1 제조일로부터 가까운 제품을 선택
2 첨가물, 당 함량이 낮은 것
3 열량이 지나치게 높지 않은 것

아이스크림은 유통기한이 적혀 있지 않고 제조일만 표기되어 있는 것이 대부분이며 냉동식품이기 때문에 오랜 기간 보관하는 경우가 많다. 하지만 장기 보관할 경우 내용물의 수분이 증발되고 표면에 얼음이 생겨 맛이 변할 수 있으며 유통 중 온도 변화에 의해 얼음 결정이 커지거나 질감이 거칠어지고 심한 경우 곰팡이가 생기기도 한다. 따라서 내용물의 형태가 변형된 것은 섭취하지 않아야 하며 제조일도 너무 오래되지 않은 것을 구매해야 한다.

대부분의 아이스크림류는 설탕을 비롯한 당의 첨가량이 매우 높아 100ml당 당의 함량이 평균 15g 내외로 매우 높다. 설탕이나 액상과당이 많이 들어간 제품은 열량은 물론 당의 과다 섭취도 문제가 되니 당류의 함량이 낮고 첨가물의 수가 적은 제품을 선택한다.

1 개봉했을 때 형태의 변화가 있는 것은 폐기

2 하루에 1회 제공량(약 100ml) 이상 섭취하지 않을 것

3 와플, 튀김 등 지방과 열량이 높은 제품과 함께 섭취하지 않을 것

4 대용량 아이스크림은 먹을 만큼 접시에 옮겨 섭취

아이스크림 1개(80ml~200ml)의 열량은 적게는 80kcal, 많게는 300kcal가 넘으며 당류 또한 9~29g이나 첨가되어 있다. 세계보건기구(WHO)에서는 기존에는 1일 당류의 섭취권장량은 칼로리 소비량의 10%가 적당하다고 보았으나 2015년 이후 건강을 위해서는 5%까지 감소시켜야 한다고 발표했다. 하루 2,000kal를 소비하는 성인의 경우 최대 섭취 당 양은 50g이며 권장 당 양은 25g인 것을 보면 아이스크림의 당 함량은 매우 높은 것임을 알 수 있다.

아이스크림와플처럼 최근 아이스크림을 다른 음식과 함께 먹는 경우가 많은데 아이스크림 자체의 열량이 높으므로 와플이나 튀김 같은 고열량 식품과 함께 섭취하면 열량은 물론 당, 지방의 과다 섭취되므로 주의하는 것이 좋다.

대용량 제품은 통째로 먹을 경우 침 등 불순물이 묻어 위생상 문제가 될 수 있으므로 반드시 먹을 만큼 접시에 옮겨 담아 먹는 것이 좋다.

1 구매 후 반드시 일정한 온도 (-18℃ 이하)로 냉동 보관

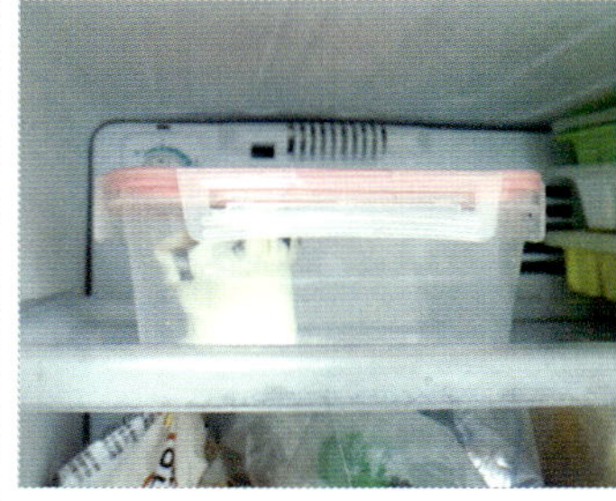

2 남은 아이스크림은 밀폐해 냉동 보관

아이스크림은 일정한 온도로 보관하는 것이 중요하다. 유통 과정에서는 물론 가정에서도 보관을 잘 못해 아이스크림이 녹았다 다시 어는 경우가 있는데 이때 저온에서 활동 가능한 리스테리아균 등의 세균이 증식할 수 있다. 따라서 개봉했을 때 형태의 변형이 있거나 성에가 많이 낀 것은 폐기하는 것이 좋다.

대용량 제품의 경우에는 먹을 만큼만 덜어 남은 아이스크림은 밀폐해 성에가 끼지 않고 다른 냄새가 흡수되지 않도록 보관하는 것이 좋다.

탄산음료

탄산음료를 먹은 후에는 30분이 지난 후 양치하세요

인산, 타르색소가 함유되지는
않았는가?

캐러멜색소, 카페인이 첨가되
지는 않았는가?

당 함량, 열량이 지나치게 높지
는 않은가?

탄산음료 알고 먹기

탄산음료는 정제수에 설탕이나 액상과당으로 맛을 내고 인산이나
구연산 등으로 상쾌한 신맛을 더한 후 탄산가스를 흡수시켜 만든
다. 피자, 햄버거 등 패스트푸드와 맛이 잘 어울리는 탄산음료는
대부분 80% 이상의 물에 설탕으로 단맛을 내고 색소와 착향료를
넣어 만들기 때문에 영양소는 없고 칼로리만 있는 것이 많으며 각
종 색소, 감미료 등의 첨가물이 다량 함유되어 정확히 알고 섭취
할 필요가 있다.

주요 첨가물

제품명 : 탄산음료A

원재료 및 함량 : 정제수, 액상과당, 이산화탄소, 구연산, 인산, 아스파탐, 합성착향료(오렌지향), 합성착색료

1 액상과당

효과
- 설탕과 같은 단맛을 냄
- 설탕에 비해 저렴, 원가 절감

문제점
- 복부 비만, 심장질환 유발
- 인슐린 저항성의 빠른 증가

2 구연산

효과
- 신맛을 내는 첨가물

3 인산

효과
- 신맛을 내는 첨가물
- 세균, 곰팡이 등 미생물 생육 억제

문제점
- 과다 섭취 시 칼슘 배출
- 뼈 건강 악화

4 아스파탐

효과
- 설탕의 약 200배 단맛을 내는 인공감미료

문제점
- 뇌조직 손상 유발 가능성
- 알레르기 유발 가능성
- 당분 섭취 욕구 증가

5 합성착향료

효과
- 식품 고유의 맛과 향을 내는 인공첨가물

문제점
- 알레르기 유발
- 과잉행동장애 유발

6 합성착색료

효과
- 식품에 다양한 색을 냄

문제점
- 다량 섭취 시 알레르기 유발 가능

탄산음료 중에는 '라이트', '제로칼로리' 등의 수식어가 붙은 것들이 있는데 이런 제품들은 설탕 대신 인공감미료를 첨가해 당 함량을 낮추거나 없앤 제품들이다. 아스파탐, 아세설팜, 수크랄로스가 대표적인 인공감미료이다. 아스파탐은 설탕의 약 200배의 단맛을 내기 때문에 소량만 사용하게 되므로 칼로리를 거의 내지 않는다. 아스파탐은 페닐알라닌을 분해할 수 없는 질병인 페닐케톤뇨증 환자를 제외하고는 아직까지 안전한 첨가물로 분류되고 있으나 뇌조직의 손상을 유발하거나 알레르기 반응을 유발하고 당분의 섭취 욕구를 증가시킨다는 연구 등 안전성에 대한 논란이 계속되고 있다.

아세설팜은 설탕의 약 200배 단맛을, 수크랄로스는 설탕의 약 600배 단맛을 내는 감미료이며 이 또한 안전한 첨가물로 분류되고 있으나 백혈병 유발 가능성에 대한 연구 결과가 나오며 안전성에 대해 유보적인 입장을 보이는 이들이 늘어나고 있다.

인공감미료는 설탕의 섭취를 줄여 당뇨질환자들에게도 단 음식을 먹을 수 있도록 해주고 열량의 과다 섭취를 피하도록 하는 등의 장점도 있다. 하지만 여러 인공감미료를 과다하게 섭취하는 것은 오히려 문제가 될 수 있고 인공감미료 섭취가 체중 조절이나 당뇨병 예방 등에 오히려 좋지 못한 결과를 낸다는 연구가 있다. 따라서 인공감미료를 믿고 제로칼로리 탄산음료를 마음껏 섭취하는 것은 문제가 된다.

콜라류의 탄산음료에는 인산이 첨가되는데 인산은 신맛을 내는 동시에 세균이나 곰팡이 등 미생물의 성장도 억제하는 역할을 한다. 그러나 과다한 인산의 섭취는 칼슘을 배출해 골밀도를 감소시켜 뼈의 건강을 악화시키며 과다 섭취 시 어린이들의 집중력이 저하되고 공격적인 성격이 된다는 연구도 있다.

오렌지 맛 탄산음료의 오렌지색은 과일의 색소가 아닌 식용황색 5호가 들어가고 포도과즙이 들어간 탄산음료에도 식용색소적색 40호와 청색 1호가 들어간다. 이들 색소는 석탄의 콜타르로부터 추출된 벤젠, 톨루엔, 나프탈렌 등을 재료로 만들어지는 합성착색료로 소화효소의 작용 저해, 간독성, 천식과의 관련성, 암 발생 등 안전성에 대한 논란이 많은 첨가물이다.

1 첨가물의 수가 적은 것
2 인산, 타르색소가 들어가지 않은 것
3 캐러맬색소, 카페인이 들어가지 않은 것
4 캔보다는 병음료를 구매할 것

대부분의 탄산음료는 최소 한두 가지 이상의 첨가물이 들어간다. 구매 시 가능하면 첨가물이 적게 들어간 것을 선택하는 것이 좋은데 보통 색이 없고 향이 강하지 않은 것일수록 첨가물이 적게 들어간다.

콜라의 검은색은 캐러멜색소로 이는 설탕이나 포도당을 150~200℃에서 가열했을 때 생성되는 짙은 갈색의 색소이다. 대량 제조 시에는 당밀이나 옥수수 전분 등을 원료로 하고 반응을 촉진하기 위하여 화학물질을 첨가한다. 캐러멜색소를 만드는 공정 중 암모니아가 들어가는 경우 4-메틸이미다졸이라는 물질이 생성되는데 이 물질은 현재 발암 가능성이 있는 물질로 논쟁 중에 있다. 실제로 2012년 미국캘리포니아 에서는 콜라에 함유된 4-메틸이미다졸의 함량이 30μg이 넘을 경우 발암 가능성 경고문을 부착하도록 하면서 업체들은 4-메틸이미다졸의 함량을 줄인 콜라를 생산하고 있다. 우리나라에 허가된 캐러멜색소는 4종류이며 그중 2가지는 암모니아를 사용한다. 하지만 라벨에는 어떤 캐러멜색소를 사용했는지 표기되지 않기 때문에 암모니아의 함유 여부를 알 수 없는 문제가 있다.

250ml 콜라 한 캔에는 약 24mg의 카페인이 함유되어 있다. 카페인은 중추신경계를 자극하여 졸음을 쫓아주기도 하지만 과다 섭취 시 불안, 불면, 혈압 상승 등을 유발할 수도 있다. 카페인하면 주로 커피를 떠올리지만 콜라나 일부 과일맛 탄산음료, 에너지음료는 커피보다 훨씬 많은 양의 카페인을 함유한다. 따라서 어린이나 카페인에 예민한 사람은 탄산음료 섭취에 주의할 필요가 있다.

캔에는 용기의 내부 코팅제로부터 용출되는 물질인 비스페놀A가 들어 있을 수 있다. 비스페놀A는 환경호르몬으로 알려진 내분비 교란 물질로 작용하기 때문에 가능하면 캔음료보다는 병음료를 구매하는 것이 음료를 통한 비스페놀A의 섭취를 줄일 수 있는 방법이다.

1 당뇨환자의 경우 설탕 대신 인공감미료가 들어간 것을 섭취
2 1회제공량 이상 섭취하지 않을 것
3 피자, 햄버거와 같이 열량이 높은 음식과 함께 섭취하지 않을 것
4 탄산음료 섭취 30분이 지난 후 양치할 것

탄산음료의 종류에 따라 칼로리나 당의 함량은 조금씩 차이가 난다. 따라서 구매 시 열량이나 당 함량이 낮은 제품을 선택하고 당뇨환자의 경우 설탕 대신 인공감미료가 들어간 제품을 선택한다.

탄산음료는 전형적인 저영양 고열량 식품으로 비만의 원인이 될 뿐 아니라 상대적으로 다른 영양소의 불균형을 초래하기도 한다. 탄산음료를 통해 섭취할 수 있는 유일한 영양소는 단순당인데 250ml 콜라 한 캔을 마시면 110kcal의 열량과 27g의 당을 섭취하게 된다. 이는 성인의 1일 당 섭취 권장량인 50g의 50%가 넘는 양이다. 콜라 두 캔이면 1일 당 섭취 권장량을 초과하게 되며 어린이일 경우에는 더 문제가 된다. 과도한 당의 섭취는 당뇨와 비만, 심장질환 및 충치 등의 원인이 되며 설탕을 먹었을 때 일시적으로 스트레스가 풀리는 효과로 인해 설탕중독에 이르게 될 수도 있다.

당 함량이 높은 탄산음료를 마신 후 충치 예방을 위해 양치를 하는 것이 좋다. 하지만 탄산음료를 마시고 바로 양치를 하게 되면 탄산음료의 높은 산도 때문에 치아의 에나멜층이 칫솔질에 의해 쉽게 부식될 수 있다. 따라서 먼저 맹물로 헹궈내고 30분 정도 지난 후 산이 어느 정도 중화된 후에 양치하는 것이 좋다.

1 어둡고 서늘한 곳에 보관

2 개봉 후에는 밀봉해 뒤집어 냉장 보관

탄산음료는 산도가 낮아 세균에 의한 부패로 인한 품질 저하는 거의 일어나지 않는다. 하지만 고온에 보관하는 경우 품질 저하 및 포장용 캔이나 플라스틱 용기의 성분이 용출될 수 있으므로 어둡고 서늘한 곳에 보관하는 것이 좋다. 대용량 제품의 경우 개봉 후 남은 음료의 탄산이 날아가는 것을 막으려면 밀봉하고 뒤집어서 냉장 보관하는 것이 좋다.

단무지·피클

찬물에 헹궈 먹으면 첨가물과 나트륨 섭취를 줄일 수 있어요

식초 대신 빙초산을 사용하지
는 않았는가?

국산 채소와 소금을 이용한 제
품인가?

나트륨, 첨가물 종류가 지나치
게 많지는 않은가?

단무지, 피클 알고 먹기

채소를 식초, 설탕, 소금에 절인 단무지와 피클은 새콤달콤한 맛
으로 고기, 피자, 짜장면, 파스타 등 느끼한 음식과 궁합이 좋다.
또한 절임 식품이라 보관성이 좋고 양념이 배어 있기 때문에 바
로 먹을 수 있어 편리하다. 하지만 마트에서 판매되는 대부분의
단무지나 피클은 빙초산과 각종 첨가물이 함유된 것들이 많아 라
벨을 꼼꼼히 살펴본 후 구매해야 한다.

주요 첨가물

제품명 : 단무지A

원재료 및 함량 : 절임무68%(국내산), 천일염, 정제수, 빙초산, 소르빈산칼륨, 사카린나트륨, 치자황색소, 아황산나트륨, 향미증진제, 아황산나트륨, 비타민C, 영양강화제

보관 방법 : 0~10℃ 냉장 보관

1 빙초산

효과
- 상온에서 고체인 강한 신맛을 내는 합성 초산
- 식초보다 값싸 원가 절감 가능

문제점
- 소화기관 장애 가능성

2 소르빈산칼륨

효과
- 식품의 보존성을 높이는 보존료

문제점
- 다식증(음식 섭취욕의 지나친 증가) 유발
- 아질산나트륨과 함께 섭취 시 발암 물질 생성

3 사카린나트륨

효과
- 단맛을 내는 인공 감미료

문제점
- 발암 가능성

4 치자황색소

효과
- 치자에서 추출해 안정제, 희석제 등을 첨가한 천연색소

문제점
- 간 세포 손상 가능성
- 유전 독성 가능성

5 아황산나트륨

효과
- 식감 향상
- 식품의 산화, 부패 방지

문제점
- 과다 섭취 시 복통, 매스꺼움, 기관지염 유발

식초는 절임 식품의 상큼한 신맛을 내는 재료이자 식품의 pH를 낮추어 보존성도 좋게 한다. 그러나 일부 단무지와 피클은 강하고 깔끔한 신맛을 내기 위해 빙초산을 사용하기도 한다. 빙초산은 발효에 의해 만들어지는 양조식초와 달리 화학적으로 합성되는 것으로 상온에서 얼음과 같은 고체여서 빙초산이라 칭한다. 빙초산은 초산의 함량이 99% 이상으로 원액상태로 섭취하면 매우 위험해 희석해 이용하는데 희석한 빙초산을 합성식초라 한다. 합성식초는 양조식초에 비해 적은 양으로도 깔끔하고 강한 신맛을 내기 때문에 대량 제조에 많이 이용된다. 불순물이 제대로 정제되지 않은 빙초산이나 희석하지 않은 원액을 잘못 사용하면 문제가 되지만 적절하게 희석된 빙초산은 큰 문제는 없다고 하지만 일각에서는 빙초산이 석유화합물의 부산물로부터 만들어지는 것이기 때문에 장기간 섭취할 때는 소화기 장애 등의 문제가 생길 수 있다는 보고도 있다.

단무지나 피클의 단맛을 내기 위해 설탕이나 과당을 사용하지만 인공감미료를 사용하는 경우도 많다. 설탕 대신 사용되는 인공감미료에는 사카린나트륨이나 효소처리스테비아, 아스파탐이 있는데 이러한 인공감미료를 사용하게 되면 열량과 당 섭취량을 줄일 뿐 아니라 무가 물러지는 것도 방지할 수 있다. 그러나 인공감미료들은 안전성에 대한 논란이 끊이지 않고 있는 실정이다. 사카린나트륨의 경우 한때 발암 물질로 알려져 식품첨가물로 이용되지 못하다가 문제가 없음이 알려지면서 다시 사용이 허가된 감미료이다. 효소처리스테비아는 천연감미료로 상대적으로 안전하다고 보나 이 역시 과량 섭취에 대해서는 반론이 있으며 아스파탐 또한 뇌 건강 문제나 알레르기반응을 일으킬 수 있다는 논란이 있다.

단무지 특유의 노란색은 주로 치자황색소를 이용한다. 치자황색소는 치자에서 추출한 천연첨가물이지만 색도를 조절하고 색의 변화 없이 사용할 수 있도록 안정제, 희석제 등을 첨가해 만들어지며 이러한 화학 물질들이 체내에 잔존하여 문제를 일으킬 수 있다. 동물 실험에 의하면 치자황색소는 색소 자체도 간세포 손상과 유전 독성이 있다는 보고가 있으며 일본에서는 장기간 과량 섭취하면 문제를 일으킬 수 있다고 보고되어 안전하지 않은 색소로 평가하고 있다.

일부 피클에는 타르색소를 사용하는데 오이나 고추 피클을 다지거나 썰어서 포장 판매하는 경우 단면의 색이 짙게 보이기 위해 이런 색소를 사용한다. 타르색소는 안전성에 대한 논란이 많은 식품첨가물로 피클에 사용되는 황색 4호는 일본에서는 어린이의 과잉행동장애를 유발하며 청색 1호는 간독성, 천식과의 관련성, 암 발생 등에 대한 논란이 있다.

단무지나 절임무의 보존성을 높이기 위해 들어가는 소르빈산칼륨은 곰팡이나 효모의 생육을 억제해 무가 무르고 상하는 것을 방지한다. 치즈나 어묵, 젓갈, 장유, 건어물 등 다양한 식품에 이용되는 소르빈산은 과다 섭취 시 설사나 체중 감소 등의 문제가 생길 수 있으며 아질산나트륨(햄, 소시지에 주로 함유)이 들어간 음식과 소르빈산칼륨이 들어간 음식을 함께 섭취할 경우 발암 물질인 에틸니트릴산이 생성된다.

김밥에서 빠질 수 없는 재료가 바로 햄, 어묵, 단무지이다. 하지만 김밥을 건강하게 섭취하기 위해서는 김밥 재료를 구매할 때 반드시 식품 라벨을 확인해야 한다. 김밥용 햄과 어묵을 고를 때는 발색제인 아질산나트륨이 함유되지 않은 것을 고르고, 단무지를 고를 때에는 보존료인 소르빈산칼륨이 함유되지 않은 것을 꼭 확인하고 구매해야 한다. 그 이유는 아질산나트륨과 소르빈산칼륨을 함께 섭취할 경우 발암 물질이 생성될 수 있기 때문이다.

1 국산 채소와 소금을 사용한 것
2 나트륨, 첨가물이 적게 사용된 것
3 피클의 경우 자르지 않고 통으로 들어 있는 제품 선택
4 빙초산 대신 발효식초를 사용한 것

단무지, 피클과 같은 절임 식품은 원재료인 채소와 소금이 국산인 것을 선택하는 것이 좋다. 국산 재료는 수입산에 비해 신선도가 높고 위생적으로 생산될 가능성이 높기 때문이다.

절임 식품에는 색과 맛, 보존성 등을 높이기 위해 각종 첨가물이 들어가는데 들어가는 첨가물의 종류가 적은 제품이 좋다. 특히 산화방지제인 아황산나트륨은 표백제 방부제의 역할까지 하는 첨가물로 갈변이 쉬운 식품을 아황산으로 처리하면 희고 깨끗한 색으로 유지할 수 있다. 또한 조직을 단단하게 하는 효과가 있으며 저장성까지 좋게 한다. 그러나 아황산나트륨의 과다 섭취는 두통, 복통, 매스꺼움, 순환기 장애, 위와 점막 자극, 기관지염 등의 부작용을 유발할 수 있다. 특히 아황산에 민감한 사람은 과다 섭취하지 않아도 문제가 나타날 수 있는데 특히 천식이나 알레르기 환자에게는 치명적이므로 주의해야 한다.

피클의 경우는 잘라져 담긴 것이 색소 등의 첨가물이 더 많이 흡수되어 있을 수 있다. 이는 자른 단면의 색이 먹음직스럽게 보이기 위해 색소를 첨가하기 때문이다. 따라서 재료가 통째로 들어 있는 것을 선택하는 것이 더 좋다.

　빙초산을 희석한 합성식초에 비해 발효식초에는 초산 이외에 구연산, 아미노산, 비타민 등이 함유
되어 있으니 빙초산이 아닌 발효식초로 만든 제품을 선택하는 것이 좋다.

1 　찬물에 살짝 헹군 후 섭취
2 　1회제공량 이상 섭취하지 않을 것
3 　먹을 만큼 덜은 후 담금액은 제거하고 섭취할 것

단무지나 절임무, 피클은 먹을 만큼만 꺼내서 먹기 전 찬물에 헹구면 수용성 첨가물과 나트륨을 어
느 정도 제거할 수 있다. 보관할 때에는 담금액에 잠긴 상태로 보관하는 것이 더 늦게 상하므로 담
금액을 한꺼번에 따라 버리지 않고 먹을 만큼씩 덜어 섭취하는 것이 좋다.

　절임 식품에 단맛을 내기 위해 설탕이나 액상과당을 넣은 제품은 당과 열량의 섭취량이 꽤 높아지
는데 쌈무의 1회제공량 110g에 들어가는 당의 양은 9g 가량으로 당의 1일 권장섭취량을 25g의 약
30% 가량이나 되므로 과다 섭취하지 않도록 한다.

1 개봉 전에는 어둡고 서늘한 곳에 보관

2 개봉 후에는 담금액에 잠긴 상태로 뚜껑을 밀폐해 냉장 보관

개봉한 절임류는 빠른 시일 내에 섭취하는 것이 좋으며 보관할 때에는 담금액에 잠긴 상태로 보관해야 한다. 이는 공기 중에 노출되는 부분이 있으면 곰팡이나 효모 같은 미생물이 자라서 물러지거나 풍미가 나빠질 수 있기 때문이다.

젓갈

나트륨 배출을 돕는 채소와 함께 섭취하세요

국내산 재료로 만들어졌는가?

나트륨, 첨가물의 함량이 지나치게 높지는 않은가?

상온에서 판매되고 있는 제품은 아닌가?

젓갈 알고 먹기

생선을 소금에 절이고 발효시켜 만든 젓갈은 삼면이 바다로 둘러싸인 우리나라에서 냉장이 발달하지 않았던 시절 수산물을 저장하는 좋은 방법이었다. 젓갈은 원재료에 따라 멸치젓, 조기젓, 명란젓, 오징어젓, 낙지젓, 새우젓, 조개젓 등 종류가 매우 다양하다. 또한 먹는 방법에 따라 발효시킨 생선이나 생선의 부산물을 고춧가루 등으로 양념해서 반찬으로 먹는 젓갈과 액젓으로 만들어 조리에 이용하는 젓갈이 있다.

제품명 : 명란젓A

원료 및 함량 : 명란77%(러시아산), 식염, D-소르비톨, 고춧가루, 생강, L-글루타민산나트륨, 산도조절제, 마늘, 정백당, 조미액, 복합시즈닝믹스, 코치닐추출색소, L-아스코르빈산나트륨, 아질산나트륨

보관 방법 : 0~10℃ 냉장 보관

1 D-소르비톨

효과
- 설탕의 60% 단맛을 내는 감미료

문제점
- 과다 섭취 시 설사 유발

2 L-글루타민산나트륨

효과
- 감칠맛을 내고 단맛, 짠맛을 증가시켜 풍미를 높임
- 식품의 좋지 않은 맛을 없앰

문제점
- 다량 섭취 시 메스꺼움, 구토, 발열감, 무력감, 졸음 증상 유발 가능성
- 유아의 경우 발육 저하, 비만, 신경 내분비장애 유발 가능성

3 산도조절제

효과
- 식감 향상
- 식품의 산화, 부패 방지

문제점
- 표기상 어떤 종류의 산도조절제를 사용했는지 알 수 없음

4 코치닐추출색소

효과
- 제품의 색을 보기 좋게 만듦

문제점
- 알레르기 유발

5 L-아스코르빈산나트륨

효과
- 식품의 변색을 방지하는 산화방지제

6 아질산나트륨

효과
- 제품의 붉은 색을 고정시키는 발색제
- 식중독균 부패균의 증식 및 지방의 산패 억제

문제점
- 과량 섭취 시 산소결핍증 유발
- 유아의 경우 혈관 확장, 혈구 파괴, 세뇨관 폐쇄 증상 유발
- 갑상선 기능 저하
- 비타민A 결핍 유발
- 아민류와 반응하여 발암 물질 생성

소르비톨은 설탕의 60% 정도의 단맛을 내는 감미료로 음식을 촉촉하게 해주는 보습성까지 있어 젓갈이 마르는 것을 방지해주고 단백질 성분의 변성도 억제한다. 하지만 과다 섭취 시 복통과 설사를 유발할 수 있는 첨가물로 주의해야 한다.

식품의 풍미를 좋게 하는 향미증진제인 L-글루타민산나트륨은 위해성에 대한 논란이 계속되면서 사용하지 않는 제품이 늘어나고 있다. 하지만 '00시즈닝'이라는 표기로 된 것도 글루타민산나트륨과 같은 첨가물로 볼 수 있다. 실제로 'MSG 무첨가'라고 광고하는 제품들도 식품 라벨에 보면 시즈닝을 함유한 제품이 많으니 광고에 속지 않도록 한다.

젓갈 특유의 붉은색을 만들기 위해서는 고춧가루만으로는 한계가 있기 때문에 색소가 필요하다. 파프리카색소나 코치닐색소, 락색소, 홍국적색소와 같은 천연색소가 주로 이용되지만 드물게 식용 타르색소가 들어가는 제품도 있다. 식용 타르색소는 위해성에 대한 논란이 끊이지 않는 첨가물로 특히 적색 40호는 어린이의 과잉행동장애와 관련이 있는 것으로 알려졌다. 천연색소 역시 모두 안전한 것은 아니며 이 중 코치닐색소는 알레르기를 유발하는 물질로 알려져 있다.

아질산나트륨은 발색제인 동시에 산화방지제, 보존료로서의 역할까지 하는 첨가물이다. 붉은빛깔이 먹음직한 명란젓에는 대부분 아질산나트륨이 들어간다. 명란젓의 품질과 풍미를 유지해주는 다양한 기능을 하는 아질산나트륨은 위해성에 대한 논란이 매우 많은 식품첨가물이다. 과량 섭취할 경우 아이들에게는 혈액의 산소 운반 능력을 떨어뜨려 청색증을 유발할 수 있고 아민류와 반응하여 발암물질인 니트로소화합물 생성할 수도 있다. 따라서 모든 나라에서는 아질산나트륨의 사용 기준을 규정하여 사용량을 엄격히 제한하고 있으며 WHO에서는 유아 식품에 사용하는 것을 금지하고 있다.

똑똑한 구매 Tip

1 제조일로부터 가까운 제품을 선택

2 명란젓의 경우 껍질이 찢어지지 않고 투명감이 있는 것 선택

3 포장 용기가 변형되거나 부풀지 않은 것

4 나트륨, 첨가물 함량이 높지 않은 것

5 색이 지나치게 짙거나 인위적이지 않은 것

6 냉장 보관되어 판매되는 것

젓갈은 원재료가 신선하고 품질이 좋을수록 첨가물이 적게 들어가고 맛도 좋다. 따라서 젓갈의 재료가 국산인 것을 선택하는 것이 좋은데 생선이나 부산물은 수입산이라 하더라도 소금은 국산을 사용한 것이 쓴맛이 적고 위생적이다. 나트륨 함량이 낮은 저염 젓갈이 건강에 좋으나 상하기 쉬우니 보관 상태와 유통기한을 반드시 확인하여 구입해야 한다. 명란젓의 경우에는 껍질이 찢어지지 않고 투명감이 있는 것이 신선한 것이다.

젓갈의 원료인 생선이 상하면 단백질이 부패되어 좋지 않은 냄새와 가스가 생기므로 포장된 제품이 부풀거나 찢어진 것, 냄새가 좋지 않은 것은 고르지 않는다.

젓갈은 라벨을 보아 첨가물을 확인하고 들어가는 첨가물의 수가 적은 제품을 선택하는데 가능하면 양념이 되어있지 않은 제품을 구입하는 것이 좋다. 양념이 된 제품에는 대부분 MSG와 같은 향미증진제가 들어 있다.

색이 너무 짙거나 고운 것들도 각종 색소를 첨가했을 가능성이 높다. 먹어보고 구매할 수 있다면 첫맛에 감칠맛이 너무 강한 것은 향미증진제를 첨가했을 가능성이 높으니 원재료 본연의 담백한 맛이 나는 것을 고르는 것이 좋다.

현명한 조리 및 섭취 Tip

1 염분을 생각해 과다 섭취하지 않을 것
2 칼슘 함량이 높은 채소, 과일과 함께 섭취할 것

과다한 나트륨의 섭취는 고혈압, 심혈관질환, 뇌혈관질환, 콩팥질환, 위암이나 유방암 등의 다양한 질병의 원인이 되고 뼈의 건강에도 좋지 않다. 젓갈은 나트륨 함량만 줄인다면 단백질과 아미노산이 풍부한 좋은 음식이므로 파, 마늘, 고추, 양파, 무 등의 재료로 저염으로 만들어 먹거나 나트륨 함량이 적은 제품을 구매해 섭취하는 것을 권장한다.

염분이 높은 젓갈은 현미밥, 취나물, 고구마, 감자, 브로콜리, 양파, 양배추, 양상추, 토마토, 근대, 콩, 시금치, 마늘, 바나나, 참외, 키위 등 나트륨 배출을 도와주는 칼륨 함량이 높은 식품과 함께 섭취하면 좋다.

안전한 보관 Tip

1 1~2주 안에 먹을 것은 랩으로 싸 냉장 보관

2 2주 이상 보관할 경우 1회분씩 소분해 냉동 보관

젓갈은 절임 식품이기 때문에 오래 보관하여도 안전하다는 인식이 있는데 생각보다 유통기한이 길지 않다. 특히 염분의 함량이 낮은 젓갈일수록 보관 기간은 짧아진다. 따라서 젓갈은 구매 후 냉장 보관하여 1주일 내에 먹는 것을 권장하며 2주 이상 보관해야 할 경우 잘 밀봉해 1회분씩 소분해 냉동 보관하는 것이 안전하다.

돼지고기

식용유를 발라 보관하면 육즙을 보존해 더 맛있게 먹을 수 있어요

Check Point

국내산 HACCP(위해요소중점관리기준) 인증 제품인가?

암갈색이 아닌 분홍빛 또는 선홍빛을 띄는가?

지방이 희고 단단한가?

조리할 용도에 맞는 부위인가?

돼지고기 알고 먹기

2016년 농림축산식품부의 보도 자료에 의하면 한국인의 1인당 한해 돼지고기 소비량은 약 24.4.kg으로 소고기 소비량 11.6kg의 두 배가 넘는다. 돼지고기는 소고기에 비해 육질이 부드럽고 지방 함량이 높아 고소한 맛이 있으며 양질의 단백질과 지방, 특히 에너지 대사에 반드시 필요한 비타민인 비타민 B_1이 풍부하게 함유되어 있는 영양식품이다.

1 올레산(oleic acid)
· 나쁜 콜레스테롤(LDL-콜레스테롤)의 산화 억제
· 동맥경화 예방

2 리놀레산(linoleic acid)
· 식품에서 섭취해야 하는 불포화지방산
· 혈액 내 콜레스테롤 감소시킴
· 체내 중성지방 농도를 낮춤

3 비타민B₁
· 체내 에너지 대사에 필요한 필수 영양소
· 피로 회복에 탁월한 효과

돼지고기는 소고기에 비해 육질이 부드럽고 지방 함량이 높아 고소하며 양질의 단백질과 지방, 특히 에너지 대사에 반드시 필요한 비타민B₁이 풍부하게 함유되어 있는 영양식품이다. 또한 돼지고기의 지방 부위에는 포화지방산의 함량도 높은 편이지만 올레산이나 리놀레산과 같은 불포화지방산도 함께 함유되어 있다.

올레산은 올리브유에 많이 함유된 성분으로 나쁜 콜레스테롤로 알려진 LDL-콜레스테롤의 산화를 억제해 동맥경화를 예방하는 효과가 있다. 리놀레산은 불포화지방산으로 식물성 기름에 풍부한데 체내에서 합성되지 않아 식품으로 섭취해야 하는 필수지방이며 혈액의 콜레스테롤과 중성지방의 농도를 감소시키고 혈액의 순환을 도와주기도 한다. 돼지고기의 기름은 소고기에 비해 불포화지방의 함량이 높아 기름이 녹는 온도가 낮기 때문에 식은 상태로 섭취해도 괜찮다.

돼지고기는 신체의 건강을 유지하기 위해 식품으로부터 꼭 섭취해야 하는 10가지 필수아미노산을 고르게 함유한 질 좋은 동물성 단백질 식품으로 일반성인은 물론 성장기 어린이나 노인, 환자 등의 성장이나 회복에 좋은 식품이다. 특히 비타민B₁은 탄수화물이 체내에서 대사되어 에너지를 생산하기 위해서 반드시 필요한 영양소이며 피로 회복에도 좋다. 쌀에 함유된 비타민B₁은 도정 과정에서 대부분 손실되기 때문에 쌀 위주로 식사를 하는 한국인은 비타민B₁이 부족할 수 있다. 돼지고기는 비타민B₁ 함량이 높은 식품(소고기의 약 6배)으로 영양적으로 쌀밥과 잘 어울린다고 볼 수 있다.

1 국내산 HACCP(위해요소중점관리기준) 인증 제품인 것
2 냉동육보다는 냉장육 선택
3 암갈색이 아닌 분홍빛 또는 선홍빛을 띄고 윤기가 나는 것
4 지방이 단단하고 흰 색일 것
5 고기가 물컹거리거나 물기가 흐르지 않는 것
6 돼지 특유의 냄새가 심하지 않은 것

신선도를 생각한다면 수입산보다 국내산을, 냉동육보다는 냉장육을 선택하는 것이 좋다. 또한 HACCP(Hazard Analysis Critical Control Point, 위해요소중점관리기준) 인증 제품 마크가 표시된 것이 좋다.

돼지고기는 갈색빛이나 회색빛 또는 누런빛이 돌지 않고 분홍빛을 띄면서 윤기가 흐르며 지방 부분은 색이 희고 무르지 않은 것이 신선한 고기이다. 붉은빛을 띄는 소고기와 달리 돼지고기가 분홍빛을 띄는 이유는 근육 색소인 미오글로빈의 함량이 낮기 때문이다.

돼지고기 특유의 누린내가 심하게 나거나 고기에서 물기가 흐른다면 오래된 것이거나 냉장 보관상의 문제가 있는 것이기 때문에 구매하지 않는 것이 좋다.

해썹(HACCP) 마크는 어떤 의미인가요?

HACCP(Hazard Analysis Critical Control Point)은 '위해요소중점관리기준'의 약자로 식품 원재료의 생산에서부터 유통, 가공, 소비 전 과정을 관리해 식품의 안전성을 확보, 보증하는 예방 차원의 개념이다. 우리나라에서는 1995년 12월부터 식품위생법에 HACCP 제도를 도입하여 식품의 안전성 확보, 식중독 예방, 식품 업체의 과학적 위생 관리 방식의 정착과 국제 기준 및 규격과의 조화를 도모하고자 도입하였다.

1 용도에 맞는 부위와 조리법 선택
2 가능한 지방이 적은 부위로 섭취
3 직화 조리는 피할 것
4 굽고 튀기기보다는 삶거나 찌는 조리법을 이용
5 신선한 채소와 함께 섭취

돼지고기는 목살, 삼겹살, 사태, 앞다리살, 뒷다리살, 갈매기살, 갈비, 등심, 안심 등으로 나뉜다. 부위에 따라 연한 정도, 지방 함량 등이 달라 맛과 조리법에 차이가 있다. 따라서 원하는 용도에 맞는 부위를 구입하여 조리하여야 한다.

돼지고기는 부위에 따라 지방의 함량이 크게 차이가 난다. 삼겹살 부위의 지방 함량은 약 28.5% 인데 반해 목살은 10% 가량, 등심 부위는 4% 정도의 지방을 함유한다. 따라서 부위에 따라 지방의 섭취량이 달라진다. 돼지고기 섭취 시 지방이 염려된다면 지방 섭취가 적은 등심이나 사태 부위를 이용해 조리하는 것이 좋다.

또한 근육의 발달 정도나 지방의 분포에 따라서도 맛이나 질감의 차이가 난다. 따라서 부위의 특성에 맞게 조리하여 먹는 것이 좋은데 지방이 풍부하여 부드럽고 고소한 맛이 나는 삼겹살은 구이나 불고기 등으로 조리하면 좋고 지방이 근육막 사이에 적당히 분포한 목심은 구이는 물론 수육이나 찜으로 조리해도 좋다. 또한 지방의 함량은 낮고 육질이 매우 연한 안심이나 등심은 스테이크나 구이, 튀김 등으로 먹으면 좋으며 지방의 함량이 낮고 근육이 발달하여 질긴 다릿살이나 사태는 수육이나 찌개, 보쌈, 장조림 등에 이용하면 좋다.

돼지고기의 소비량은 연일 증가하고 있지만 대부분 구이로 먹는 삼겹살의 소비가 가장 많다. 삼겹살이나 목살을 직화로 조리하는 경우가 많은데 고기를 직화로 굽게 되면 다환방향족탄화수소(벤조피렌)나 헤테로사이클릭아민 같은 발암 물질이 생성된다. 실제로 세계보건기구(WHO)의 국제암연구기구(IARC)에서는 2015년 소고기와 돼지고기 같은 적색육을 2A급 발암물질로 분류하였다. 그러나 세계적인 장수지역으로 알려진 일본 오키나와의 장수식단에는 돼지고기가 포함되며 제주도의 장수지역에 사는 노인들 역시 돼지고기를 즐겨먹는 것으로 알려졌다. 그렇다면 돼지고기는 장수를 도와주는 건강식품일까 아니면 암을 유발하는 식품일까? 답은 어떤 부위를 어떻게 먹는가에 달려있다. 지방 함량이 높은 돼지고기 부위는 포화지방과 높은 열량으로 과도하게 섭취하면 비만을 비롯한 각종 성인병을 유발할 수 있고 직화로 굽게 되면 여러 발암 물질이 생성되므로 암의 원인이 되기도 하지만 지방량이 많지 않은 부위를 삶거나 찌는 방법으로 조리해 섭취하면 건강하게 섭취할 수 있다. 삶는 과정에서 지방도 어느 정도 제거되고 150℃ 이하의 온도에서 조리하면 발암 물질도 생성되지 않는다. 따라서 구이를 할 때는 구멍이 뚫린 석쇠 보다는 프라이팬을 이용하는 것이 좋다. 고기를 굽는 과정에서 녹은 지방이 숯불로 떨어져 탈 때 생기는 연기에 발암 물질이 생성되기 때문이다. 직화로 조리한 경우에는 탄 부위를 제거하여야 하며 상추나 깻잎 같은 채소나 김치와 함께 섭취하면 채소의 섬유질이 지방과 콜레스테롤 등 몸에 좋지 않은 물질의 흡수를 억제할 수 있다.

돼지고기를 먹을 때 돼지고기의 영양성분의 흡수를 도와주거나 풍미를 향상시키는 식재료들을 함께 먹으면 좋은데 대표적으로 마늘이나 양파, 파 같은 채소를 들 수 있다. 이러한 채소에 풍부한 알리신은 돼지고기에 풍부한 비타민B$_1$의 흡수를 도와준다. 표고버섯의 레티난이라는 성분은 항암 효과와 콜레스테롤의 흡수를 억제해주는 효과가 있어 돼지고기와 함께 먹으면 매우 좋다. 수육에 빼놓을 수 없는 새우젓은 단백질 분해효소인 프로테아제와 지방분해효소인 리파아제를 함유하여 돼지고기의 소화 흡수를 도와주어 함께 섭취하는 것이 좋다.

돼지고기의 부위별 특징과 용도

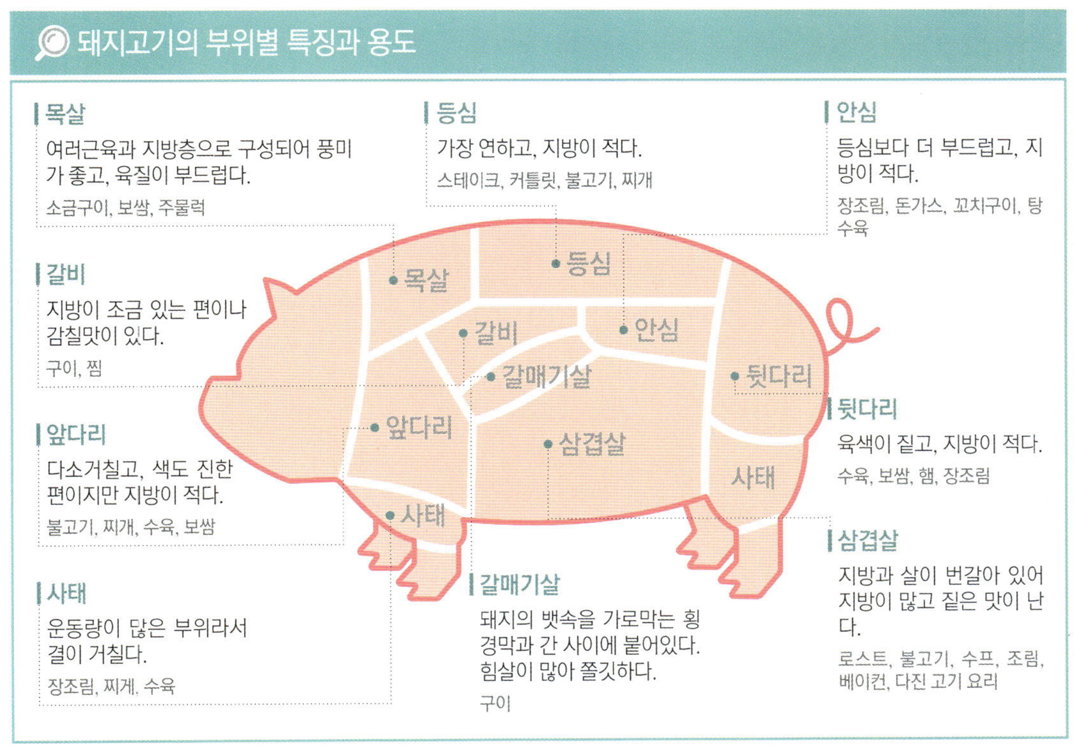

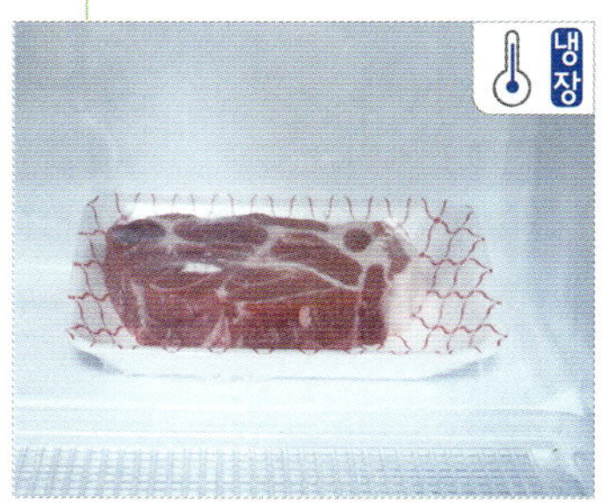

1 냉장고 안쪽 온도가 가장 낮은 곳 보관

2 종이타월로 싼 후 밀봉해 냉장 보관

3 고기 표면에 식용유를 바른 후 밀봉해 냉동 보관

돼지고기는 소고기보다 부패가 빠르기 때문에 먹을 만큼만 구매해 바로 섭취하는 것이 가장 좋다. 구매 후 하루 안에 섭취할 경우에는 냉장고의 온도가 가장 낮은 안쪽에 보관하고 3일 이내로 보관할 경우에는 여분의 물기를 제거하기 위해 종이타월로 감싼 후 랩으로 한 번 더 감싸 밀봉해 보관하는 것이 좋다. 3일 이상 보관할 경우 1회분씩 소분하여 돼지고기 표면에 식용유를 살짝 발라 랩으로 감싸 밀봉해 냉동 보관하면 육즙이 빠져나오는 것을 방지할 수 있다.

양념을 해서 섭취할 고기라면 해동한 후에 양념하는 것보다 양념이 된 상태의 고기를 냉동하는 것이 좋다. 그 이유는 고기에 양념이 스며들어 맛이 더 좋고 양념 시 들어가는 소금 등이 세균의 발생을 막아주는 역할을 하기 때문이다.

갈은 고기는 그만큼 산소와 접촉하는 면적이 넓어 부패가 더 빠르므로 냉장 보관은 2일, 냉동 보관은 2주를 넘기지 않아야 한다. 해동할 때에는 냉동실의 고기를 냉장고에서 천천히 해동해야 고기의 풍미의 저하를 최소화할 수 있으며 한 번 해동한 고기는 미생물이 증식할 수 있으니 재 냉동하지 않는다.

소고기

마블링이 많은 1++ 등급이 좋은 소고기의 기준은 아니에요

국내산 HACCP(위해요소중점 관리기준) 인증 제품인가?

갈색빛이 돌지 않고 선홍빛 또는 밝은 붉은빛을 띄는가?

결이 곱고 근내 지방이 고르게 분포되어 있는가?

소고기 알고 먹기

소고기는 한국인이 가장 선호하는 육류이지만 포화지방이 많이 들어 있어 건강에는 별로 좋지 않다는 인식과 최근 대두되는 적색육의 건강상 문제점 등으로 인해 건강을 위해 피해야 하는 식품의 하나로 언급되기도 한다. 그러나 소고기는 질이 좋은 단백질과 비타민B군, 철분, 아연 등 다양한 영양소를 풍부하게 함유한 식품이다. 소고기의 단백질은 필수아미노산을 고르게 함유하였기 때문에 적당히 섭취한다면 성장기의 어린이나 청소년, 회복기 환자, 만성질환자에게 좋은 꼭 필요한 식품이다.

1 단백질
- 근육, 내장, 뼈 등 우리 몸을 만드는 주요 성분
- 성장기 어린이의 발육 촉진
- 면역력 증가

2 아연
- 백혈구 형성 촉진
- 면역력 증가

3 철분
- 체내 산소를 공급하는 헤모글로빈의 구성 성분
- 빈혈 예방

4 카르니틴
- 체내 지방의 연소를 촉진

소고기에 함유된 단백질은 필수아미노산을 고르게 함유하였기 때문에 적당히 섭취한다면 건강에 좋다. 소고기의 단백질은 인체의 성장과 발달에 필요한 아미노산의 공급을 원활히 하므로 성장기의 어린이나 청소년, 회복기 환자, 만성질환자에게 꼭 필요한 좋은 식품이다.

적혈구의 구성분인 철분은 칼슘과 더불어 한국인에게 가장 부족하기 쉬운 영양소 중 하나로 부족 시 빈혈이 생길 수 있다. 소고기는 철분이 풍부하게 함유되어 있다. 철분은 체내에 산소를 공급하는 헤모글로빈의 구성 성분으로 헤모글로빈 수치가 낮은 임산부나 빈혈이 있는 사람이 꼭 섭취해야 하는 영양소이다. 소고기에 풍부한 아연은 백혈구 형성을 촉진하여 면역력을 증가시키는 영양소이다.

소고기의 살코기 부분에는 카르니틴이라는 성분이 풍부한데 이 물질은 지방의 연소를 촉진하여 오히려 지방의 제거하는 데 도움이 된다. 따라서 지방의 함량이 낮은 붉은 살코기 부분을 적당히 먹는 것은 오히려 건강한 몸을 만드는 데도 도움이 될 수 있다.

똑똑한 구매 Tip

1 수입산보다는 국내산을, 냉동육보다는 냉장육을 선택

2 HACCP(위해요소중점관리기준) 인증 제품인 것

3 갈색빛이 아닌 선홍색이나 밝은 붉은빛을 띄는 것

4 결이 곱고 근내 지방이 고른 것

5 지방의 색이 희고 윤기가 도는 것

해동 후 윤기나 탄력이 떨어지는 냉동육보다는 냉장육이 고기의 품질이 좋으며 수입육보다는 국내산 소고기를 구매하는 것이 좋다. 고기의 수입육 여부나 품질 및 위생관리에 대해 확인하고 싶다면 축산물이력제를 활용하면 된다. 축산물이력제 홈페이지(https://aunit.mtrace.go.kr)에 들어가 포장지에 적혀 있는 12자리 번호를 입력하면 출생에서부터 판매까지의 정보를 알 수 있다.

고기의 색이 선홍빛을 띠고 지방은 흰색인 것이 신선한 것이며 고기의 결이 곱고 적당히 마블링이 된 것이 부드럽고 고소한 맛도 있다.

소고기의 등급이 선택의 기준이 될 수도 있다. 하지만 우리나라의 쇠고기 등급은 주로 근내 지방의 함량이 좌우하는데 근내 지방이 많을수록 연하고 고소하지만 단백질의 함량은 낮아지고 포화지방의 섭취량은 많아진다. 따라서 근내 지방의 함량이 기준이 되는 등급을 소고기 선택의 기준으로 삼기 보다는 조리하고자 하는 방법과 숙성 여부, 개인적 기호나 영양 상태 등을 고려하여 적절한 부위를 선택하는 것이 좋다.

소고기의 등급은 근내 지방도(지방의 함량), 육색, 지방색, 조직감, 성숙도의 기준에 따라 나뉜다. 가장 중요한 기준은 대리석처럼 고르고 촘촘하게 지방이 마블링처럼 퍼져야 1++등급을 받을 수 있는데 이처럼 마블링을 육질 등급의 기준으로 삼는 국가는 미국, 일본, 한국뿐이다.

흔히 1++등급 소고기를 최고급 소고기로 인식할 것이다. 하지만 등급의 기준이 영양의 절대적인 기준은 아니며 건강만을 생각한다면 오히려 지방 함량이 낮을수록 몸에 좋기 때문에 등급보다는 조리 용도에 맞게 선택하는 것을 권장한다.

1++등급 소고기가 최고급으로 인식되면서 축산 농가에서는 마블링이 많이 생기도록 초식동물인 소에게 풀이 아닌 곡물(주로 옥수수)을 먹여 사육하는 일이 많아지면서 등급제에 대한 논란이 제기되기 시작하였다. 일각에서는 굳이 몸에 좋지 않은 지방이 많은 소고기를 생산해내기 위해 초식동물에게 옥수수를 먹이고 마블링 위주의 등급제를 매기는지에 대한 의문을 제기하고 있다.

1 용도에 맞는 부위와 조리법 선택
2 가능한 지방이 적은 부위로 섭취
3 가능한 직화 조리는 피할 것
4 굽고 튀기기보다는 삶거나 찌는 조리법을 이용
5 신선한 채소와 함께 섭취

많은 영양성분을 함유하는 소고기이지만 과다한 섭취는 문제를 일으킬 수 있다. 그 이유는 높은 포화지방의 함량과 조리 과정에서 생성될 수 있는 유해한 물질들 때문이다. 포화지방의 과다 섭취는 비만을 유발하고 이로 인해 여러 성인병의 원인이 될 수 있으며 혈중콜레스테롤을 높이고 혈전의 생성을 촉진한다.

돼지고기와 마찬가지로 소고기도 조리 온도가 높은 직화로 조리하게 되면 벤조피렌이나 헤테로고리아민 같은 발암 물질이 생성된다. 따라서 바비큐나 숯불구이, 튀김, 구이 같은 조리법보다는 수육이나 찜, 샤브샤브 같은 삶거나 찌는 조리법을 이용하는 것이 육류를 건강하게 먹을 수 있는 방법이다. 또한 조리 시간을 짧게 하고 태우지 않도록 주의해야 한다. 특히 바비큐나 숯불구이처럼 열원과 고기 사이가 개방된 방법은 좋지 않다. 따라서 구이를 할 때는 직화 구이보다 팬에 조리하는 것이 좋다.

지방의 함량이 높은 부위는 그만큼 비타민이나 무기질의 함량도 낮다. 소고기를 먹을 때는 지방의 함량이 높은 등심이나 갈비 부위보다는 우둔이나 양지, 안심과 같이 지방 함량이 낮은 부위를 먹는 것이 영양적으로 바람직하다.

소고기는 단백질, 철분, 아연, 비타민B군 등의 좋은 급원이지만 비타민A, C, 식이섬유처럼 거의 함유하지 않는 영양소도 있다. 따라서 소고기는 비타민과 식이섬유가 풍부한 채소나 과일과 함께 먹는 것이 좋다. 채소에는 다양한 항산화 성분도 풍부하게 함유되어 직화로 조리한 고기에서 생기는 발암 물질들의 작용을 억제해줄 수도 있으니 채소는 고기와 가장 궁합이 맞는 음식이라고 볼 수 있다.

목심
육질이 질기고 젤라틴이 풍부하다.
구이, 스테이크

등심
고기의 결이 곱고 육즙이 풍부하다.
구이, 스테이크

채끝
고기 조직이 굵고 왕성하며 지방이 적당히 섞여있다.
구이, 스테이크

안심
소고기 중 가장 연하며 지방이 적고 담백하다.
구이, 스테이크

우둔
육질의 결이 곱고 지방이 적다.
장조림, 불고기, 육포

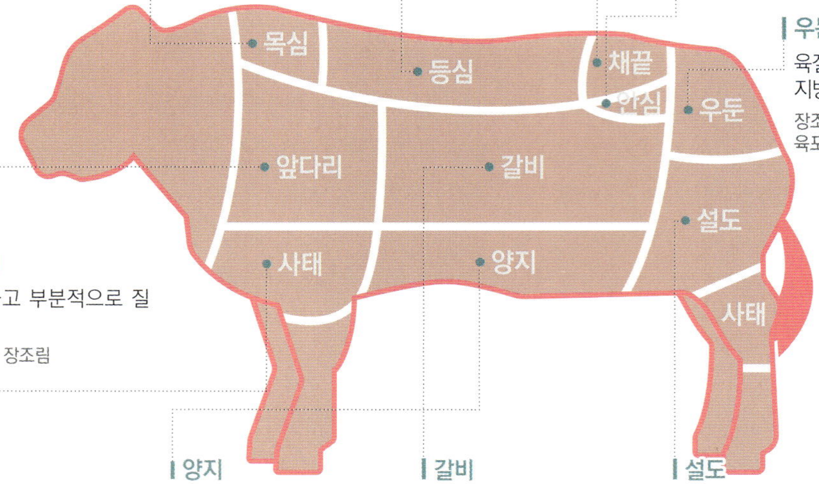

앞다리
결이 곱고 부분적으로 질기다.
탕, 육회, 장조림

사태
힘줄과 막이 섞여 질기지만, 기름기가 적어 담백하다.
국, 찌게, 찜

양지
육질이 치밀하고 지방이 많다.
탕, 국, 장조림

갈비
육질이 부드럽고 지방이 적당하다.
구이, 찜

설도
근육으로 되어 있어 퍽퍽하고 질기다.
육포, 육회, 불고기

벌집양
소의 제 2위(두 번째 위)로, 지방질이 거의 없다.
국, 전골

양
소의 제 1위(첫 번째 위)로, 고단백 저지방식품이다.
구이, 전골

곱창
쫄깃쫄깃하며 특유의 냄새가 있다.
전골, 구이

대창
흐물거리며 특유의 냄새가 있다.
전골, 구이

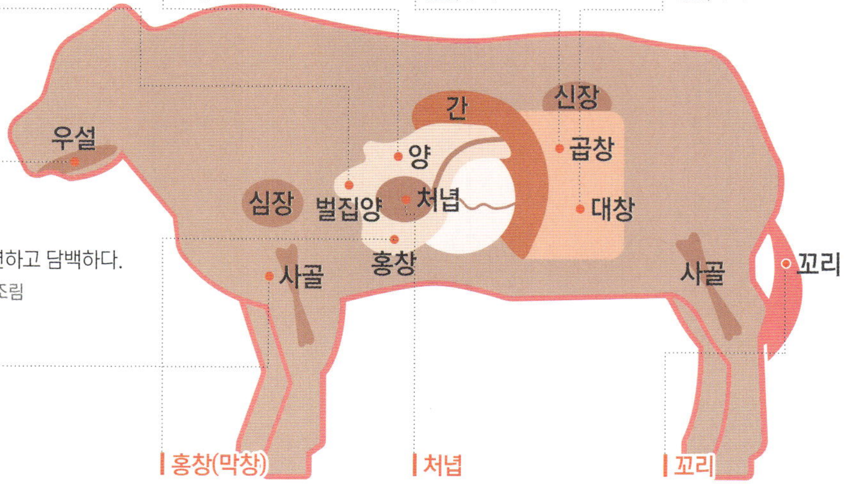

우설
육질이 연하고 담백하다.
편육, 찜, 조림

사골
고영양식품으로 원기회복에 좋다.
탕, 국

홍창(막창)
소의 제 4위(네 번째 위)로, 고단백식품이다.
구이, 탕

처녑
소의 제 3위(세 번째 위)로, 오돌토돌한 돌기가 있다.
회, 전

꼬리
담백한 국물을 내며 영양소가 풍부하다.
탕

1 냉장고 안쪽 온도가 가장 낮은 곳 보관

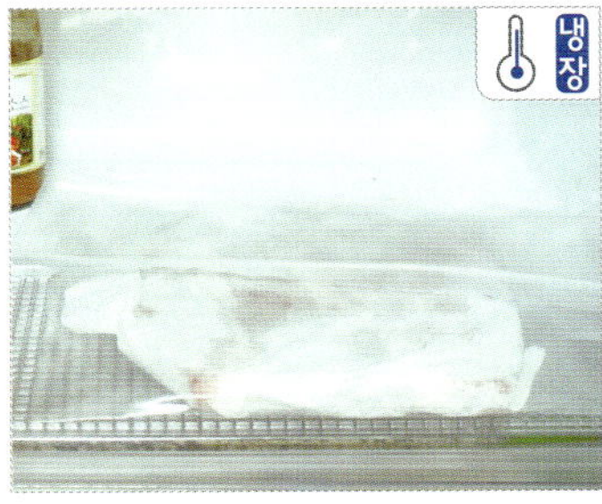

2 종이타월로 싼 후 밀봉해 냉장 보관

3 고기 표면에 식용유를 바른 후 밀봉해 냉동 보관

돼지고기와 마찬가지로 소고기 또한 먹을 만큼만 구매해 바로 섭취하는 것이 가장 좋다. 구매 후 하루 안에 조리할 경우에는 냉장고의 온도가 가장 낮은 안쪽에 보관하고 3일 이내로 보관할 경우에는 여분의 물기를 제거하기 위해 종이타월로 감싼 후 랩으로 한 번 더 감싸 밀봉해 보관하는 것이 좋다. 3일 이상 보관할 경우 1회분씩 소분하여 소고기 표면에 식용유를 살짝 발라 랩으로 감싸 밀봉해 냉동 보관하면 육즙이 빠져나오는 것을 방지해 해동 후에도 맛있게 먹을 수 있다.

양념을 해서 섭취할 고기라면 해동한 후에 양념하는 것보다 양념이 된 상태의 고기를 냉동하는 것이 좋다. 그 이유는 고기에 양념이 스며들어 맛이 더 좋고 양념 시 들어가는 소금 등이 세균의 증식을 막아주는 역할을 하기 때문이다.

갈은 고기는 그만큼 산소와 접촉하는 면적이 넓어 부패가 더 빠르므로 냉장 보관은 2일, 냉동 보관은 2주를 넘기지 않아야 한다. 해동할 때에는 냉장고에서 천천히 해동해야 고기의 풍미를 최대화할 수 있으며 한 번 해동한 고기는 미생물이 증식할 수 있으니 재 냉동하지 않도록 한다.

닭고기

껍질과 노란 지방을 제거하면 칼로리를 많이 낮출 수 있어요

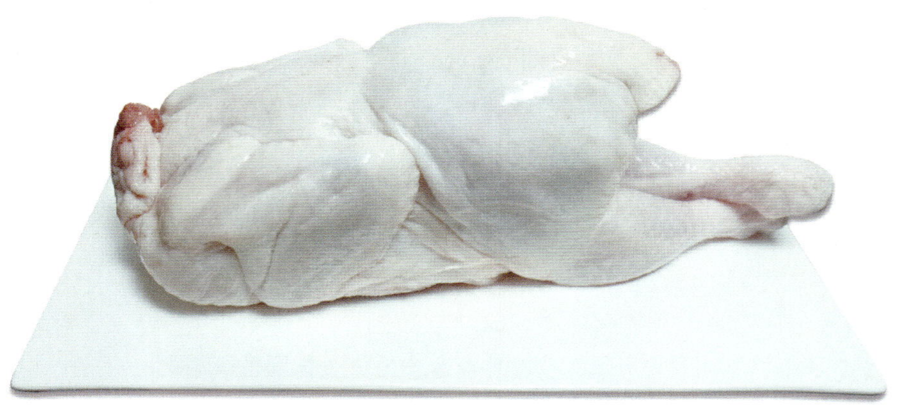

국내산 HACCP(위해요소중점
관리기준) 인증 제품인가?

품질 등급이 높은 제품인가?

상온에서 판매되지는 않는가?

닭고기 알고 먹기

소고기, 돼지고기와 더불어 한국인이 가장 많이 먹는 육류가 바로 닭고기이다. 여름철 최고의 보양식인 삼계탕과 한국의 대표음식이 되어 버린 치맥만 떠올려도 한국인의 닭고기 사랑을 알 수 있다. 같은 육류이지만 철분을 포함하는 육색소인 미오글로빈 때문에 붉은색을 띠는 소고기, 돼지고기와 달리 닭고기는 미오글로빈을 함유하지 않아 흰색을 띤다. 그래서 소고기, 돼지고기를 적색육, 닭고기는 백색육으로 구분하여 부른다.

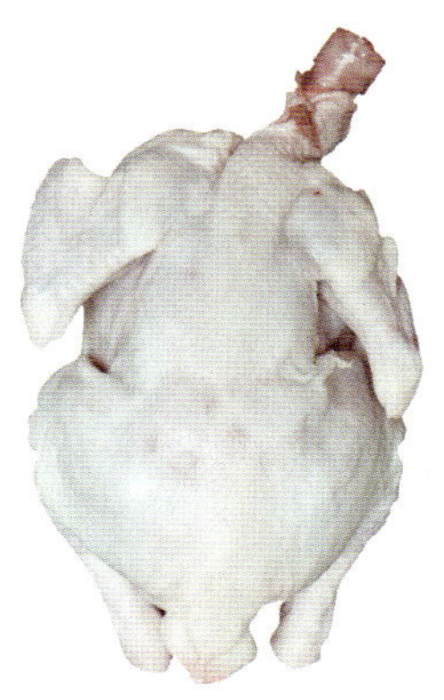

1 단백질
- 근육, 내장, 뼈 등 우리 몸을 만드는 주요 성분
- 성장기 어린이의 발육 촉진
- 면역력 증가

2 리놀레산(linoleic acid)
- 식품에서 섭취해야 하는 불포화지방산
- 혈액 내 콜레스테롤 감소시킴
- 체내 중성지방 농도를 낮춤

3 비타민B$_2$
- 체내 에너지 대사에 관여
- 부족 시 입과 혀의 염증

닭고기는 양질의 단백질을 풍부하게 함유하고 지방의 함량이 낮은 식품이다. 지방은 주로 껍질과 내장 부위에 분포하는데 실제로 돼지고기 삼겹살의 지방 함량이 약 28.5%, 소고기 등심이 약 17%인 것에 비해 닭다리의 지방 함량은 약 3.2%밖에 되지 않는다.(가슴살은 이보다 낮다) 이 중 68% 가량이 불포화지방산이며 필수지방산의 함량도 약 17%로 다른 육류보다 높은 편이다. 닭고기 중 지방 함량이 가장 높은 부위는 닭날개로 껍질째 먹을 때 100g당 19g 가량의 지방을 함유한다.

닭고기의 리놀레산은 2개의 불포화지방산으로 식물성 기름에 풍부하며 체내에서 합성되지 않아 식품으로 섭취해야 하는 필수지방으로 혈액의 콜레스테롤과 중성지방의 농도를 감소시키는 효과가 있으며 혈액의 순환을 도와주기도 한다.

닭고기에는 비타민B$_2$가 많이 함유되어 있다. 비타민B$_2$는 결핍 시 구각염, 구순염, 설염 등 구강의 염증과 빈혈을 유발하며 쉽게 피곤함을 느낀다.

1 수입산보다 국내산을 냉장육을 선택
2 HACCP(위해요소중점관리기준) 인증 제품인 것
3 도축일, 등급 판정 일자를 확인할 것
4 품질 등급이 높은 제품을 선택
5 반드시 냉장 상태로 판매되는 제품을 선택할 것
6 껍질 색은 크림색으로 윤기가 나고 털 구멍이 울퉁불퉁 튀어나온 것
7 살이 두툼하고 촉촉하며 탄력이 있는 것

수입산 닭은 국내산 닭에 비해 살이 많고 값이 저렴한 장점이 있어 치킨 업체 등에서 많이 사용한다. 수입닭은 수입하는 과정에서 국내산보다 유통 과정을 많이 거치게 되므로 신선도는 떨어질 수밖에 없으므로 이를 방지하기 위해 보존료를 첨가하는 경우도 있다. 수입닭은 브라질산의 비중이 큰데 얼마 전 브라질 유통 업체에서 부패한 닭의 냄새를 없애기 위해 암을 일으킬 수 있는 화학 물질을 첨가해 국내에 수출한 것이 밝혀지면서 큰 파장을 일으켰다.(실제 치킨 업체의 순살닭고기 메뉴는 국내산보다 브라질산이 주를 이룬다) 모든 수입산 닭이 그러한 것은 아니지만 신선도와 안전성 면에서는 아무래도 HACCP(위해요소중점관리기준) 인증을 받은 국내산 닭을 구매하는 것이 안전하다.

닭고기는 소고기에 비해 빠르게 부패하기 때문에 반드시 냉장 상태에서 판매된 것을 구매해야 하며 포장육의 등급판정일 날짜가 최근의 것으로 구매하는 것이 신선한 닭을 구매할 수 있는 방법이다. 또한 품질 등급이 높은 것을 구매하는 것이 좋다.

닭고기의 등급과 규격

특대	대	중	중소	소
17~15호 1.45kg 이상	14~13호 1.45~1.25kg 이상	13~10호 1.25~9.5kg 이상	9~7호 9.5~6.5kg 이상	6~5호 6.5~4.5kg 이상

닭고기는 살코기의 상태와 신선도 등에 따라 1+, 1, 2등급으로 나뉘며 등급이 높을수록 품질이 좋다. 크기에 따라 위와 같이 나뉘며 이 규격은 중량으로 나눈 것일 뿐 작다고 해서 품질이 떨어지는 것은 아니다.

현명한 조리 및 섭취 Tip

1 지방과 껍질을 제거한 후 조리

2 직화 조리나 튀김보다는 삶거나 찌는 방법으로 조리

3 조리 목적에 맞는 부위 사용

닭고기의 지방은 대부분 껍질과 내장에 붙어있기 때문에 지방의 섭취를 줄이려면 껍질과 노란 지방 부분을 제거한 후 조리하는 것이 좋다. 닭날개는 지방 함량이 높지만 피부에 좋은 콜라겐 성분 함량이 높고 비타민A도 풍부하기 때문에 적당히 섭취하면 좋다.

닭고기 역시 직화로 조리하면 유해한 물질이 생성될 수 있으나 지방을 제거하고 태우지 않는 정도라면 다른 육류에 비해 생성량이 많지 않으니 안심해도 된다. 우리나라의 닭고기 조리법은 주로 습열 조리가 많지만 최근에는 치킨처럼 튀김으로 소비되는 양도 많아졌다. 튀기는 조리법은 칼로리도 높아지고 고온 조리에 의해 유해한 물질도 생성될 수 있으며 기름 산화의 문제까지 있으니 좋은 조리법으로 보기 힘들다. 더군다나 튀긴 닭과 맥주를 함께 먹으면 열량이 매우 높아지니 과하게 섭취하지 않도록 주의해야 한다.

시중에 판매되는 닭고기는 중량에 따라 특대(1.45kg 이상), 대(1.45~1.25kg), 중(1.25~0.95kg),

중소(0.95~0.65kg), 소(0.65~0.45kg)로 구분된다. 조리하고자 하는 용도에 따라 튀김이나 찜은 중, 삼계탕은 소의 중량인 닭이 적당하다. 또한 부위에 따라서는 조림이나 볶음, 튀김에는 닭 날개나 안심, 가슴살이 좋으며 닭다리는 모든 조리법에 이용되고 무침이나 샐러드에는 가슴살이 적당하다.

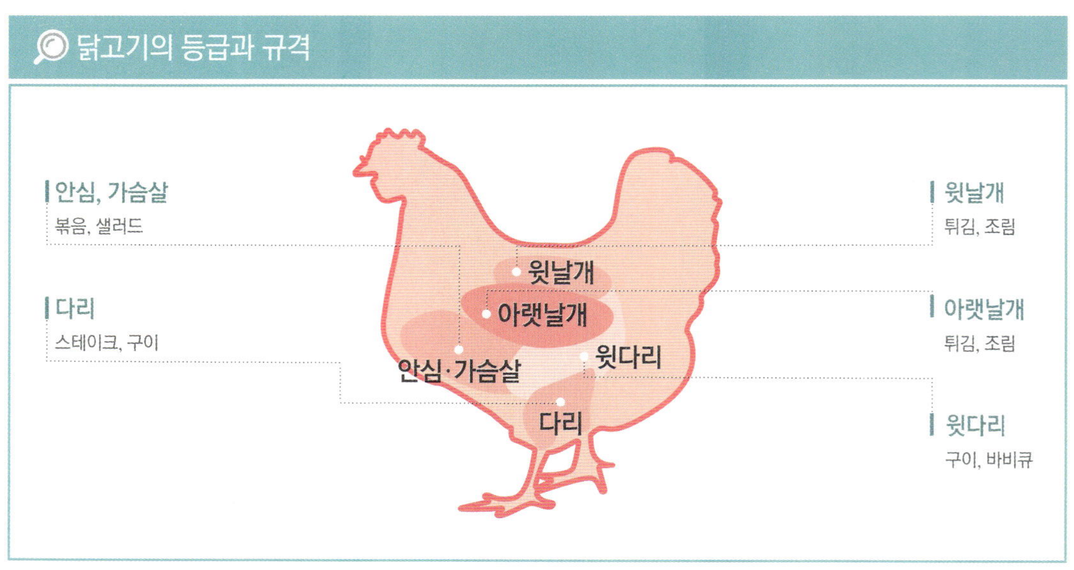

안전한 보관 Tip

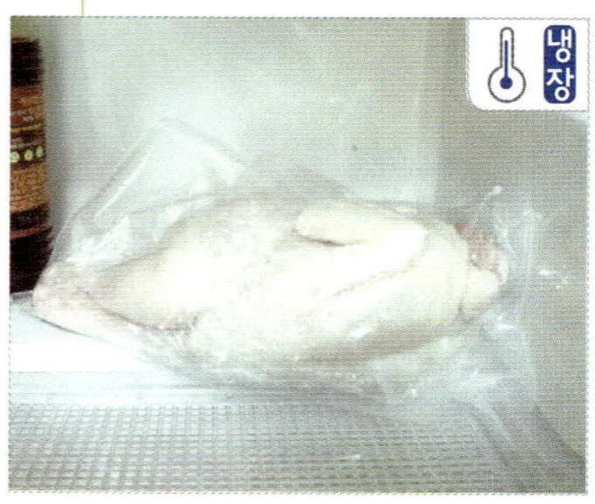

1 랩으로 감싼 후 밀봉하여 냉장 보관

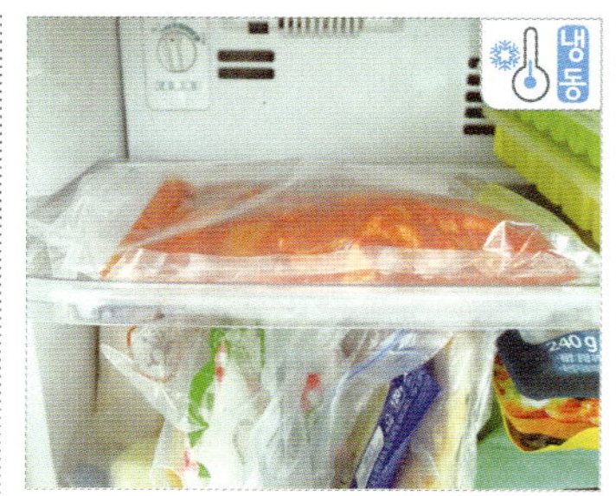

2 양념해 조리할 닭은 미리 양념해 냉동 보관

닭고기는 신선한 것을 구매하여 빨리 소비하는 것이 좋다. 냉장고에 보관할 경우에는 표면에 물기를 제거하고 밀봉하여 보관하고 2일 이내에 소비한다. 2일 이상 보관할 경우 흐르는 물에 깨끗이 세척하여 핏물과 물기를 제거하고 밀봉하여 냉동 보관한다.

양념해 사용할 닭고기를 2일 이상 보관할 경우에는 고기에 양념이 잘 배도록 양념을 먼저 해둔 상태로 냉동 보관한다.

오리고기

육류 중 칼로리가 높은 편이니 조금씩 섭취해야 해요

국내산 HACCP(위해요소중점
관리기준) 인증 제품인가?

상온에서 판매되고 있지는 않
은가?

1+ 등급인가?

오리고기 알고 먹기

오리고기는 닭고기와 유사한 식재료이지만 닭고기에 비해 질기
고 특유의 냄새 때문에 널리 이용되는 식품은 아니었다. 그러나
오리의 영양적 효능이 알려지고 오리 요리법들이 개발되면서 오
리고기의 소비량도 점차 증가하고 있다. 오리고기는 육류 중 몸
에 좋은 불포화지방산이 가장 많고 단백질도 풍부한 식품이나
지방의 함량과 열량이 매우 높기 때문에 소량씩 섭취하는 것이
좋다.

주요 영양소와 특징

1 올레산(oleic acid)
- 나쁜 콜레스테롤(LDL-콜레스테롤)의 산화 억제
- 동맥경화 예방

2 리놀레산(linoleic acid)
- 식품에서 섭취해야 하는 불포화지방산
- 혈액 내 콜레스테롤 수치를 감소시킴
- 체내 중성지방 농도를 낮춤

오리고기는 닭고기에 비해 지방의 함량이 매우 높다. 오리고기 100g에 약 27g의 지방이 들어 있으며 이는 닭고기의 약 2.6배로 오리고기가 다이어트에 좋다는 인식은 잘못된 것이다.

오리고기 지방의 약 69%가 불포화지방이며 이는 돼지고기나 소고기에 비해 약 10% 이상 함량이 높은 것이다. 오리고기는 다른 육류에 비해 불포화지방의 함량이 높기 때문에 융점이 높아서 상온에서도 쉽게 응고되지 않고 식물성 기름처럼 액체 상태를 유지한다. 불포화지방 중 일부 지방은 체내에서 합성되지 않으므로 식품으로 섭취해주어야 한다. 불포화지방은 혈액의 콜레스테롤과 중성지방의 농도를 떨어뜨리는 장점이 있다. 특히 올레산은 나쁜 콜레스테롤의 산화를 억제하여 동맥경화를 비롯한 심혈관

질환의 예방에 도움이 되지만 오리고기는 열량과 콜레스테롤 함량이 높기 때문에 소량 섭취하는 것을 권장한다.

1 1+ 등급인 것
2 국내산 HACCP(위해요소중점관리기준) 인증 제품일 것
3 반드시 냉장 상태로 판매되는 것
4 선홍색을 띄고 윤기가 있는 것
5 지방의 색이 희고 눌렀을 때 탄력이 있는 것
6 특유의 누린내가 심하지 않은 것
7 훈제오리의 경우 첨가물 수가 적은 것

오리고기도 닭고기과 마찬가지로 1+, 1, 2등급으로 품질 등급을 판정하고 있다. 판정 등급이 높을수록 위생적이고 품질이 좋은 것을 의미하므로 1+등급을 구매하는 것이 좋다.

HACCP 제품은 오리를 키우는 과정과 도축 및 제품화되는 과정이 위생적으로 처리되었음을 의미하므로 가능하면 HACCP 인증 마크가 있는 제품을 구입하는 것이 좋다. 오리와 닭은 돼지고기나 소고기보다도 부패가 빨리 진행되므로 오리고기는 꼭 냉장 또는 냉동 상태로 판매되는 것을 구매해야 한다.

훈제오리의 소비량도 지속적으로 늘고 있다. 그러나 시중에 판매되는 훈제오리는 실제로 훈연을 하여 특유의 풍미를 내는 것이 아니라 훈연 향과 맛을 위해 첨가물을 이용한다. 글루타민산나트륨과 여러 향미증진제로 감칠맛을 내고 코치닐색소, 락색소, 발색제인 아질산나트륨으로 색을 내며 산도조절제 등을 이용해 식감과 보존성도 좋게 한다. 제품에 따라서는 에리소르빈산나트륨 같은 산화방지제와 소르빈산칼슘과 같은 보존료가 들어간 제품도 있다. 따라서 훈연 제품을 선택할 때에는 가능한 첨가물 수가 적은 것을 고르는 것이 좋다.

현명한 조리 및 섭취 Tip

1 직화 조리보다는 습열 조리로 섭취할 것
2 껍질을 제거하고 조리할 것
3 훈제오리는 뜨거운 물에 데친 후 조리할 것
4 조리 중 흐르는 오리 기름은 섭취하지 않을 것
5 채소와 함께 섭취할 것

오리고기 역시 직화나 고온으로 조리하면 몸에 해로운 물질들이 생성될 수 있기 때문에 가능하면 삶거나 찌는 방법으로 조리하는 것이 좋다. 물에 삶는 조리법이 튀기거나 굽는 방법보다 조리 후 오리고기의 콜레스테롤 함량이 낮다. 열량이 염려되거나 지방 섭취를 제한하는 경우에는 오리의 껍질을 제거하고 조리하면 열량을 낮출 수 있다.

훈제오리는 여러 가지 첨가물이 들어간 식품으로 끓는 물에 데친 후 섭취해야 첨가물과 기름기를 제거할 수 있다.

채소는 오리고기에 부족한 비타민과 식이섬유가 풍부하고 포만감을 주어 과다한 섭취를 막아주기 때문에 함께 섭취하는 것이 좋다.

오리고기의 기름이 몸에 좋은 불포화지방이라는 이유로 고기를 굽거나 익히는 과정에서 나오는 기름을 먹는 경우가 있는데 이는 바람직하지 않다. 아무리 좋은 것도 많이 먹는 것은 문제가 될 수 있으며 기름의 과다 섭취는 오히려 비만과 여러 가지 질병의 원인이 될 수 있기 때문이다. 불포화지방을 섭취하고자 한다면 오리고기보다는 오히려 올리브오일이나 들기름 같은 식물성 기름이나 등푸른생선을 먹는 것이 바람직하다.

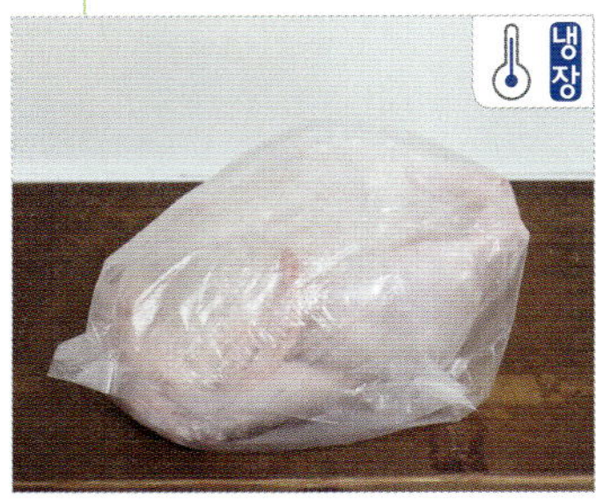

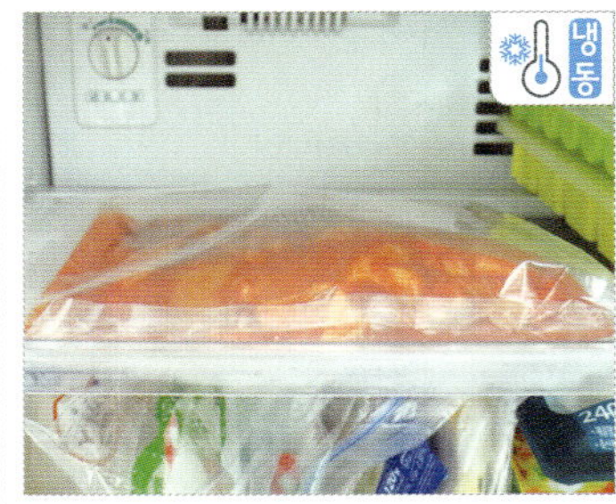

1 랩으로 감싼 후 밀봉하여 냉장 보관

2 양념해 요리할 오리는 미리 양념해 냉동 보관

오리고기를 보관할 때는 반드시 냉장 보관해야 한다. 냉장 시 가급적 온도가 가장 낮은 위치나 김치냉장고에 보관하는 것이 좋으며 공기를 차단하여 밀봉하거나 진공 포장하여 2일 이내에 소비하는 것이 좋다.

오리고기의 불포화지방은 냉동 상태에서도 산화가 진행되므로 밀봉이나 진공 포장으로 공기를 완전히 차단하고 빠른 시일 내에 소비해야 지방의 산패로 인한 품질의 저하를 막을 수 있다.

달걀·메추리알

뽀족한 쪽이 아래로 향하게 보관하세요

국내산 HACCP(위해요소중점관리기준) 인증 제품인가?

품질 등급이 높은가?

등급판정일이 최근의 것인가?

상온에서 판매되고 있지는 않은가?

달걀, 메추리알 알고 먹기

달걀은 영양적으로 거의 완전한 식품으로 불리는데 달걀에 함유되어 있는 단백질은 육류 단백질보다 아미노산의 조성이 더 우수하여 신체의 성장, 발달 및 회복에 가장 적합한 단백질이다. 게다가 육류에 비해 가격까지 저렴하다. 달걀은 무정란과 유정란으로 나뉘는데 무정란은 암탉이 스스로 만든 것이고 유정란은 수탉과의 교미를 통해 만든 것으로 영양 성분의 차이는 크지 않으나 유정란의 비타민 함량이 조금 더 높다.

1 단백질
- 근육, 내장, 뼈 등 우리 몸을 만드는 주요 성분
- 성장기 어린이의 발육에 필요
- 면역력 증가

2 레시틴
- 세포 속 수분을 조절해 피부를 윤기나게 함
- 뇌세포 파괴 속도를 늦춰 치매를 늦춤
- 지용성비타민의 흡수를 도움
- 혈액 순환에 도움

3 철분
- 체내 산소를 공급하는 헤모글로빈의 구성 성분
- 빈혈 예방

4 비타민B$_1$
- 체내 에너지 대사에 필요한 필수 영양소
- 피로 회복에 효과

달걀은 단백질은 물론 철분과 아연, 인, 칼슘 같은 무기질과 비타민A, D, B군 등을 다양하게 함유한다. 또한 뇌세포와 신경세포의 구성 성분으로 알려진 레시틴의 함량도 높은 영양이 우수한 식품이다. 달걀에 부족한 영양소는 비타민C와 식이섬유 정도이다.

달걀의 노른자와 흰자는 함유된 성분이 다르기 때문에 특성도 차이가 있다. 달걀 흰자의 주성분은 수분으로 약 88%를 차지하며 단백질은 약 11%를 차지한다. 달걀의 흰자에는 지방과 탄수화물이 거의 들어 있지 않기 때문에 열량이 낮아 체중 관리를 하는 이들은 흰자만을 골라 먹기도 하는데 노른자와 함께 섭취하는 것이 좋다. 이는 삶은 달걀 1개의 열량은 80kcal로 저열량인데 비해 영양소 함량은 높고 위에 머무는 시간이 3시간 이상으로 오랜 시간 포만감을 주기 때문이다.

달걀의 노른자는 수분이 약 50%, 단백질이 15%, 지방이 약 30%로 지방의 함량이 높고 철분과 지용성 비타민이 풍부하게 들어 있다. 달걀노른자의 지방은 포화지방과 콜레스테롤의 함량이 높은 편으로 콜레스테롤 하루 섭취권장량의 2/3 수준이다. 하지만 달걀 노른자에 함유된 레시틴이 콜레스테롤을 떨어뜨리고 달걀의 섭취가 몸에 좋은 HDL 콜레스테롤은 증가시킨다는 보고도 있으니 심혈관질환자나 당뇨환자가 아니라면 굳이 콜레스테롤 때문에 달걀노른자를 금지할 필요는 없다.

달걀 외에도 오리알이나 거위알, 메추리알 등 여러 가지 조류의 알이 달걀과 유사한 특성과 영양가를 가진다. 특히 우리나라에서는 메추리알의 이용이 많은데 메추리알은 달걀에 비해 크기는 작으나 대부분의 영양 성분은 거의 유사하고 비타민A의 함량은 달걀보다 높다.

똑똑한 구매 Tip

1 껍질이 거칠고 두꺼운 것
2 빛에 비추었을 때 반투명한 것
3 흔들었을 때 소리가 나지 않는 것
4 등급판정일이 최근인 것
5 상온에서 판매되지 않고 냉장 판매되고 있는 것
6 국내산 HACCP(위해요소중점관리기준) 인증 제품일 것
7 무항생제 제품인 것

달걀은 미생물이 생육하기 쉽기 때문에 반드시 신선하고 위생적으로 유통되고 있는 제품을 구매해야 한다. 달걀의 외관을 보고 신선도를 판단할 때는 껍질이 깨끗하고 금이 가지 않았으며 까칠한 것이 좋다. 껍질의 색은 닭의 품종에 따른 것으로 영양가와는 관련이 없다. 햇빛이나 전등에 달걀을 비추었을 때 반투명하며 흔들었을 때 소리가 나지 않아야 신선한 것이다.

달걀을 하나하나 직접 눈으로 확인하여 신선도를 평가할 수 없을 때는 포장의 내용을 살펴보고 구매한다. 달걀은 1+, 1, 2, 3등급으로 품질 등급을 나누는데 품질 등급이 높은 것이 위생적이며 품질도 좋다. 또한 중량에 따라 소란, 중란, 대란, 특란, 왕란의 다섯 가지로 구분되는데 용도나 기호에 따라 크기를 선택하면 된다. 등급판정일이 가깝고 유통기한은 먼 제품일수록 신선한 것이며 HACCP 인증을 받은 제품들이 위생적으로 생산 취급된 것이니 이것을 구매하는 것이 좋으며 무항생제 제품을 선택하는 것이 좋다. 유정란은 가격은 비싼 반면 영양적으로는 무정란과 큰 차이는 없다.

현명한 조리 및 섭취 Tip

1 날것보다는 익혀 섭취
2 열량이 걱정된다면 삶거나 찌는 방법으로 조리
3 채소와 함께 조리
4 소화가 걱정된다면 반숙으로 조리
5 하루 섭취는 1~2개

날달걀보다 익힌 달걀이 소화가 잘되며 살모넬라 식중독을 예방할 수도 있다. 살모넬라균은 달걀의 껍질에 묻어있을 수 있으므로 달걀을 만진 후에는 반드시 손과 사용한 도구를 닦아주어야 한다.

날달걀 속 아비딘이라는 단백질이 비타민인 바이오틴의 소화 흡수를 방해하기 때문에 달걀은 익혀 먹는 것이 좋다. 달걀은 영양가도 높지만 소화, 흡수도 매우 잘되는데 반숙, 완숙, 날달걀 순으로 소화율이 높다.

달걀은 삶은 달걀, 찜, 수란, 프라이, 오믈렛, 스크램블 등 다양한 방법으로 조리할 수 있다. 기호에 따라 조리법을 선택할 수 있지만 기름의 섭취나 열량을 줄이기 위해서는 습열로 조리하는 것이 좋다.

거의 모든 영양소를 함유하는 달걀이지만 식이섬유와 비타민C는 거의 함유하지 않는다. 따라서 달걀을 먹을 때 식이섬유와 비타민C가 풍부한 채소나 과일을 함께 섭취하는 것이 좋다.

달걀을 삶았을 때 노른자의 표면이 암녹색으로 변하는 경우가 있다. 이는 가열에 의해 흰자의 유황이 노른자 쪽으로 이동하여 노른자의 철분과 결합하여 생기는 변화이다. 이런 변화를 방지하려면 신선한 달걀을 12분 정도만 삶아 바로 냉수에서 식히면 된다.

영양도 풍부하고 맛도 좋은 달걀은 얼마나 먹는 것이 좋을까? 어떠한 음식이든 영양적인 균형을 고려해서 다양한 식품과 함께 먹는 것이 바람직하다. 달걀노른자는 콜레스테롤 함량이 높기 때문에 하루 1개로 제한해야 한다는 의견이 있었으나 최근 많은 연구결과로부터 달걀노른자의 섭취가 직접적으로 혈중 콜레스테롤 수치를 높이지 않는다는 결과가 발표되었다. 따라서 현재 혈관계의 질환을 가지고 있지 않는 사람이라면 달걀의 섭취를 크게 걱정하지 않아도 된다고 해석할 수 있다. 다만 알레르기를 유발할 수 있는 식품이니 달걀 알레르기가 있는 사람은 섭취를 주의해야 한다.

안전한 보관 Tip

1 냉장고 문 달걀 칸이 아닌 안쪽에 냉장 보관

2 뾰족한 쪽이 아래로 가도록 냉장 보관

달걀 껍질의 살모넬라균 때문에 씻어 보관하는 경우가 있는데 달걀을 씻으면 껍질 각피층이 벗겨져 각종 균이 침입하기 쉬우므로 씻지 않고 보관하는 것이 좋다. 또한 달걀 껍질은 다공질의 특성상 다른 음식의 냄새를 잘 흡수하므로 포장 뚜껑을 닫은 상태로 냄새가 강한 다른 식품과 분리하는 것이 좋다.

대부분의 냉장고는 문 쪽에 달걀 칸이 있는데 이곳은 문을 여닫을 때 달걀이 흔들려 금이 갈 수 있고 냉장고의 문을 열고 닫을 때 더운 바람이 들어갈 수 있으므로 냉장고 안쪽에 보관하는 것이 신선한 상태를 오래 유지하는 가장 좋은 방법이다.

달걀은 뾰족한 부분이 아래로 향하게 보관해야 기실이 있는 둥근부분에 공기가 드나들어 신선도

CHAPTER 03.

해산물

흰살생선

우유에 담근 후 세척하면 염분과 비린내를 없앨 수 있어요

Check Point

생선 용기에 물이 많이 고여 있지는 않은가?

생선살에 탄력이 있는가?

아가미에서 악취가 나지는 않는가?

흰살생선 알고 먹기

흰살생선은 지방 함량이 5% 이하인 생선으로 대표적인 고단백, 저지방 식품이다. 특히 체중 조절 식품으로 좋으며 비타민A와 B군, 칼슘, 철분, 인, 칼륨, 콜라겐, 타우린도 풍부해 성장기 어린이와 기력이 떨어진 노인에게 특히 좋다. 다만 식이섬유와 비타민C가 부족해 이것이 풍부한 채소와 함께 섭취하는 것이 좋다. 기름을 사용하여 조리하는 것보다 삶거나 쪄서 조리하는 방법으로 섭취하는 것이 건강에 더 좋다.

주요 영양소와 특징

1. 지방이 적고 양질의 단백질이 풍부한 저지방, 고단백 식품

2. 소화와 흡수가 잘되므로 어린이나 회복기 환자, 노인에게 특히 좋음

3. 비타민A와 B군, 칼슘, 철분 인, 칼륨, 타우린, 콜라겐 함량이 높음

4. 붉은살생선에 비해 맛이 담백하며 비린내가 적고 부패 속도가 느림

생선은 크게 흰살생선과 붉은살생선으로 구분하는데 이는 살코기의 색깔과 지방 함량에 의한 분류이다. 살코기의 색이 흰색인 흰살생선은 해저 가까이에 주로 서식하고 운동량이 많지 않은 생선으로 지방 함량이 5% 이하이며 비린 맛이 적고 맛이 담백하다. 연어의 경우도 지방 함량이 1.9% 정도이기 때문에 흰살생선으로 구분한다. 흰살생선으로는 대구, 명태, 병어, 도미, 민어, 조기, 복어 등이 있다.

흰살생선은 고단백 저지방 식품이다. 단백질은 약 20% 내외로 필수 아미노산을 고르게 함유하여 육류 단백질만큼 품질이 좋고 지방 함량이 낮아 체중 조절을 하거나 열량 섭취를 제한해야 하는 경우에 좋은 식품이다.

또한 비타민A와 B군, 칼슘, 철분, 인, 칼륨, 콜라겐, 타우린 등이 다량 함유되어 있다. 육유의 콜라겐은 고분자로 체내에 거의 흡수되지 않는 반면 생선의 콜라겐은 분자의 크기가 작아 소화 흡수율이 80% 이상으로 매우 높다. 흰살생선은 살이 단단하고 쫄깃하지만 가열에 의해 쉽게 분해되어 부드러워지기 때문에 어린이나 노인, 환자 등이 먹기에도 좋다. 타우린은 혈중 콜레스테롤 농도를 떨어뜨리는 효과가 있으며 피로 회복에도 도움이 되고 뇌신경 기능을 활성화하여 인지 기능을 향상시키는 효과도 있다.

대구와 명태는 살코기 외에도 내장, 아가미, 알 등 부산물이 젓갈이나 탕 등으로 이용되는데 특히 대구의 간은 비타민A와 D가 풍부해 간유로 제조되기도 한다. 또 대구와 명태에 풍부한 시스테인, 메티오닌과 같은 필수아미노산은 해독 작용을 하는 글루타티온이라는 물질을 합성하여 간을 보호하제사나 잔칫상에 빠지지 않는 조기는 기운을 북돋아주는 효능이 있어 이름도 조기(助氣)가 됐다는 말이 있다. 조기는 소화가 잘되 어린이나 환자에게 특히 좋은 음식이다.

흔히 도미라고 불리는 돔은 참돔, 감성돔, 자리돔, 옥돔 등 종류도 다양하다. 도미의 껍질에는 비타민B_2가 풍부하고 눈에는 비타민B_1이 풍부하여 모두 버리지 않고 먹는 것이 좋다. 도미는 살이 단단하고 자가소화효소가 적게 들어 있어 부패 속도가 느린 편이다.

광어로 불리는 넙치는 회로 애용되는 생선으로 흰살생선 중에서도 단백질 함량이 높은 편이다. 특히 성장, 발육 및 병후 회복에 필요한 아미노산인 라이신의 함량이 높아 어린이나 환자, 노인에게 특히 좋은 생선이다.

똑똑한 구매 Tip

1 반드시 냉장 또는 냉동 보관되고 있는 것
2 생선 용기에 물이 많이 고여 있거나 냉동 생선에 김이 서린 것은 피할 것
3 생선 특유의 색이 진하고 윤기가 있을 것
4 살은 흐물거리지 않고 탄력이 있는 것
5 비늘이 잘 붙어있고 눈이 맑고 뚜렷하며 아가미에서 악취가 나지 않는 것
6 원산지를 확인할 것
7 수산물이력제로 생산, 가공, 유통에 대한 정보를 확인할 것

생선의 신선도는 맛과 품질을 결정하는 매우 중요한 요소이다. 대부분의 생선은 수확 직후부터 빠르게 부패가 진행되므로 유통 과정에서 온도 관리가 매우 중요하다. 따라서 반드시 냉장 또는 냉동 보관되고 있는 것을 구매해야 한다. 토막을 내거나 손질을 하여 포장된 냉장 생선의 용기를 기울였을 때 물이 많이 고이는 것은 오래된 생선일 가능성이 있으니 피하는 것이 좋다. 냉동생선의 경우 포장에 김이 많이 서린 것은 냉동과 해동이 반복되거나 온도 관리가 잘못되었을 가능성이 높으니 피한다.

육안으로 생선을 잘 살펴 신선도를 평가할 수도 있는데 생선 특유의 색이 진하고 근육에 탄력이 있으며 비늘이 단단히 잘 붙어있고 윤기가 있으며 아가미의 색은 선홍색으로 냄새가 심하지 않고 눈이 깨끗하고 제 위치에 잘 붙어있어야 한다.

값싼 수입산을 국내산으로 속여 판매하는 경우가 있는데 이러한 피해를 줄이려면 수산물이력제(http://www.fishtrace.go.kr)를 적극적으로 활용하는 것도 좋다.

현명한 조리 및 섭취 Tip

1. 생선에 부족한 식이섬유, 비타민C가 풍부한 채소류와 함께 조리
2. 염장한 생선보다는 신선한 생선을 섭취
3. 여름철에는 충분히 익혀 먹을 것
4. 생선이 닿았던 조리 도구는 반드시 소독하고 손은 깨끗이 씻을 것
5. 튀김보다는 찌거나 삶아 조리할 것

생선은 단백질이 매우 풍부하며 여러 비타민과 무기질도 함유하지만 식이섬유나 비타민C는 거의 함유하지 않기 때문에 식이섬유와 비타민C가 풍부한 채소와 함께 섭취하는 것이 좋다.

생선의 저장성을 좋게 하고 맛을 내기 위해 소금에 절이거나 조리할 때 소금을 넣기도 하는데 생선 자체에도 나트륨을 함유하고 있으므로 조리할 때는 최소한의 소금만 사용하는 것이 좋다. 특히 구이의 경우에는 소금을 뿌려 조리하는 것보다 간을 하지 않고 구워 간장을 소량 찍어 먹으면 나트륨 섭취를 줄일 수 있다. 염장한 생선은 바로 조리하지 않고 물에 씻어 염분을 어느 정도 제거한 후에 조리를 하면 나트륨의 섭취를 줄일 수 있다. 우유를 사용하면 염분을 제거할 뿐만 아니라 냄새를 흡착하는 우유의 특성으로 비린내도 함께 제거할 수 있다.

부패가 쉬운 생선의 특성 때문에 생선은 식중독의 주된 원인이 되기도 한다. 특히 비브리오 식중독이 유행하는 여름철에는 식중독 예방을 위해 충분히 익혀서 먹어야 하며 생선을 조리한 후에는 생선을 만진 손과 조리 도구들은 꼼꼼하게 세척하고 소독해야 한다.

기름을 많이 넣고 구이나 튀김 요리를 할 경우 바람직하지 않은 물질들이 생성될 수 있고 조리에 이용된 기름 때문에 열량의 섭취도 높아지므로 찌거나 삶아 조리하는 것이 건강에 좋다.

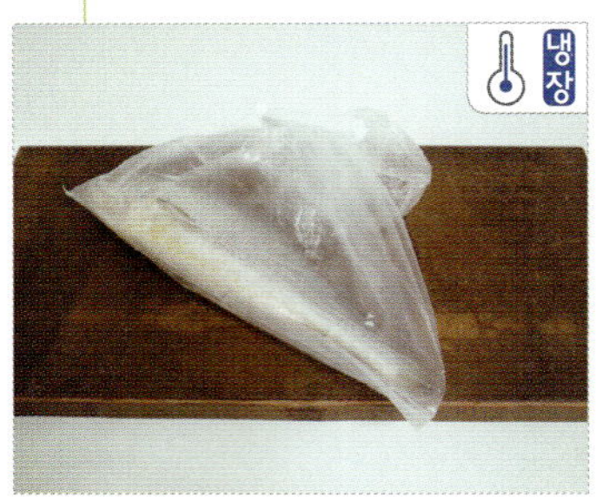

1 물기가 흐르지 않게 밀봉해 냉장 보관

2 내장과 물기를 제거한 후 소분해 냉동 보관

생선은 반드시 저온으로 저장해야 품질의 저하를 최소화할 수 있다. 하루 안에 먹을 것은 냉장 보관하는데 냉장고의 냉기가 나오는 부분에 두고 2일 이상 보관할 경우에는 냉동 보관한다.

　냉동 보관할 경우 내장을 제거하고 종이타월로 물기를 제거해 랩이나 비닐로 먹을 만큼씩 포장하여 보관해야 한다. 내장을 제거하지 않으면 더 쉽게 상하기 때문이다.

붉은살생선

지방 함량이 높아 상하기 쉬우니 신선도를 꼼꼼히 체크하세요

Check Point

생선 용기에 물이 많이 고여 있지는 않은가?

생선살에 탄력이 있는가?

아가미에서 악취가 나지는 않는가?

붉은살생선 알고 먹기

붉은살생선은 흰살생선과 마찬가지로 단백질이 풍부한 고단백 식품이면서 지방의 함량이 높아 부드럽고 고소하며 정미 성분도 풍부하여 풍미가 좋다. 그러나 흰살생선보다 부패와 식중독이 발생하기 쉬워 구매할 경우 신선도를 잘 확인해야 하며 구입한 날 바로 조리해 먹는 것이 가장 좋다. 붉은살생선에는 특히 오메가-3불포화지방이 풍부해 혈액의 콜레스테롤과 중성지방의 농도를 떨어뜨리고 혈전의 생성을 억제하여 고지혈증과 동맥경화를 비롯한 심뇌혈관 질환의 예방에 탁월한 효과가 있다.

1. 양질의 단백질이 풍부한 고단백 식품

2. 고지방 식품으로 고소함이 풍부하고 진한 맛을 냄

3. 몸에 좋은 불포화지방(오메가-3)이 풍부

4. 지용성 비타민과 인, 철분, 요오드 함량이 높음

5. 부패와 알레르기 식중독 유발이 쉬움

6. 과다 섭취 시 수은이나 다이옥신 섭취의 문제

7. 붉은살생선 중 멸치는 매우 훌륭한 칼슘의 급원

붉은살생선에는 고등어, 참치, 꽁치, 청어, 멸치, 삼치, 전갱이, 정어리 등이 있다. 붉은살생선은 지방 함량이 5% 이하로 낮은 흰살생선과 달리 지방 함량이 5~20%로 높은 고지방 식품이다. 붉은살생선은 바다 표면에 서식하며 운동량이 많아 근육에 미오글로빈이라는 색소를 다량 함유하는데 이 함량에 따라 갈색, 노랑색, 분홍색, 회색 등을 띤다. 바다 표면에 서식하는 특성상 새들로부터 자신을 보호하기 위해 바다와 유사한 푸른색을 보호색으로 띠어 '등푸른생선'이라고도 부른다.

붉은살생선은 높은 지방 함량으로 생선살이 매우 부드럽고 맛이 풍부하며 고소하지만 이때문에 흰살생선에 비해 지방의 산패나 자가소화효소에 의한 부패가 빨리 일어나 저장성이 떨어진다. 특히 흰살생선에 비해 아미노산인 히스티딘의 농도가 높은데 신선도가 떨어지면서 히스티딘이 히스타민으로 변화하여 두드러기와 복통, 구토를 유발하는 알레르기 식중독을 일으킬 수 있으므로 반드시 신선한 상태로 섭취해야 한다.

붉은살생선은 몸에 좋은 불포화지방을 풍부하게 함유하고 있다. 흰살생선도 지방 중 불포화지방의 비율은 높지만 지방의 양 자체가 매우 적기 때문에 불포화지방의 섭취량이 적다. 반면 붉은살생선은 지방의 함량이 높기 때문에 불포화지방을 충분히 섭취할 수 있다.

불포화지방산에는 오메가-9계, 오메가-6계, 오메가-3계 등 여러 종류가 있다. 오메가-9에 포함되는 것은 올리브유에 풍부한 올레산이며, 오메가-6에 포함되는 것은 콩기름, 옥수수기름 등 식물성 기름에 풍부한 리놀레산과 아라키돈산이다. 오메가–3에 포함되는 것은 들기름과 생선기름에 풍부한 리놀렌산과 EPA, DHA 등이다.

각 지방산의 주요 급원을 보면 오메가–9, 오메가–6는 식물성기름에 풍부하며 오메가–3는 들기름과 생선 기름에 풍부한데 그중에서도 EPA와 DHA는 생선 기름에 들어 있다. 이들 지방산들 중 리놀레산과 리놀렌산은 체내에서 합성이 되지 않기 때문에 반드시 음식으로 섭취해주어야 한다.

한국인의 식생활 특성상 식물성식품에 풍부한 오메가–9계, 오메가–6계 지방의 섭취는 충분한 반면 생선의 섭취가 충분치 않으면 오메가–3 지방의 섭취는 상대적으로 부족하기 쉬워 붉은살생선이 좋은 급원 식품이 된다.

불포화도가 높은 다가불포화지방산은 혈액의 콜레스테롤과 중성지방의 농도를 떨어뜨린다. 특히 오메가–3 지방산은 혈전의 생성을 억제하여 고지혈증과 동맥경화를 비롯하여 심뇌혈관질환의 예방에 효과가 있다. DHA는 태아와 유아의 두뇌 발달에 필요한 성분이며 치매 증상 개선에도 효과가 있으며 일부 암의 억제 효과도 있다. EPA는 혈관 건강에 좋은 것 이외에도 일부 암의 억제, 혈압 저하 및 면역력 증가에 효과가 있는 것으로 알려졌다.

지방의 함량이 높은 붉은살생선에는 지용성 비타민인 비타민A, D, E 등의 함량도 상대적으로 높으며 철분의 함량도 높은 편이다. 단백질 함량은 흰살생선과 비슷하며 필수아미노산을 고르게 함유하는 양질의 단백질로 육류를 대신하는 단백질의 좋은 급원이 된다. 멸치는 크기는 작지만 풍미를 돋우는 글루타민산의 함량이 높아 국물을 내면 감칠맛이 풍부해지며 뼈까지 같이 먹기 때문에 칼슘의 급원으로도 매우 좋은 식품이다.

이처럼 붉은살생선은 많은 장점이 있지만 과다 섭취는 문제가 될 수 있다. 붉은살생선 중에서 수명이 길고 먹이사슬의 위쪽에 있으면서 지방 함량이 높은 일부 생선은 중금속이나 환경오염물질의 섭취 원인이 될 수 있기 때문이다. 생선을 통해 섭취할 수 있는 대표적인 물질은 수은과 다이옥신이다. 중금속인 수은은 만성 피로나 신경과 근육의 이상을 초래할 수 있고 장기간 노출될 경우 뇌와 신경계의 발달에 영향을 주기 때문에 특히 임신부나 어린이는 섭취를 제한해야 한다. 어류에 함유된 수은의 함량을 알려주는 'Safe Sushi' 앱으로 정보를 얻을 수 있다.

1. 반드시 냉장 또는 냉동 보관되고 있는 것을 구매
2. 생선 용기에 물이 많이 고여 있거나 냉동 생선에 김이 서린 것은 피할 것
3. 생선 특유의 색이 진하고 윤기가 있는 것
4. 비늘이 잘 붙어있고 눈이 맑고 뚜렷하며 복부가 팽팽한 것
5. 아가미가 선홍색이며 악취가 나지 않는 것
6. 국물용 멸치는 손상이 없고 고유의 색과 윤기가 나며 잘 건조된 것
7. 이물질이 없고 포장 상태가 양호하며 냉장 유통되는 것
8. 수산물이력제로 생산, 가공, 유통에 대한 정보를 확인할 것

흰살생선에 비해 붉은살생선은 부패가 빠르기 때문에 반드시 냉장 또는 냉동 상태로 유통, 진열된 것을 선택해야 한다. 냉동생선의 포장에 김이나 서리가 많이 맺힌 것은 여러 차례 재 냉동되거나 온도 관리가 잘못되었을 가능성이 높아 피하는 것이 좋다.

생선의 외관과 냄새, 살의 탄력성 등을 살펴보고 신선한 것을 고르도록 하고 건조한 국물용 멸치는 포장이 잘 되어 있는 제품을 유통기한과 원산지 등을 살펴보고 구매한다.

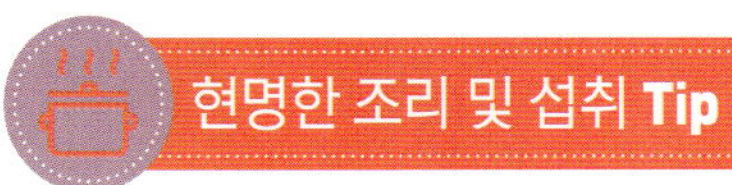

현명한 조리 및 섭취 Tip

1 생선에 부족한 식이섬유, 비타민C가 풍부한 채소류와 함께 조리

2 염장한 생선보다는 신선한 생선을 섭취

3 여름철에는 충분히 익혀 먹을 것

4 생선이 닿았던 조리 도구는 반드시 소독하고 손은 깨끗이 씻을 것

5 튀김보다는 찌거나 삶아 조리할 것

6 껍질까지 섭취할 것

7 수은 섭취를 줄이기 위해 알탕, 내장탕은 피할 것

붉은살생선은 고단백, 고지방의 영양이 풍부한 식품이지만 식이섬유나 비타민C 등은 포함하지 않아 이것이 풍부한 채소와 함께 섭취하는 것이 좋다. 채소의 식이섬유는 붉은살생선에 함유된 수은을 몸 밖으로 배출하는 데에도 도움이 된다. 단, 칼슘 보충을 위해 멸치를 먹을 때에는 옥살산이나 피틴산, 식이섬유가 너무 많은 시금치, 현미 등의 식품과 함께 먹으면 칼슘의 흡수가 방해되므로 함께 섭취하지 않는 것이 좋다. 생선회를 여러 가지 채소와 함께 먹는 것은 생선에 부족한 영양소를 잘 보충할 수 있는 방법이다.

붉은살생선 요리에 기름을 많이 사용하게 되면 오히려 생선에 함유된 속 몸에 좋은 불포화지방이 빠져나와 좋지 않다. 따라서 기름에 튀기거나 굽는 것보다는 찜이나 조림, 탕 등이 좋은 조리 방법이다.

흰살생선과 같이 붉은살생선 자체에도 나트륨을 함유하고 있으므로 조리할 때는 최소한의 소금만 사용하는 것이 좋다. 특히 구이의 경우에는 소금을 뿌려 조리하는 것보다 간을 하지 않고 구워 간장을 소량 찍어 먹으면 나트륨 섭취를 줄일 수 있다. 염장한 생선은 바로 조리하지 말고 물에 씻어 염분을 어느 정도 제거한 후에 조리를 하면 나트륨의 섭취를 줄일 수 있다. 우유를 사용하면 염분을 제거할 뿐만 아니라 냄새를 흡착하는 우유의 특성으로 비린내도 함께 제거할 수 있다.

붉은살생선은 흰살생선보다 식중독에 더 주의해야 하기 때문에 반드시 신선한 것을 선택해 충분히 익혀 조리해 바로 섭취하는 것이 가장 좋다. 건강에 좋은 붉은살생선이지만 높은 지방 함량으로 열량 높고 수은 같은 유해 물질이 함유되어 있을 수 있으니 과다한 섭취는 바람직하지 않다. 한 번에 한 토막(중간 크기 생선 반 마리)씩 일주일에 3~4회 정도 먹는 것이 적당하다. 식약처에서는 임산부의 경우 수은의 함량이 높은 생선인 다랑어류와 새치류는 일주일에 100g 이하로, 고등어, 꽁치, 갈치, 삼치, 통조림 참치와 같은 생선은 일주일에 400g 이하로 섭취하도록 권고하고 있다.

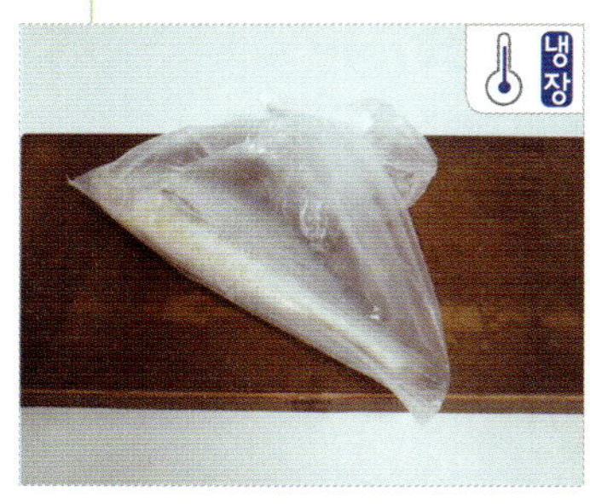

1 물기가 흐르지 않게 밀봉해 냉장 보관

2 아가미와 내장을 제거한 후 소분해 냉동 보관

붉은살생선은 부패가 빠르므로 반드시 저온으로 저장하고 신선한 상태로 바로 조리해 섭취해야 한다. 하루 안에 먹을 것은 냉장 보관하는데 냉장고의 냉기가 나오는 부분에 두도록 하고 바로 먹을 수 없을 때에는 냉동 보관한다.

냉동 보관할 경우 내장을 제거하고 종이타월로 물기를 제거하고 랩이나 비닐로 먹을 만큼씩 포장하여 보관 한다. 미생물이 많아 부패가 먼저 일어나는 내장을 제거하지 않으면 더 쉽게 상하기 때문이다. 냉동고에서도 지방의 산패는 일어나므로 붉은살생선은 먹을 만큼만 자주 구매해 당일 섭취하고 냉동 보관을 길게 하지 않는 것이 좋다.

오징어·문어·낙지·주꾸미

질긴 문어는 무로 두드리면 부드러워져요

몸이나 다리에 상처가 있지는
않은가?

고유의 색이 선명하고 살에 탄
력이 있는가?

냉동된 것이 녹아 물기가 많지
는 않은가?

오징어, 문어, 낙지, 주꾸미 알고 먹기

연체동물 중 두족류에 속하는 오징어, 문어, 낙지, 주꾸미는 저
지방 저칼로리 식품으로 다이어트에 좋다. 또한 양질의 단백질
과 콜레스테롤을 낮춰주고 피로 회복에 탁월한 타우린의 함량이
높아 기력이 떨어진 노인에게 특히 좋은 식품이다. 두족류의 단
백질은 곡류단백질에서 부족한 필수아미노산의 함량이 높으므로
곡류 위주 식단의 한국인에게 특히 좋은 단백질 급원 식품이다.

1. 저칼로리, 저지방 식품

2. 양질의 단백질 함유

3. 혈중 콜레스테롤을 낮추고 피로 회복에 탁월한 타우린이 풍부

4. 오징어는 고 콜레스테롤 식품으로 고콜레스테롤혈증환자는 다량 섭취 금물

5. 쫄깃한 질감과 특유의 감칠맛

연체동물 중 두족류에 속하는 오징어, 문어, 낙지, 주꾸미 등은 몸이 부드럽고 마디가 없으며 쫄깃한 질감과 씹을수록 감칠맛이 나는 특징이 있다. 또한 생선에 비해 칼로리와 지방의 함량이 낮고 오징어를 제외하면 단백질의 함량도 생선보다 낮은 편이지만 단백질의 질은 생선에 뒤지지 않는다. 특히 오징어를 말리면 단백질의 함량이 소고기의 3배 이상이나 된다.

두족류 중 단백질 함량이 가장 높은 오징어는 한국인이 가장 즐겨 먹는 수산물 중 하나다. 두족류의 단백질은 곡류단백질에서 부족한 라이신, 트레오닌, 트립토판 등의 필수아미노산의 함량이 높아 쌀밥 위주의 식사를 하는 한국인에게 매우 훌륭한 단백질 보완 식품이 된다.

두족류에 풍부한 타우린은 혈압을 정상적으로 유지하여 고혈압과 뇌졸중의 예방에 도움이 되며 인지 기능을 향상시키고 콜레스테롤 수치를 낮추고 간 기능의 회복과 피로 회복에도 탁월하다. 오징어 100g에 타우린 함량은 300mg 이상으로 생선의 2~3배나 되며 말린 오징어는 타우린의 함량이 생오징어의 4배 가량으로 크게 증가한다. 말린 오징어 표면의 흰색 가루의 주성분이 타우린이니 말린 오징어의 가루는 털어내지 않고 먹는 것이 좋다.

오징어는 지방 함량이 1.3% 가량으로 매우 낮으며 콜레스테롤은 100g당 약 294mg 정도를 함유한다. 콜레스테롤의 권장섭취량이 하루에 300mg이니 상당히 많은 양이 들어 있다고 볼 수 있다. 그러나 식품에 들어 있는 콜레스테롤이 혈액의 콜레스테롤을 높이는 것은 아니며 오징어에는 콜레스테롤 농도를 떨어뜨리는 타우린도 풍부하며 소량이기는 하지만 혈관 건강에 도움이 되는 EPA나

DHA도 들어 있으니 콜레스테롤 때문에 오징어 섭취를 제한할 필요는 없다. 단, 고콜레스테롤 혈증이나 당뇨병 등의 문제가 있는 사람의 경우 주의할 필요는 있다. 콜레스테롤의 함량은 건오징어가 생오징어보다 3배 가량 높으며 오징어 몸통보다는 다리에 2배 가량 높다.

쓰러진 소도 일으켜 세운다는 속설이 있는 낙지는 자양강장에 좋은 식품으로 널리 알려졌다. 그러나 낙지의 영양 성분을 보면 단백질의 함량이 11.5% 정도로 오징어에 비해 그 함량이 많이 낮다. 지방과 칼로리도 오징어의 50%로 낙지 100g당 약 55kcal에 불과하다. 반면 오징어에 많이 들어 있는 콜레스테롤은 100g당 약 31mg으로 함량이 낮고 타우린은 낙지 100g당 871mg으로 오징어보다 훨씬 많이 들어 있다. 오징어와 마찬가지로 아미노산의 조성이 뛰어난 낙지는 그 함량은 조금 낮지만 양질의 단백질 식품이며 특히 글루타민산과 아스파르트산이 많아 특유의 감칠맛이 뛰어나고 숙취 해소에도 효과가 좋다.

가을의 보양식이 낙지라면 봄철의 보양식은 주꾸미이다. 전반적인 영양 성분의 함량은 낙지와 비슷하지만 낙지보다 부드러우며 감칠맛이 좋다. 주꾸미는 타우린 함유량이 100g당 무려 1600mg이나 되는데 이는 낙지의 2배에 가깝고 오징어의 5배 이상으로 오히려 낙지보다 자양강장에 좋은 식품이라 할 수 있다.

두족류 중 머리가 가장 좋다는 문어는 오징어보다는 단백질 함량이 조금 적지만 낙지나 주꾸미보다는 단백질이 풍부하다. 문어는 타우린 또한 풍부하며 콜레스테롤 함량은 낮아 저칼로리 고단백의 영양식품이지만 소화율이 떨어지는 단점이 있다.

똑똑한 구매 Tip

1 가능한 국내산 생물을 구매할 것
2 냉동된 것을 구매할 때는 녹지 않고 잘 얼어 있는 것을 선택
3 몸이나 다리에 상처가 없고 고유의 색이 선명한 것
4 오징어는 선명한 적갈색으로 투명하며 만져보아 탄력이 있고 다리에 빨판이 잘 붙어 있으며 눈에 광택이 있고 색이 선명한 것
5 낙지는 회백색을 띠고 다리가 길고 가늘며 들었을 때 다리를 쭉 펴는 것이 신선한 것
6 낙지를 만져보았을 때 점액질이 묻어나는 것은 신선도가 떨어지는 것
7 피문어는 다리 속살이 희고 눈의 색이 선명하며 건드렸을 때 움츠러드는 것이 신선한 것

두족류는 생물을 구매하는 것이 가장 좋다. 신선도가 떨어질수록 감칠맛도 떨어지고 질감도 나쁘기 때문이다. 냉동된 것은 녹은 적 없이 냉동된 상태로 잘 유지된 것을 구매하는 것이 좋다. 수입산보다 국내산이 신선도가 높아 맛이 좋다. 돌문어는 질기기 때문에 피문어를 선택하는 것이 조리 후 더 맛있다.

현명한 조리 및 섭취 Tip

1 내장은 섭취하지 않을 것

2 채소류와 함께 섭취

3 데칠 경우 질겨지지 않도록 살짝 데치기

4 문어는 데치기 전 무로 두드린 후 조리

5 손질할 때 소금보다는 밀가루를 사용할 것

6 먹물은 신선할 경우에만 조리

시중에서 판매되고 있는 두족류의 카드뮴 함량을 조사한 결과 대부분 기준량이 초과되어 검출된 적이 있다. 카드뮴은 중금속으로 과다 섭취 시 뼈와 신장 건강에 문제가 될 수 있는데 내장에 주로 많다. 따라서 두족류의 내장은 제거하고 먹는 것이 좋다.

두족류는 단백질은 풍부하지만 비타민의 함량은 낮기 때문에 비타민이 풍부한 채소와 함께 먹는 것이 좋으며 채소에 풍부한 식이섬유소는 중금속을 제거하는 기능이 있어 일석이조의 효과가 있다. 특히 미나리와 함께 데쳐 먹으면 좋다.

오징어나 문어 등은 조리할 때 너무 오래 삶거나 데치면 질겨지고 소화율도 떨어진다. 두족류 중 가장 질긴 문어는 데치기 전에 무로 두드려주면 무에 들어 있는 단백질분해효소가 작용하여 문어가 부드러워 진다.

낙지나 주꾸미를 손질할 때 소금을 이용하면 삼투압에 의해 감칠맛 성분이 빠져나오고 질겨질 수 있으므로 밀가루를 이용하는 것이 비린내도 제거하고 맛도 유지하는 좋은 방법이다.

오징어나 낙지의 먹물에는 신진대사를 촉진해주고 소화를 돕는 성분이 들어 있어 요리에 사용하는 경우가 있는데 살아있는 상태에서 먹물을 빼내야 신선도를 유지할 수 있고 음식의 맛도 해치지 않으니 반드시 살아있는 생물에서 채취해 사용하도록 한다.

안전한 보관 Tip

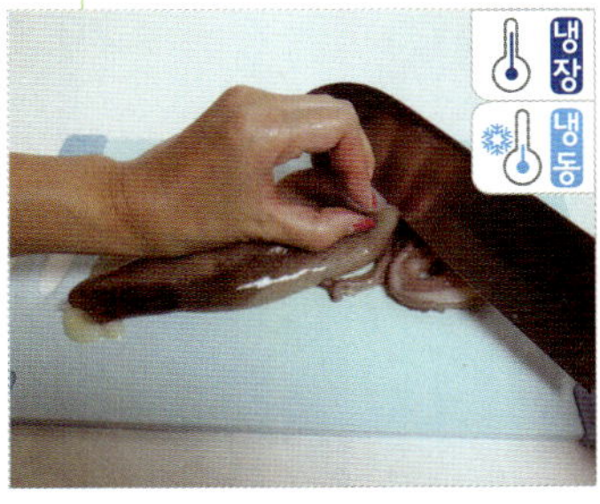

1 내장을 제거한 후 냉장 또는 냉동 보관

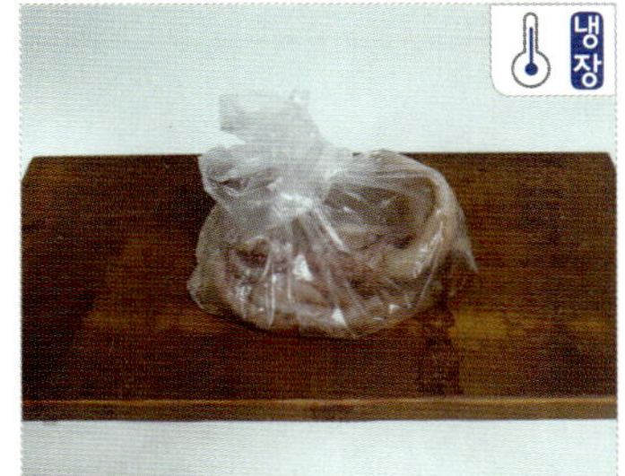

2 해수에 보관하면 신선함이 더 오래 유지

2 당일 사용하지 않을 경우 데친 후 밀폐하여 냉동 보관

두족류는 냉장 보관할 경우 1~2일 내에 먹도록 해야 한다. 오징어는 아니사키스라는 기생충이 문제가 될 수 있어 구매 후 바로 먹을 것이 아니라면 내장을 제거하고 바로 냉동하는 것이 좋다.

낙지나 주꾸미를 구매할 때 해수를 얻어와 담궈 놓으면 신선도를 더 오래 유지하며 보관할 수 있다. 문어는 내장을 제거한 후 데쳐서 밀봉해 냉동하면 1달 정도 보관할 수 있다. 얼린 문어는 찬물을 부어 살짝 녹여서 먹는다.

새우·게·가재

새우의 콜레스테롤 함량은 달걀보다 낮으니 안심하세요

움직임이 활발한 살아있는 것
인가?

바닷가재는 껍데기가 딱딱하고
몸이 단단한가?

새우는 몸이 투명하고 탱탱한
가?

새우, 게, 가재 알고 먹기

갑각류는 단백질을 다량 포함하며 지방과 당질의 함량은 매우 낮은 고단백, 저지방, 저열량 식품이다. 또한 각종 비타민과 무기질을 풍부하게 함유하고 있으며 특히 곡물단백질에 부족한 필수아미노산을 풍부하게 함유하고 있어 곡물 위주의 식사를 하는 한국인에게 좋은 단백질 급원 식품이다. 갑각류의 색소인 아스타잔틴은 항산화 특성이 있으며 갑각류 껍질 부분에는 혈압과 콜레스테롤을 낮추고 중금속의 배출을 돕는 키틴 성분도 풍부하게 함유되어 있다.

주요 영양소와 특징

1. 고단백, 저지방, 저열량 식품

2. 혈중 콜레스테롤을 낮춰주고 피로 회복에 좋은 타우린이 풍부

3. 가재는 철분과 칼슘, 니아신과 리보플라빈이 풍부

4. 갑각류의 색소인 아스타잔틴에는 항산화물질이 풍부

5. 게나 가재에 비해 새우는 콜레스테롤이 높은 편이나 몸에 좋은 콜레스테롤이 많음

갑각류는 단백질을 다량 포함하며 지방과 당질의 함량은 매우 낮은 고단백, 저지방, 저열량 식품이다. 비타민 중에서는 니아신의 함량이 높은 편이고 칼륨과 인의 함량이 높고 수산식품으로는 칼슘과 철분의 함량도 높은 편인데 특히 가재는 철분과 칼슘, 니아신과 비타민B_2 등을 많이 함유한다. 갑각류는 단백질의 아미노산 조성이 좋아 라이신과 메티오닌 같이 곡류에 부족한 필수아미노산이 풍부해 곡류 위주의 식사를 하는 한국인에게 특히 좋다. 또한 글리신이라는 아미노산이 풍부해 특유의 단맛을 낸다. 새우는 가을에서 겨울철에 이 아미노산의 함량이 높아져 맛이 가장 좋다.

새우나 게에는 타우린의 함량도 높아 혈압을 낮추고 혈당 상승을 낮춰 당뇨병을 예방하는 효과가 있으며 간의 건강에도 좋고 혈중 콜레스테롤을 감소시키는 작용도 한다.

새우나 게의 딱딱한 껍데기는 키틴으로 키토산의 재료가 된다. 키토산은 혈압을 낮추고 중금속을 배출해주며 콜레스테롤 수치를 저하시키는 효과가 있다. 껍데기의 키틴질도 장 청소를 하거나 중금속을 배출하는 효과가 있으니 껍질이 얇은 게나 새우는 껍질째 먹는 것이 좋다.

새우나 게는 살아 있는 상태에서는 청회색을 띠다가 가열하면 붉은색으로 바뀐다. 이는 아스타잔틴이라는 색소 때문으로 가열에 의해 아스타잔틴 색소의 단백질 부분이 떨어져나가며 붉은색을 띠게 되는 것이다. 이 색소는 항산화력이 높은 성분으로 지질의 산화를 억제해 비알콜성간염을 예방하는 효과가 있다는 연구 결과가 있으며 근육의 피로 회복과 체지방의 증가 억제 효과도 있다. 저지방 고단백 식품인 새우를 껍질까지 먹으면 이 색소도 함께 듬뿍 먹게 되니 체중 조절에 최고의 식품이라고 할 수 있다.

새우 100g에는 약 140mg 가량의 콜레스테롤이 들어 있지만 오징어나 달걀에 비하면 적은 양이다. 또한 새우에는 콜레스테롤의 흡수를 막는 스테롤 성분과 타우린도 들어 있어 껍질째 먹는다면 콜레스테롤의 흡수율은 더 떨어질 테니 적절한 양을 먹는 것은 큰 문제가 되지는 않는다.

똑똑한 구매 Tip

1 신선도를 위해 되도록 국내산 생물을 선택할 것
2 새우는 머리가 단단히 붙어있고 몸이 투명하고 윤기가 나며 살이 탄력 있는 것
3 게는 묵직하고 몸이 단단하며 배 부분이 희고 깨끗한 것
4 봄에는 암게 가을에는 수게를 선택
5 바닷가재는 껍데기가 딱딱하고 움직임이 활발한 것

갑각류는 내장의 자가소화효소의 활성이 높아 부패가 빠르게 진행되기 때문에 반드시 싱싱한 것을 구매하여야 한다. 가능하면 유통기간이 짧고 싱싱한 움직임이 활발한 국내산 생물을 선택하는 것이 좋다.

새우는 양식보다는 자연산이 맛이 좋은데 자연산 대하는 20cm 정도의 크기가 가장 맛이 좋다. 자연산 대하는 수염이 매우 길고 뿔이 긴 반면 양식은 머리가 길고 수염이 짧다. 새우를 구매할 때는 수염을 들어보아 머리가 단단히 잘 붙어 있는 싱싱한 것이 좋고 몸은 투명하고 윤기가 나며 단단한 것이 좋다.

게는 다리가 잘 붙어 있고 배가 희고 깨끗할수록 싱싱한 것이다. 수입산이 대부분인 바닷가재는 원산지보다는 신선도를 보고 선택한다. 살아있는 생물을 고르고 물에서 꺼냈을 때 움직임이 활발한 것이 싱싱한 것이다.

1 식이섬유소가 풍부한 채소와 함께 섭취

2 나트륨 함량이 높은 게나 가재는 소스 섭취를 줄일 것

3 새우와 작은 게는 껍질째 섭취

갑각류는 단백질이 풍부하고 무기질과 니아신, 비타민B 복합체도 약간 들어 있지만 비타민C는 거의 함유하지 않는다. 따라서 갑각류를 먹거나 조리할 때 비타민C가 풍부한 채소를 함께 섭취하는 것이 좋다. 비타민A, C가 풍부한 아욱과 새우를 넣어 끓인 아욱국이 좋은 예이다.

게나 바닷가재는 나트륨 함량이 높아 먹을 때 초고추장이나 간장 등의 소스를 찍어 먹지 않는 것이 좋으며 조리할 때에도 간을 최소한으로만 하는 것이 좋다.

새우나 작은 게는 껍질째로 먹어야 항산화력이 매우 높은 아스타잔틴을 섭취할 수 있다. 게의 경우 껍질이 부드러운 것을 튀겨서 조리하면 바삭하게 식감도 좋아져 껍질째로 맛있게 먹을 수 있다.

1 냉장고의 냉기가 나오는 부분에 냉장 보관

2 새우는 머리와 내장을 제거한 후 얼음물에 담궜다 빼내 냉동 보관

3 대게, 홍게는 쪄서 냉동 보관

갑각류는 신선도가 특히 중요하므로 신선한 것을 먹을 만큼만 구매해 최대한 빨리 먹는 것이 가장 좋다. 냉장 보관은 하루가 넘지 않게 하고 냉기가 나오는 곳에 보관한다.

　냉동 보관을 할 때에는 한 번에 먹을 만큼씩 소분하여 냉동하고 새우는 머리와 내장을 제거하고 저장한다. 새우를 냉동하기 전에 얼음물에 넣었다가 빼면 보관 중 수분이 증발되어 살이 퍼석해지고 맛이 나빠지는 것을 방지할 수 있다.

조개·전복·굴

3~4월의 전복은 내장에 독이 있을 수 있으니 주의하세요

조개는 껍데기가 온전하고 입이 닫혀있는가?

굴은 우윳빛을 띠고 통통한가?

전복은 살이 탄력 있고 움직임이 활발한가?

조개, 전복, 굴 알고 먹기

조개류는 바지락, 전복, 홍합, 굴, 모시조개, 대합, 고막, 피조개 등 종류도 맛도 다양하다. 조개류는 단백질의 함량이 높고 지방이 매우 적은 저지방, 고단백 식품이며 칼로리 또한 낮다. 조개류의 풍부한 철분은 빈혈을 예방하고 칼슘은 뼈 건강에 좋으며 아연은 면역력을 높여주니 남녀노소 모두에게 좋은 영양이 풍부한 식품이라 할 수 있다.

1. 고단백, 저지방, 저열량 식품

2. 라이신을 비롯한 필수아미노산이 풍부

3. 타우린, 비타민A, B_1, B_2, B_{12}, 철분, 아연이 풍부

4. 감칠맛을 내는 글루타민산과 단맛을 내는 글리코겐, 시원한 맛을 내는 호박산 함유

쫀득한 식감이 좋은 조개류는 바지락, 전복, 홍합, 굴, 모시조개, 대합, 고막, 피조개 등 종류도 맛도 다양하다. 조개류는 단백질의 함량이 높고 지방이 매우 적어 저지방, 고단백 식품이며 열량도 적다. 라이신을 비롯한 필수아미노산이 풍부하며 새우, 게, 낙지와 마찬가지로 콜레스테롤을 저하시키고 혈압을 안정시키며 피로 회복에도 탁월한 타우린이 풍부하다.

비타민A, B_1, B_2, B_{12}, 철분과 아연 등 비타민과 무기질도 풍부한 편인데 특히 피조개나 재첩, 꼬막, 굴은 철분의 함량이 매우 높아 빈혈이 있는 이에게 좋으며 이 중 꼬막과 재첩, 굴은 칼슘의 함량이 높아 성장기 어린이와 청소년, 노인에게도 좋은 식품이다. 조개류에 풍부한 비타민B_{12}와 철분은 조혈 작용과 관련된 영양소로 부족하면 빈혈이 오기 쉽다. 철분은 칼슘과 더불어 한국인에게 가장 부족하기 쉬운 영양소인데 식물성식품의 철분은 흡수율이 매우 낮아 조개류와 같은 동물성식품으로 섭취하는 것이 좋다. 굴을 비롯한 조개류는 철분의 함량이 높은 식품 중 하나로 소고기보다 2배 가량 많은 철분을 함유한다. 비타민B_{12}는 동물성식품에만 있는 비타민으로 적혈구의 형성을 돕고 뇌신경의 유지에 관여하여 부족하면 악성빈혈과 신경장애를 유발한다. 비타민B_{12}의 부족으로 인해 뇌신경의 심각한 손상이 일어난 경우는 다시 비타민B_{12}를 섭취해도 회복이 되지 않기 때문에 꾸준하게 섭취해야 한다. 식품 중 비타민B_{12}의 함량이 가장 높은 것은 소의 간이고 다음이 조개류이다.

굴에 남성호르몬의 합성에 관여하는 아연이 풍부하게 들어 있는 것은 이미 잘 알려진 사실이다. 아연은 남성에게만 필요한 영양소가 아니라 남녀노소 모두에게 좋은 영양소이다. 아연은 우리 몸의 면역력을 유지하고, 체내에서 중요한 작용을 하는 효소의 구성분이며 미각 기능을 유지하는 데도 꼭 필요한 영양소이다. 아연도 철분처럼 식물성식품보다는 동물성식품에 들어 있는 것이 체내 이용률이 좋은데 굴의 아연 함량은 소고기의 2배 이상으로 동물성식품 중에서도 아연의 함량이 가장 높다.

여름철 보양식으로 빠지지 않는 전복은 황을 함유하는 아미노산이 메티오닌과 시스테인의 함량이 높은데 이들 함황아미노산은 피로 회복과 회복기 환자의 기운을 회복하는 데 좋으며 간의 해독 작용을 돕는 효과가 있다. 함황아미노산과 더불어 전복에 많은 아미노산인 아르기닌은 성장호르몬 분비를 촉진하여 어린이의 성장발달에 좋으며 남성의 정액을 구성하는 성분이다. 전복에는 아연의 함량도 풍부하니 굴 못지않게 건강에 좋은 식품이다. 전복의 내장은 특유의 풍미가 좋을 뿐 아니라 칼슘과 철분, 요오드 등 주요 영양소도 풍부하게 함유한다. 특히 미역과 다시마에 들어 있는 항암 성분인 후코이단은 전복의 내장에도 많이 들어 있는데 소화와 흡수가 잘되기 때문에 미역이나 다시마에 들어 있는 것보다 이용률이 훨씬 좋다.

조개류는 조개류 자체가 갖는 쫀득한 씹는 맛도 좋지만 국물을 내면 나오는 시원한 맛과 감칠맛 또한 일품이다. 이는 조개류에 들어 있는 글루타민산이 감칠맛을, 탄수화물인 글리코겐이 단맛을, 호박산이 시원한 맛을 내기 때문이다. 글루타민산의 함량이 높은 전복이나 소라는 육질에서도 감칠맛을 느낄 수 있다. 겨울철 굴이 특히 맛있는 이유는 글리코겐의 함량이 많아 단맛이 높아지기 때문이다.

똑똑한 구매 Tip

1. 조개는 껍데기가 온전하고 입을 다물고 있거나 건드렸을 때 입을 꼭 다무는 것
2. 굴은 우윳빛을 띠며 살이 통통하고 주름이 많고 탄력이 있으며 움직임이 활발한 것
3. 전복은 상처가 없고 살이 탄력 있고 움직임이 활발한 것
4. 가능한 살아있는 생물을 구매할 것
5. 냉장 또는 저온으로 판매되고 있는 것
6. 조개 독이 문제가 되는 지역의 것은 피할 것

조개류는 내장에 들어 있는 효소의 작용이 왕성하여 부패가 빠르게 일어나므로 싱싱한 것을 구매하는 것이 가장 중요하다. 가능하면 잡은 지 1~2일 이내의 생물을 구매한다. 유통된 지 얼마 되지 않

은 위생적인 국내산이 좋으며 저온으로 보관되고 있는 것을 구매해야 한다. 특히 여름철에는 식중독의 위험이 높기 때문에 온도 관리가 더 중요하다.

조개류는 여름철 비브리오 식중독의 원인이 될 수 있을 뿐 아니라 종류에 따라 조개 독이 문제가 될 수도 있다. 따라서 계절적으로 조개 독이 검출된 지역이 있다면 구매할 때 반드시 확인해 피하는 것이 좋다.

현명한 조리 및 섭취 Tip

1. 2% 소금물에 2시간 가량 담가 해감
2. 수용성 맛 성분이 빠지지 않게 소금물에서 살살 씻을 것
3. 질겨지는 것을 방지하지 위해 장시간 조리는 피할 것
4. 얼었던 조개류는 해동하지 않고 언 상태로 조리
5. 레몬즙을 뿌리면 세균의 살균 효과와 철분, 아연의 흡수율이 증가
6. 여름철에는 식중독 예방을 위해 충분히 익혀 섭취
7. 조개류가 닿은 조리 도구와 손은 반드시 소독할 것
8. 전복의 내장은 부패가 쉬우니 신선도를 반드시 확인하고 섭취
9. 조개류 자체의 염도가 높으니 가능한 간을 적게 할 것

여름철에 조개류는 식중독의 원인이 되기 쉬우니 반드시 익혀서 먹는 것이 좋다. 모시조개나 대합에는 비타민B₁을 분해하는 효소가 들어 있는데 이 효소는 가열에 의해 쉽게 파괴되므로 익혀서만 먹는다면 문제가 되지 않는다.

조개류를 만진 조리 도구와 손은 잘 씻고 소독해야 식중독균이 다른 식품으로 전해지는 것을 막을 수 있다. 굴이나 조개를 가열 조리할 때는 너무 오래 익히면 수분과 맛 성분이 빠져나가고 살이 단단하고 질겨지기 때문에 적당히 익히는 것이 좋다. 얼린 조개류는 녹이는 동안 미생물이 증식할 수 있으므로 언 상태 그대로 조리하도록 한다.

굴이나 조개를 맹물에 심하게 흔들어 씻으면 수용성 맛 성분이 빠져나가 맛이 없어지므로 소금물에 살살 흔들어 씻는 것이 좋은데 너무 짠물에 해감하면 오히려 질겨지므로 2% 정도의 소금물에 씻는 것이 좋다. 전복은 솔을 이용해 살의 표면을 문질러 씻고 숟가락을 이용해 껍데기를 제거한다.

전복의 내장에는 철분과 칼슘, 후코이단 등 좋은 성분이 풍부하고 해조류의 독특한 풍미까지 있어 섭취하는 것이 좋으나 부패하기가 쉽기 때문에 반드시 신선도를 확인하고 싱싱한 것만 먹도록 한다. 3~4월은 전복의 내장에 독소가 생길 수 있는 계절이니 이 시기에 채취된 전복의 내장은 먹지 않는 것이 좋다.

생굴을 먹을 때 소스로 많이 이용하는 레몬즙이나 초고추장은 산뜻한 맛을 내기도 하지만 생굴에 있을 수 있는 세균을 살균하는 효과도 있다. 특히 레몬즙은 비타민C가 풍부하게 들어 있는데 비타민C는 철분과 아연의 흡수를 도와주고 타우린의 손실도 예방하니 굴을 먹을 때는 레몬즙을 곁들이는 것이 좋다. 조개류는 자체의 나트륨 함량이 높은 편이니 간은 최소한만 하는 것이 좋다.

안전한 보관 Tip

1 당일 보관 시 냉장고 냉기가 나오는 곳에서 보관

2 2~3일 보관 시 소금물에 담가 냉장 보관

3 껍데기를 제거한 조개와 굴은 소금물에 담가 냉동

4 껍데기째 냉동할 경우 얼음물에 담궜다 꺼낸 후 냉동

5 전복은 내장을 제거한 후 밀봉해 냉동 보관

조개류는 부패가 빠르게 일어나므로 최대한 빠른 시간 안에 먹는 것이 좋다. 빠른 시간 내에 소비할

것은 해감하거나 손질한 후 소금물에 담가 냉장고의 냉기가 나오는 곳에 보관하는데 매일 소금물을 갈아주면 더 싱싱하게 보관할 수 있다.

껍질을 제거하지 않고 냉동할 때는 얼음물에 담궜다가 꺼내 얼음코팅을 한 후 냉동하면 조갯살의 수분이 증발하는 것을 막아주기 때문에 질감이나 맛이 나빠지는 것을 방지할 수 있다.

껍질을 제거한 조개류는 소금물에 담궈서 냉동하거나 살짝 데쳐서 냉동 보관한다. 전복은 내장이 빨리 부패하니 1~2일 이내에 먹을 것이 아니라면 내장과 껍질을 제거하고 소분하여 밀봉해 냉동 보관해야 한다.

해조류

다시마의 흰 가루는 단맛을 내니 씻지 말고 조리하세요

해조류 알고 먹기

해조류는 현대인에게 부족한 무기질과 식이섬유가 풍부한 식품으로 칼로리는 낮으나 포만감을 주어 다이어트 식품으로 안성맞춤이다. 또한 해조류의 끈적거리는 성분은 중금속과 콜레스테롤 같은 우리 몸의 좋지 않은 성분을 흡착해 배출시켜 주며 혈관 건강에도 좋은 식품이다.

Check Point

건미역이 건조한 지 오래되거나 잡티가 있지는 않은가?

생미역은 잎이 넓고 줄기가 가늘고 부드러운가?

김의 표면에 구멍이 있거나 이물질이 섞여 있지는 않은가?

파래는 광택이 있고 밝은 녹색을 띠는가?

다시마는 잔주름 없이 두툼하고 흰 가루가 골고루 퍼져 있는가?

1. 식이섬유소가 매우 풍부

2. 미역과 다시마에는 체내 유해 물질 제거에 효과적인 알긴산과 후코이단이 풍부

3. 저열량, 저지방 식품이나 나트륨 함량이 높음

4. 비타민과 무기질이 풍부

5. 다시마는 감칠맛을 내는 글루타민산이 풍부

바다에서 나는 채소인 해조류는 신선한 바다의 풍미를 지니며 무기질과 식이섬유, 항산화영양소 등 현대인에게 부족하기 쉬운 영양 성분이 풍부하게 들어 있는 건강식품이다. 해조류는 함유하고 있는 색소에 따라 녹조류, 홍조류, 갈조류로 구분되는데 우리가 흔히 즐겨 먹는 다시마와 미역은 갈조류에 속하고 김은 홍조류에 들어간다. 녹조류에는 파래와 매생이 등이 있다.

해조류에 따라 영양소는 차이가 있지만 공통적으로 저칼로리, 저지방 식품이며 식이섬유의 함량이 매우 높다. 해조류는 콩과 더불어 식이섬유소의 함량이 가장 높은 식품이다.

미역과 다시마에는 알긴산과 후코이단 같은 수용성 식이섬유소가 풍부한데 이 물질은 사람의 체내에서 소화가 되지 않아 열량은 거의 내지 않으나 먹었을 때 포만감을 주기 때문에 다이어트 식품으로 좋다.

미역과 다시마의 끈적거리는 성분인 알긴산은 장을 통과하는 과정에서 중금속이나 콜레스테롤, 지방 같은 좋지 않은 성분을 흡착하여 체외로 배출시켜 주기 때문에 체중의 조절에 도움이 된다. 뿐만 아니라 혈중 콜레스테롤과 중성지방을 낮춰 혈액을 깨끗이 해주고 혈압을 떨어뜨리며 동맥경화를 예방하고 당의 흡수를 방해해 혈당 조절에도 도움이 되며 장의 운동을 활발하게 하여 변비에도 도움이 된다.

미역귀에 많이 들어 있는 것으로 알려진 후코이단은 식이섬유소의 역할 뿐 아니라 면역력 향상, 항알레르기 작용, 항암 작용이 있는 것으로 알려졌다. 미역과 다시마는 알긴산과 후코이단 이외에도 비타민B$_2$, 니아신, 비타민C의 함량도 높은 편이며 무기질 중에는 칼슘과 칼륨, 철분, 요오드의 함량도 높다. 요오드는 신진대사를 증진시키는 갑상선 호르몬의 성분인데 부족하거나 과할 경우 갑상선 기능에 이상이 생긴다.

홍조류인 김에는 칼슘과 철분의 함량이 매우 높으며 포피란이라는 수용성 식이섬유와 타우린을 함유한다. 포피란 역시 콜레스테롤과 지방의 흡수를 방해하고 혈액과 간의 콜레스테롤과 중성지방을 떨어뜨리며 장을 건강하게 하는 효과가 있다.

겨울철 무침이나 국으로 많이 이용하고 김처럼 말려서 먹기도 하는 파래에는 식이섬유소 이외에 비타민A와 C, 철분이 풍부하게 함유되어 있다. 또한 항산화 작용과 항노화작용을 하는 것으로 알려진 폴리페놀이 해조류들 중 가장 많이 들어 있으며 니코틴을 해독하는 효과도 있다.

청정지역에서만 자라는 매생이는 최근 각광받기 시작한 해조류이다. 매생이는 식이섬유소와 비타민A, B₁, B₂, C를 비롯해 철분과 칼슘이 풍부해 혈관 건강과 빈혈, 눈 건강에도 좋다. 매생이는 아스파라긴산을 풍부하게 함유하여 숙취 해소에도 탁월한 효과가 있다.

똑똑한 구매 Tip

1. 건미역은 건조한 지 오래되지 않고 잡티가 없이 두툼하며 포장이 잘 된 것
2. 생미역은 크기가 적당하고 잎이 넓고 줄기가 가늘고 부드러운 것
3. 김은 두께가 일정하고 표면에 구멍이 있거나 이물질이 섞이지 않은 것
4. 파래는 잎이 연하고 광택이 있으며 밝은 녹색을 띠는 것
5. 다시마는 잔주름 없이 두툼하고 흰 가루가 골고루 퍼져 있는 것
6. 매생이는 선명한 녹색을 띠며 광택이 있는 것

건조한 지 오래된 말린 해조류는 풍미도 떨어지고 색도 좋지 않다. 따라서 건조한 지 얼마 되지 않은 신선한 것을 구입하고 포장이 잘되어 있으며 서늘하고 어두운 곳에 보관된 것을 구입한다. 염장하지 않은 생미역이나 파래, 매생이는 저온에서 보관되고 위생적인 상태로 판매되는 것을 구매한다.

건미역에서 누런빛이 도는 것은 오래된 것이니 구매하지 않는다. 김은 습기에 약하므로 밀봉된 상태로 잘 포장된 것을 구매한다.

파래는 자랄수록 색이 짙어지는데 너무 오래 자란 것은 뻣뻣하고 감칠맛도 적으니 선명한 녹색의 어린잎을 구매한다.

1 다시마 국물을 낼 때는 표면의 흰 가루를 닦지 않고 물이 끓기 시작하면 건져낸 후 조리
2 파래는 찬물에 흔들어 씻고, 물기를 꼭 짜서 조리
3 파래의 소화에 도움이 되는 무와 함께 섭취
4 수분 함량이 높은 매생이는 물을 적게 넣고 단시간 조리
5 나트륨과 요오드가 많은 해조류는 적당한 양만 섭취
6 염분이 염려된다면 물에 하루 정도 담가둔 후 조리
7 해조류는 콩이나 두부와 함께 섭취

글루타민산의 함량이 높아 국물의 감칠맛을 내기 위해 많이 사용하는 다시마는 너무 오래 끓이면 쓴 맛이 나기 때문에 물이 끓기 시작하면 건져내는 것이 좋다. 다시마 표면의 흰 가루는 만니톨이라는 성분으로 단맛을 내는데 다시마를 물로 씻으면 수용성인 만니톨이 제거되므로 이물질만 살살 털어 낸 후 국물을 내는 것이 좋다. 국물을 낸 다시마에는 알긴산을 비롯한 좋은 성분들이 많이 남아 있 으므로 버리지 말고 적당히 잘라 음식에 이용하면 좋은 성분을 온전히 섭취할 수 있다.

김은 보통 기름을 바르고 소금을 뿌려 조미하는데 기름을 바르면 여름철에 산패가 일어날 수도 있 고 열량과 나트륨을 더하는 것이니 살짝 구워 본연의 맛으로 먹는 것이 건강에 좋다. 눅눅해진 김은 전자레인지에 10초 정도 데우면 바삭하게 먹을 수 있다.

파래는 다른 해조류에 비해 질겨 소화가 잘 되지 않을 수 있는데 무와 함께 조리하면 무에 들어 있 는 소화 효소가 파래의 소화 흡수를 돕는다. 파래 무침에 무를 함께 넣는 조리 방법이 좋은 예이다.

매생이는 수분 함량이 높기 때문에 국을 끓일 때 물의 양을 적게 하는 것이 좋다. 오래 끓이면 흐 물거리고 색도 죽기 때문에 다른 재료가 다 익은 다음에 넣어 살짝만 익힌다.

비타민과 무기질이 풍부하고 몸에 좋은 식이섬유도 많은 해조류이지만 나트륨과 요오드도 다량 함유되어 있어 과량으로 섭취하는 것은 좋지 않다. 특히 요오드 성분은 부족해도, 과해도 갑상선에 문제가 생길 수 있으니 적절한 양만 섭취해야 한다. 요오드 함량을 기준으로 할 때 하루에 미역국 1 그릇이나 큰 김 2장 정도가 적절한 섭취량이다.

해조류는 요오드가 듬뿍 들어 있는 반면 콩이나 콩 제품은 요오드의 배출을 촉진한다. 따라서 해 조류를 콩이 들어간 식품과 함께 먹으면 해조류에 부족한 단백질을 함께 섭취하고 요오드 섭취는 조 절할 수 있어 좋다.

안전한 보관 Tip

1 다시마, 건미역은 적당한 크기로 잘라 밀봉해 서늘하고 어두운 곳에 보관

2 김은 건조제를 함께 넣어 밀봉해 냉장 보관

3 매생이, 파래는 1회분씩 소분해 냉동 보관

다시마와 건미역은 요리에 사용할 크기로 잘라 습기가 들어가지 않게 밀봉해 어둡고 서늘한 곳에 보관한다. 냉장고나 냉동실에 보관해도 된다.

김은 습기에 약하기 때문에 소포장된 제품을 구매해 바로 먹는 것이 좋으며 남을 경우에는 제습제를 함께 넣어 밀봉한 후 냉장고에 보관한다. 매생이와 파래는 먹을만큼 1회분씩 소분해 냉동 보관한다.

CHAPTER 04.
곡류·콩

멥쌀·현미·찹쌀·흑미

마늘, 마른 고추를 넣고 보관해 쌀벌레를 예방하세요

Check Point

도정한 지 너무 오래된 쌀은 아닌가?

쌀알이 통통하고 광택이 있는가?

이물질, 깨지고 금이 간 쌀알이 많이 섞여있지는 않은가?

멥쌀, 현미, 찹쌀, 흑미 알고 먹기

한국인의 주식이라고 할 수 있는 쌀의 주요 영양소는 탄수화물이다. 단백질도 어느 정도 들어 있고 미네랄과 비타민도 있으나 동물성 단백질에 비교하면 질이 떨어진다. 따라서 콩이나 보리 등을 넣어 잡곡밥으로 지어 먹으면 쌀 단백질에 부족한 아미노산이 보완된다. 또한 단백질과 비타민, 불포화지방이 들어 있는 육류, 생선, 채소, 두부 등으로 만든 반찬과 함께 골고루 먹어야 탄수화물 위주의 밥을 영양적으로 보완할 수 있다.

1. 발아현미는 혈압을 낮춰주고 콜레스테롤을 떨어뜨리며 동맥경화를 억제하는 감마아미노낙산을 함유

2. 흑미는 항산화 효과가 있는 안토시아닌 색소와 식이섬유, 비타민B₁, B₂, 인, 칼륨을 다량 함유

3. 도정을 덜한 현미는 비타민, 무기질, 식이섬유의 함량은 높으나 소화율은 떨어짐

쌀은 품종에 따라 구형의 자포니카형과 길쭉한 장방형의 인디카형으로 나뉜다. 한국인이 좋아하는 쌀은 길이가 짧고 둥글며 밥을 지었을 때 끈기가 있는 자포니카형이며 자포니카형의 쌀은 그 특성에 따라 멥쌀과 찹쌀로 나뉜다.

멥쌀과 찹쌀은 영양 성분에 있어서는 크게 차이가 없으나 찹쌀이 멥쌀보다 끈기가 많고 쫀득거리는 식감을 낸다. 멥쌀은 주로 밥을 짓는 데 이용되고 일부 죽이나 떡, 과자, 면 등에도 활용된다. 찹쌀은 쌀과 함께 밥을 짓거나 찰밥, 찰떡 등에도 이용하지만 일반적으로 많이 활용되는 것은 멥쌀이다.

멥쌀은 도정한 정도에 따라 현미, 7분도, 9분도, 백미 등으로 구분한다. 현미는 벼의 외피만 제거한 것으로 도정할 때 떨어져 나가는 쌀눈과 껍질 부분의 일부가 쌀에 남아있어 색은 어둡지만 단백질과 무기질, 비타민, 식이섬유의 함량이 백미보다 높다. 그러나 소화 흡수율은 백미가 더 높으니 소화력이 떨어지는 사람은 백미를 먹는 것이 좋다.

현미를 발아시키면 상대적으로 부드럽고 씹기가 편해지고 탄수화물과 단백질, 지방의 양은 다소 줄어들지만 식이섬유나 당화효소, 감마아미노낙산과 같은 생리 활성 물질들의 함량은 높아진다. 감마아미노낙산은 혈압을 낮춰주고 콜레스테롤을 떨어뜨려 동맥경화를 억제하는 효과가 있는 것으로 알려졌다.

유색미의 한 종류인 흑미는 현미의 종피 부분에 안토시아닌 색소를 함유하여 검은색으로 보인다. 흑미는 전반적으로 현미와 유사한 영양을 가지지만 식이섬유소를 2배 이상 많이 함유한다. 흑미에 들어 있는 안토시아닌 색소는 항산화 효과가 있어 노화 방지 및 혈관 질환의 예방에 효과가 있으며 눈의 건강에도 좋다. 흑미는 헬리코박터균의 제거에 도움이 되어 초기 위궤양의 치료에도 효과가 있다는 연구 결과도 있다.

똑똑한 구매 Tip

1 도정한 지 오래되지 않은 햅쌀을 선택
2 가능하면 소량씩 자주 구매
3 등급표시가 상급인 것을 선택
4 가능하면 무농약, 친환경 쌀 구매
5 쌀알이 통통하고 광택이 있으며 분이 없을 것
6 이물질이나 깨지거나 금이 간 쌀알이 많이 섞이지 않은 것

도정한 지 15일 이내의 쌀이 수분 함량도 적당하고 맛도 좋다. 따라서 도정일이 가까운 쌀을 구매하는 것이 좋으며 한꺼번에 많은 양을 구입하는 것보다는 최근에 도정한 쌀을 자주 사서 먹는 것이 좋다. 쌀은 한국인의 주식인 만큼 평생 먹는 식품이며 상대적으로 섭취량도 많다. 따라서 농약이나 중금속 등에 오염된 쌀은 먹는 것은 다른 식품보다 더 해로울 수 있으니 가능한 무농약, 친환경 쌀을 구매하는 것이 좋다.

쌀알이 통통하고 광택이 나며 분이 없고 이물질이나 깨지거나 금이 간 쌀이 없는 것이 좋다. 직접 눈으로 확인하기 어려우면 등급 표시를 확인하고 구매하는 것도 좋다. 그동안 유명무실했던 쌀의 등급표시를 활성화하려는 노력으로 2016년부터 특, 상, 보통, 등외 등으로 표기하고 미표시 또는 미검사 표시는 하지 못하도록 하고 있으니 확인하고 구매한다.

1 쌀은 찬물에 3~4번 씻는 것이 적당
2 쌀 불리기는 여름철은 30분, 겨울은 90분이면 충분
3 부드러운 현미를 원하면 12시간 불릴 것
4 현미의 과다 섭취는 미네랄 흡수를 방해하므로 적당량 섭취
5 콩, 보리 등으로 잡곡밥을 지어 쌀에 부족한 아미노산을 보완
6 육류, 생선, 두부, 채소 반찬과 함께 섭취해 단백질, 비타민, 불포화지방을 보완

쌀은 조리하기 전 세척을 통해 이물질과 쌀겨 찌꺼기를 제거해야 한다. 쌀 씻기는 가볍고 빠르게 끝내는 것이 영양소 파괴가 적어 좋다. 세척 시간이 길어지면 수용성 비타민이 손실되는 것은 물론 쌀겨 냄새가 쌀 내부로 흡수되어 오히려 밥맛이 좋지 않다. 따라서 찬물을 이용해 3~4번 정도 가볍게 씻는 것이 적당하다.

세척한 쌀은 물에 불린 후에 밥을 짓는데 불리는 과정을 통해 쌀의 중심부까지 수분이 고르게 흡수되어야 가열에 의한 호화가 충분히 이루어질 수 있다. 불리는 과정에서 흡수되는 물은 밥을 짓는 데 필요한 물 총량의 최대 30%이다. 오래 둔다고 해서 더 많은 물이 흡수되는 것은 아니기 때문에 일정 시간만 불리면 된다. 오히려 너무 오래 물에 담그면 가용성 물질과 전분이 유출되어 밥알의 모양이 흐트러지고 밥맛도 떨어진다. 적당한 불림 시간은 여름철은 30분, 겨울철은 90분 정도이다. 껍질이 두꺼워 물의 침투가 느린 현미는 오랜 시간 불려야 하는데 12시간 정도 불리면 밥을 했을 때 부드럽게 먹기 좋아진다.

쌀의 주요 영양소는 탄수화물이다. 물론 단백질도 어느 정도 들어 있고 미네랄과 비타민도 들어 있으며 백미보다 현미에 그 함량이 더 높다. 하지만 쌀은 탄수화물을 제외한 영양소의 주된 급원이 아니며 단백질 또한 동물성 단백질에 비교하면 질이 떨어진다. 따라서 콩이나 보리 등을 넣은 잡곡밥으로 쌀 단백질에 부족한 아미노산을 보완할 수 있고 백미의 경우에는 식이섬유도 보충할 수 있다. 또한 단백질과 비타민, 불포화지방이 풍부한 육류, 생선, 채소, 두부 등의 반찬과 함께 섭취해야 탄수화물 위주의 밥을 영양적으로 보완할 수 있다.

1 밀폐해 어둡고 서늘하며 습기가 없는 곳에 보관

2 마늘이나 마른 고추를 넣어 쌀벌레 발생 예방

3 장마철에는 반드시 냉장 보관

4 지은 밥은 1인분씩 소분, 밀폐해 냉동 보관

도정 후 시간이 지나면 쌀의 풍미도 나빠지고 영양소도 줄어든다. 따라서 쌀은 도정 직후의 것을 구입해 빨리 먹는 것이 맛도 좋고 영양도 좋다. 보통 겨울에는 2개월 이내, 여름에는 1개월 이내로 보관해 먹도록 한다.

보관할 때에는 직사광선과 습기, 냄새를 차단해야 한다. 쌀은 해가 들고 온도가 높은 곳에 보관하면 수분이 빠져나가서 금이 생기고 맛도 없어진다. 또한 습기에 노출되면 변질되기 쉽다.

쌀은 주위의 냄새를 잘 흡수하는 성질이 있으니 반드시 밀폐해 보관해야 한다. 밀폐해서 공기를 차단하면 쌀벌레가 생기는 것도 방지하고 지방의 산화도 억제할 수 있다. 마늘이나 마른 고추를 쌀과 함께 넣어 보관하면 쌀벌레 예방에 더 좋다.

지은 밥을 보관하려면 뜨거울 때 먹을 만큼 1회분씩 소분해 냉동한다. 냉장고에 보관하게 되면 밥알이 딱딱해져 맛이 없다.

보리·귀리

보리와 귀리는 쌀에 부족한 단백질, 비타민 식이섬유 함량이 높아요

보리는 담황색을 띠며 낱알이
고르고 부드러운가?

귀리는 깨진 부분 없이 통통하
고 건조가 잘된 것인가?

원산지와 수입일이 명확히 표
기되어 있는가?

보리, 귀리 알고 먹기

보리와 귀리는 흰쌀에 부족한 칼륨, 인, 철 등의 무기질과 비타
민, 식이섬유가 풍부하다. 특히 귀리는 타임지에서 선정한 세계
10대 슈퍼푸드 중 하나로 단백질은 쌀의 2배 이상, 식이섬유소
는 보리의 3배 이상이며 지방 중 75% 이상이 불포화지방으로 영
양학적으로 훌륭한 식품이다.

주요 영양소와 특징

보리

1. 칼륨, 인, 철, 비타민B군의 함량이 높음

2. 식이섬유가 풍부해 대장 건강에 도움을 줌

3. 콜레스테롤 수치를 낮추고 혈당을 떨어뜨리는 베타글루칸 함유

귀리

1. 세계 10대 슈퍼푸드

2. 지방과 단백질 함량이 곡류 중 최고

3. 라이신 함량이 높은 양질의 단백질 함유

4. 불포화지방산 함량이 높음

5. 식이섬유 함량이 보리의 3배

보리의 단백질 함량은 쌀보다 높으나 질은 쌀보다 낮은데 특히 필수아미노산 중 라이신과 트레오닌의 함량이 낮다. 보리를 섭취할 때 얻을 수 있는 주요 영양소는 탄수화물이지만 쌀에 비해 칼륨, 인, 철 등의 무기질과 비타민B군의 함량이 높은 편이다. 특히 쌀에 부족한 비타민B₁의 함량이 높은데 이러한 영양소가 쌀에서는 씨눈과 껍질에 대부분 분포하는 반면 보리는 껍질과 씨눈 뿐 아니라 배유 내부까지 고르게 분포되어 있기 때문에 도정에 의한 영양소의 손실이 적다.

또한 쌀과 보리에는 식이섬유의 함량도 높은데 특히 콜레스테롤 저하 효과가 있는 베타글루칸이 풍부하다. 베타글루칸은 점착성이 있는 식이섬유소로 장 내 물질들을 흡착하여 체외로 배설하는 데 도움이 된다. 따라서 보리에 풍부한 식이섬유소는 장운동을 활발히 하여 배변을 용이하게 하여 변비를 예방하고 대장의 건강에 도움을 준다. 또한 혈액의 LDL-콜레스테롤 농도를 떨어뜨리고 혈당을 낮춰주는 효과도 있다.

귀리는 타임지에서 세계 10대 슈퍼푸드 중 하나로 선정되면서 영양적 효능이 알려진 후 쌀과 함께 밥으로 먹는 이들이 많아졌다. 귀리는 곡류 중에서 지방과 단백질의 함량이 가장 높다. 지방의 함량은 약 4% 가량인데 이중 불포화지방이 약 75% 이상이며 올레산과 리놀레산의 함량이 높다. 귀리는 단백질의 함량이 쌀의 2배 이상으로 높을 뿐 아니라 대부분의 곡류에 부족한 아미노산인 라이신의 함량이 높다. 쌀에 부족한 비타민B군의 함량이 높은데 특히 비타민B₂의 함량이 매우 높고, 항이며 베타글루칸의 함량도 더 높다. 쌀이나 보리에 비해 당질의 함량은 낮은 반면 식이섬유소가 풍부하기 때문에 상대적으로 열량이 낮고 혈중콜레스테롤과 혈당을 떨어뜨리며 배변을 용이하게 해준다.

똑똑한 구매 Tip

1 햇보리, 햇귀리를 선택
2 가능한 국내산을 선택
3 수입산 귀리는 원산지와 수입일을 확인하고 구매
4 보리는 담황색으로 광택이 있으며 낟알이 고르고 손상된 것 없이 부드럽고 이물질이 없는 것
5 귀리는 이물질이 없이 깨끗하고 쪼개진 알이 없으며 통통하고 건조가 잘된 것

보리나 귀리는 생산된 지 얼마 되지 않은 신선한 것을 구매한다. 특히 도정일이 가까운 것을 구매하는 것이 좋다. 보리는 국내 생산이 많기 때문에 가능한 국내산을 구매하고 귀리의 경우 국내 생산량이 많지 않기 때문에 원산지와 수입일을 확인하고 너무 오래되지 않은 것을 선택해야 한다.

보리는 낟알이 고르고 손상된 것이 없으며 담황색으로 광택이 있는 것이 좋다.

1 보리와 쌀의 적절한 혼합 비율은 3:7
2 귀리와 쌀의 혼합 비율은 2:8
3 빠른 조리를 원할 경우 할맥이나 압맥을 이용
4 비타민C, A, 칼슘 등이 풍부한 음식과 함께 섭취

보리는 특유의 탱글거리는 질감 때문에 보리만으로 밥을 지어 먹기는 어렵다. 보리는 쌀에 비해 호화되는 데 시간이 걸리기 때문에 깨끗이 세척한 후 물에 불리고 미리 삶아낸 다음 불린 쌀과 함께 밥을 짓는다. 따라서 조리 시 번거롭고 시간도 많이 소요되는데 보리의 홈을 따라 반으로 가른 할맥이나 압력을 주어 눌러서 만든 압맥을 이용하면 따로 불릴 필요 없이 쌀과 함께 세척해 조리할 수 있어 편리할 뿐 아니라 보리 특유의 질감도 감소한다. 보리와 쌀을 3:7 비율로 함께 지어 밥으로 먹으면 부족한 영양을 상호 보완할 수도 있다.

귀리 역시 껍질이 두껍고 거친 질감 때문에 귀리만으로 밥을 하기는 어렵다. 귀리와 쌀을 2:8 비율로 섞어 밥을 하는 것이 영양과 질감 면에서 좋다. 껍질이 두꺼운 통귀리는 식감이 거칠고 소화도 덜되기 때문에 압착 귀리나 오트밀, 귀리가루 등을 이용하면 소화율을 높이고 다양한 방법으로도 조리할 수 있다.

보리나 귀리는 비타민A와 C, 칼슘이 부족하므로 비타민이 풍부한 시금치 등의 녹황색 채소나 과일, 칼슘이 풍부한 우유와 함께 섭취하면 영양적으로 좋다.

1 어둡고 서늘하며 습기가 없는 곳에 보관

2 장마철에는 냉장 보관

다른 곡류와 마찬가지로 보리와 귀리도 어둡고 서늘하며 습기가 없는 곳에 밀폐해 보관한다. 습기가 많은 장마철에는 용기의 뚜껑을 꼭 닫아 냉장고에 보관하도록 한다.

아마씨·햄프씨·치아씨

아마씨는 먹기 직전 분쇄해야 영양성분을 효과적으로 섭취할 수 있어요

습기가 차 씨앗들이 뭉쳐있지
는 않은가?

비릿하거나 산패된 냄새가 나
지는 않은가?

농약, 중금속 잔류 검사를 통과
한 제품인가?

햇빛이 없고 서늘한 곳에서 판
매되고 있는가?

아마씨, 햄프씨, 치아씨 알고 먹기

식물의 씨앗인 아마씨, 햄프씨, 치아씨는 최근 다이어트식으로
각광받고 있는 식품 중 하나이다. 이는 이들 씨앗에 다량 함유된
식이섬유소 때문인데 이 식이섬유소는 체내에서 소화되지 않아
열량을 내지 않지만 포만감을 준다. 또한 섬유질이 장운동을 활
발히 해 변비를 예방하여 장 건강에도 좋고 콜레스테롤을 몸 밖
으로 배출해주기 때문에 콜레스테롤 수치를 낮추고 혈당을 조절
해주는 역할도 한다.

아마씨

1. 식이섬유소, 단백질, 비타민, 무기질이 풍부

2. 오메가-3 지방이 풍부

3. 항암, 항산화 기능의 식물성 에스트로겐인 리그난이 풍부

햄프씨

1. 식이섬유소, 단백질, 무기질, 비타민이 풍부

2. 불포화지방을 풍부하게 함유

3. 필수아미노산의 조성이 우수

4. 아르기닌과 감마리놀렌산 함유로 혈압을 낮춤

5. 심장질환의 발생을 억제

치아씨

1. 수용성 식이섬유의 함량이 매우 높음

2. 단백질, 비타민, 무기질의 함량이 높고 오메가-3 지방이 풍부

3. 천연 항산화 성분인 페놀화합물 함유

아마씨, 햄프씨, 치아씨는 모두 식물의 씨앗으로 양질의 단백질을 함유하고 비타민과 미네랄이 풍부하며 식이섬유의 함량이 매우 높다. 또한 불포화지방, 특히 오메가-3 지방의 함량이 높으며 항산화 물질을 함유하여 건강기능식품으로 각광받고 있다.

아마씨는 린넨으로 알려진 섬유의 재료가 되는 아마의 씨로 참깨와 비슷한 모양에 크기는 참깨보다 크고 고소한 맛이 있다. 영양적으로 식이섬유소와 단백질, 비타민과 무기질이 풍부할 뿐 아니라 오메가-3 지방인 알파리놀렌산과 식물성 에스트로겐의 일종인 리그난이 풍부하게 함유되어 있다. 리그난은 식물에 함유된 폴리페놀 중 하나로 항산화 기능이 있으며 특히 식물성에스트로겐의 역할을 하여 갱년기 증상의 예방 및 개선, 노화 및 암의 예방, 동맥경화의 예방에 효과가 있다. 또한 골다공증을 예방하고 혈중콜레스테롤을 감소시키며 혈관을 건강하게 유지해주는 역할을 하며 내장지방과 혈관의 중성지방도 감소시키는 효과도 있다.

대마의 씨인 햄프씨는 단백질과 비타민과 무기질, 식이섬유 등이 풍부하게 들어 있으며 특히 불포화지방의 함량이 높고 필수아미노산의 조성이 우수하다. 햄프씨는 약 30%의 지방을 함유하는데 오메가-3 지방인 알파리놀렌산과 오메가-6 지방인 리놀레산이 적절한 비율로 함유되어 있으며 건강기능성을 가진 것으로 알려진 감마리놀렌산도 함유하고 있다. 불포화지방산인 감마리놀렌산은 심장질환에 관련된 염증반응을 억제하여 심장질환의 발생을 감소시키는 역할을 하고 월경전증후군와 폐경기 증상을 완화하는 데 효과가 있는 것으로도 알려져 있다. 또한 지방의 산화를 억제하는 비타민E의 함량도 높아 항산화 기능도 한다. 햄프씨는 단백질의 함량이 높을 뿐 아니라 필수아미노산의 조성도 우수한데 특히 곡류단백질에 부족한 라이신이 풍부하게 들어 있으며 콩 단백질에 부족한 메티오닌 역시 풍부하게 함유하며 아르기닌과 시스테인, 글루타민산의 함량도 높다. 아르기닌은 체내에서 산화질소를 생성하여 혈압을 떨어뜨리고 심장질환의 발생을 줄이는 작용을 한다.

멕시코지역이 원산으로 고대 아즈텍인들이 먹었던 치아씨는 허브인 치아라는 식물의 씨앗으로 라틴아메리카 지역의 주요 식재료 중 하나이다. 치아(chia)는 마야어로 힘(strength)을 의미하는데 치아씨는 전사나 장거리 달리기를 하는 이에게 힘과 지구력을 제공해주는 음식이라 하여 'runners food'라고도 알려져 있다. 치아씨는 거의 모든 영양소를 함유한다고 알려져 있는데 특히 식이섬유, 단백질, 오메가-3 지방, 비타민, 무기질이 풍부하다. 또한 천연 항산화제인 페놀화합물의 함량이 매우 높아 노화 및 피부의 손상을 억제하는 효과가 있다.

이 세 가지 씨앗류는 모두 식이섬유소의 함량이 매우 높은데 식이섬유소는 체내에서 소화가 되지 않아 열량은 낼 수 없으나 포만감을 주어 식욕을 조절해 체중을 조절하는 데 도움이 되며 변비의 예방과 치료에 효과적이어서 장의 건강에 좋다. 또한, 장내에서 당분이나 콜레스테롤 등을 포집하여 체외로 배출하는 데 도움이 되기 때문에 혈중 콜레스테롤의 감소와 혈당의 조절에도 도움이 된다.

1 아마씨는 볶아 식용으로 판매되는 제품을 구입
2 원산지와 유통기한을 확인해 신선한 제품을 소량씩 자주 구입
3 아마씨의 경우 가루 제품보다는 씨앗으로 구입해 먹기 직전 분쇄
4 햇빛에 노출되지 않고 시원하게 보관, 판매되는 제품을 구입
5 씨앗들이 뭉쳐있는 것은 흡습에 의한 것으로 피할 것
6 비릿하거나 지방의 산패 냄새가 나는 것은 피할 것
7 잔류농약, 중금속 검사를 통과한 제품으로 구매

아마씨에는 천연독성분인 시안배당체가 들어 있다. 시안배당체 자체에는 독성이 없으나 효소에 의해 분해되면 청산이 되는데 청산은 중추신경을 자극하고 혈액의 산화, 환원 작용을 억제하여 사망에 이르게 할 수 있는 맹독성물질이다. 그러나 열처리에 의해 효소를 불활성화시키면 청산의 생성을 억제할 수 있으므로 볶은 아마씨만 식용으로 판매, 이용될 수 있다. 따라서 아마씨를 구입할 때는 반드시 볶아서 판매하는 식용 가능한 것을 구입해야 한다.

아마씨나 햄프씨, 치아씨 등은 대부분 수입된 것이므로 원산지를 확인하고 신뢰할 수 있는 업체에서 유통하는 것을 구매하는 것이 좋다. 또한 산화되기 쉬운 불포화지방의 함량이 높기 때문에 햇빛과 습기가 없는 곳에서 판매되는 신선한 것을 구매해야 한다.

씨앗류에 다량으로 함유된 다가불포화지방은 열처리를 하거나 씨앗을 분쇄, 껍질을 제거하면 더 쉽게 산화된다. 따라서 이러한 가공 과정을 거친 것들은 지방의 산화가 빨리 일어날 수 있기 때문에 소량으로 포장된 것을 구매하여 이용하는 것이 좋으며 한꺼번에 대량으로 구입하는 것은 바람직하지 않다.

씨앗류는 크기가 작고 재배, 수확하는 과정에서 오염되기 쉽기 때문에 반드시 중금속이나 잔류농약 등 위생 검사를 통과한 것을 확인하고 구매하는 것이 바람직하다. 또한 비린내나 지방의 산패 냄새가 나는 제품은 오래된 것이거나 보관상 문제가 있는 것이므로 구매하지 않도록 한다. 씨앗들이 뭉쳐있는 것은 흡습에 의한 것으로 아마씨의 경우 볶은 후 제대로 식히지 않을 때 이러한 현상이 생기며 이러한 제품은 미생물의 번식이 일어날 수 있으니 피해야 한다.

1 과다 섭취하지 않을 것

2 아마씨는 하루에 성인은 16g(2큰술), 아동은 5g 이하로 섭취

4 햄프씨, 치아씨는 하루에 성인 기준 10~20g 이하로 섭취

5 아마씨는 조리 직전 분쇄해 유효성분의 소화, 흡수율을 높일 것

6 치아씨는 물이나 음료에 불려 먹을 것

아마씨, 햄프씨, 치아씨는 지방 함량도 높기 때문에 적정량을 섭취하는 것이 좋다. 식품의약품안전처에서는 아마씨의 경우 1회에 4g, 일일 총 16g 이하로, 햄프씨와 치아씨는 성인을 기준으로 하루에 20g 이하로 섭취하는 것을 권장한다.

아마씨는 분쇄하여 먹는 것이 유효성분을 효과적으로 소화, 흡수할 수 있다. 단, 불포화지방의 함량이 높아 분쇄해 보관하면 지방이 산패될 수 있기 때문에 분쇄된 제품을 구매하는 것보다는 분쇄되지 않은 것을 구매해 먹기 직전 소량씩 분쇄하여 요구르트나 우유 등에 넣어 먹거나 샐러드 등에 뿌려서 먹는 것이 좋다.

흡습성이 강한 치아씨는 물에 불리지 않고 먹으면 소화기관에 부착되 문제가 될 수 있고 불려 먹어야 영양소의 소화와 흡수에 좋기 때문에 반드시 물에 충분히 불린 후에 섭취해야 한다. 치아씨의 10배 정도의 물에 30분 정도 불린 후 먹거나 조리에 이용하면 된다.

씨앗류들의 건강과 관련된 장점이 알려지면서 건강보조식품처럼 씨앗류만 섭취하는 경우도 있는데 단일 식품으로 씨앗류만 섭취하는 것보다는 밥에 넣어 먹거나 샐러드나 시리얼, 우유나 요거트 등과 같이 먹으면 한 번에 다양한 영양소를 섭취할 수 있기 때문에 더 바람직하다.

1 개봉 전에는 서늘하며 통풍이 잘되는 그늘진 곳에 보관

2 개봉한 씨앗류는 밀봉하여 냉장 보관

씨앗류는 불포화지방의 함량이 높기 때문에 저장 기간이 길어지면 산패의 가능성이 높아지므로 신선한 것을 구입하여 빨리 먹는 것이 가장 좋다. 포장된 제품의 경우 개봉하기 전에는 시원하고 통풍이 잘되는 그늘진 곳에 보관하며 일단 개봉을 하면 반드시 냉장 보관해야 한다.

  냉장 보관 시 냄새나 수분의 흡수를 억제하고 공기와의 접촉을 최소화할 수 있도록 밀봉하여야 하며 아마씨 가루처럼 분쇄된 상태라면 개봉 즉시 유리용기에 넣어 냉장 보관하고 되도록 빨리 섭취하도록 한다.

콩

콩을 삶을 때 거품이 나면 식용유를 넣으세요

콩알의 색이 짙고 윤기가 나는
가?

형태가 고르고 깨끗한가?

곰팡이가 피거나 이물질이 섞
이지는 않았는가?

콩 알고 먹기

콩은 전체 성분 중 40%가 단백질로 이루어진 대표적인 고단백
식품이다. 콩은 쌀에 부족한 라이신이 풍부해 쌀과 함께 밥을 지
어 먹으면 쌀 단백질의 영양을 보완할 수 있다. 또한 식물성 에스
트로겐이 풍부해 갱년기 여성에게 좋으며 식이섬유소가 함유되
어 있어 변비와 장 건강에도 좋은 식품이다. 하지만 날것으로 먹
을 경우 맛이 좋지 않고 단백질 분해를 저해하는 효소로 인해 영
양소 흡수율이 떨어지므로 익혀 먹어야 한다.

1. 단백질과 지방이 풍부

2. 전분의 함량은 1% 내외

3. 쌀에 부족한 라이신과 쌀의 체내 이용에 필요한 비타민B군이 풍부

4. 칼륨, 인, 철, 칼슘의 함량이 높음

5. 식이섬유와 올리고당이 풍부

6. 식물성 에스트로겐인 이소플라본 함유

7. 검은콩은 항산화 기능을 지닌 안토시아닌 색소 풍부

8. 두뇌 건강에 좋은 레시틴 함유

9. 소화율이 낮은 편이며 비타민A와 C는 거의 함유하지 않음

콩은 밭에서 나는 쇠고기라 불릴 정도로 영양적으로 훌륭할 뿐 아니라 두부나 콩물, 콩나물, 된장, 간장, 청국장 등으로 다양하게 가공하여 이용할 수 있으니 콩이야말로 한국인의 식생활을 풍부하게 해주는 식재료라 할 수 있다.

콩에 가장 많이 들어 있는 영양소는 단백질로 전체 성분의 약 40%를 차지한다. 지방은 20% 내외이며 탄수화물은 30% 정도이다. 콩의 탄수화물 중 전분의 비율은 1% 이하로 거의 들어 있지 않으며 함유된 탄수화물은 대부분은 소화가 되지 않는 식이섬유소와 올리고당 등이다.

콩에 풍부한 식이섬유소는 포만감을 주어 체중 감량에 도움이 되고 장의 운동을 활발하게 하여 변비를 예방하고 장을 건강하게 하며 혈중 콜레스테롤을 떨어뜨리고 좋지 않은 물질을 체외로 내보내는 역할을 한다. 올리고당 역시 체내 효소에 의해 소화가 되지 않는 성분이지만 장내 유산균의 먹이가 되어 장의 건강에 도움이 된다.

콩의 단백질은 식물성식품의 단백질 중에서 아미노산의 조성이 가장 우수하다. 동물성식품에 비하면 메티오닌 같은 필수아미노산은 다소 부족하게 들어 있지만 쌀에 부족한 라이신이 풍부한 편이기 때문에 쌀과 함께 밥을 지어 먹으면 쌀 단백질의 영양을 보완할 수 있다.

콩의 지방은 불포화지방의 함량이 88% 정도로 매우 높은데 그 중 가장 많은 것이 오메가-6 지방인 리놀레산이며 단일불포화지방인 올레산의 함량도 높다. 오메가-3 지방인 리놀렌산은 약 7% 가량을 함유한다. 에너지대사에 필요한 비타민B군과 항산화 작용을 하는 비타민E의 함량도 높은 편이며 칼륨과 인, 마그네슘이 풍부하다. 칼슘과 철분도 들어 있지만 비타민A와 C는 함유하지 않는다.

콩에는 단백질이나 지방 같은 필수 영양소 이외에 이소플라본이라는 생리활성물질이 함유되어 있다. 이소플라본은 식물성 에스트로겐으로 폐경기 증후군에 효과가 있으며 골다공증 및 유방암, 전립선암, 심혈관질환에도 도움이 되는 것으로 알려졌다.

서리태나 쥐눈이콩이 검은색을 띠는 것은 콩 껍질에 안토시아닌 색소를 함유하기 때문이다. 안토시아닌 색소는 체내 활성 산소를 제거하는 항산화 효과가 뛰어난 성분으로 질병과 노화 억제의 효과가 있으며 면역력을 향상시키는 효과가 있다. 또한 눈의 건강에도 도움이 되며 혈중 콜레스테롤을 떨어뜨리고 혈액의 순환을 도와 혈관의 건강에도 좋은 역할을 한다.

검은콩의 껍질에는 글리시테닌이란 항암물질이 함유되어 있는데 이 물질은 이소플라본물질 중 하나인데 검은콩에만 함유되어 있으며 항암 작용과 혈중콜레스테롤을 떨어뜨리는 성질이 있다.

영양적으로 우수하고 저장성까지 뛰어난 콩이지만 단단하고 껍질이 두껍기 때문에 조리 시 수분이 잘 흡수되지 않아 조리하는 데 시간이 많이 걸리며 소화율도 낮다.

똑똑한 구매 Tip

1 고유의 색이 짙고 윤기가 있는 것

2 콩알의 크기와 형태가 고르고 깨끗한 것

3 껍질이 얇고 낱알이 통통하며 눈의 색이 선명한 것

4 피해립이나 이물질이 없는 것

5 잘 건조되고 곰팡이가 없는 것

콩은 외피의 색에 따라 검은콩, 누런콩, 밤콩 등 다양하며 또 그 크기와 수확 시기에 따라서도 여러 가지로 나뉜다. 대두를 구매할 때는 고유의 색이 짙고 선명한 것을, 검은콩의 경우에는 쪼갰을 때 자엽의 색이 짙은 것을 고른다. 노란콩과 검은콩 모두 껍질이 얇고 벗겨지지 않았으며 콩알이 통통하고 눈의 색이 선명하고 깨끗한 것, 콩알의 크기가 고르고 형태가 완전한 것, 이물질이나 쪼개진 콩 또는 상한 콩이 섞이지 않은 것이 좋다. 콩은 수분 함량이 11% 이하로 잘 건조되어 있어야 하며

곰팡이가 핀 것은 습한 환경에 보관된 것으로 곰팡이 독의 피해를 입을 수 있으니 반드시 피해야 한다.

1 반드시 익혀 섭취
2 건조한 콩은 물에 5~6시간 이상 충분히 불린 후 조리
3 콩조림을 할 때는 콩을 먼저 삶은 후 마지막에 간장이나 설탕으로 조리
4 검은콩을 불린 물은 버리지 않고 조리에 이용
5 콩을 삶을 때 거품이 생기면 소량의 기름을 첨가할 것
6 메티오닌이 함유된 곡류와 함께 섭취
7 비타민C, 비타민A가 풍부한 채소, 과일과 함께 섭취

건조한 콩은 조리하기 전 이물질과 벌레 먹거나 상처가 있는 콩은 제거하고 깨끗이 씻은 후 물을 붓고 충분히 흡수시켜 불린 후에 이용해야 한다. 날콩에는 트립신 저해제 같은 단백질분해효소 저해제와 탄수화물 분해 효소의 활성을 저해하는 물질이 들어 있기 때문에 소화가 되지 않을 뿐 아니라 적혈구를 응집시키는 물질도 들어 있으니 반드시 익혀 먹어야 한다. 이런 성분들은 100℃에서 5분간 가열하면 그 기능을 잃으므로 가열 조리하여 유해 물질을 제거한 후에 먹도록 한다.

콩을 가열하기 전에 20℃ 가량의 물에 5~6시간 정도 불려서 충분히 흡수시킨 후 가열해야 콩이 잘 무르게 된다. 콩을 빨리 불리기 위해 식용 소다를 첨가하면 콩 껍질의 섬유소가 연화되어 잘 물러지고 흡수율도 향상된다. 이때 첨가하는 소다의 양은 콩 양의 0.3% 정도가 적당하며 과다하게 첨가하면 오히려 비타민B군을 파괴하기 때문에 주의해야 한다. 소다 대신 물에 1% 정도의 소금을 첨가해도 콩을 무르게 할 수 있다. 그러나 마그네슘염이나 칼슘염이 많이 첨가된 경수를 이용할 경우 무기염이 콩의 펙틴과 결합하여 오히려 흡수와 연화를 방해한다.

검은콩의 색소인 안토시아닌은 수용성의 특성을 지니므로 불리는 과정에서 물에 용출되므로 적은 양의 물로 불린 후 불린 물도 요리에 이용하는 것이 좋다.

콩조림을 만들 때에는 충분히 불린 콩을 먼저 삶은 후 마지막에 간장, 설탕을 넣어야 한다. 처음부터 간장과 설탕을 넣고 가열하면 콩의 수분이 빠져나와 콩이 수축되고 딱딱해지며 껍질에 주름이 생기기 때문이다. 콩을 조릴 때 무쇠솥을 이용하면 검은색이 더 선명해지는 효과가 있다.

콩은 단백질을 비롯하여 많은 영양소를 풍부하게 함유하였으며 특히 쌀에 부족한 비타민B군의 함량이 높지만 비타민C와 비타민A는 거의 함유하지 않기 때문에 콩을 먹을 때 비타민A나 C가 풍부한 채소나 과일을 함께 먹는 것이 좋다. 콩과 곡류를 함께 먹는 것도 영양적으로 보완 효과가 좋은데 이는 곡류의 체내 이용에 필요한 비타민B군과 곡류단백질에 부족한 라이신 풍부하기 때문이다.

안전한 보관 Tip

1 어둡고 서늘하며 습기가 없는 곳에 밀봉해 보관

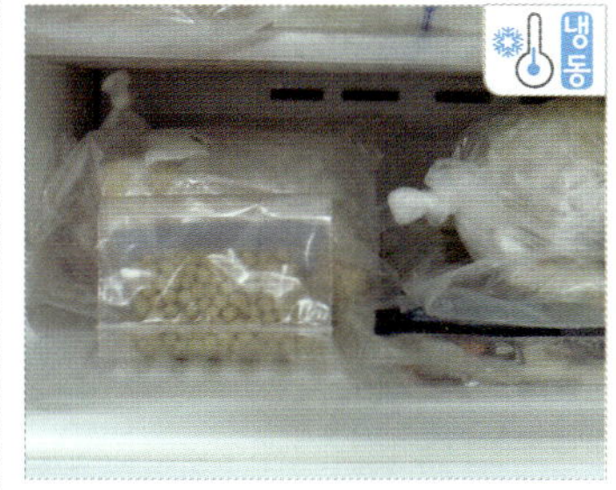

2 여름철, 장기 보관할 경우 냉동 보관

3 불린 콩은 소분, 밀봉해 냉동 보관

콩은 잘 건조된 것을 구입하여 서늘하고 그늘지며 통풍이 잘되는 곳에 보관한다. 잘 건조된 콩이라도 보관이 잘못되어 수분을 흡수하게 되면 쉽게 곰팡이가 생길 수 있으므로 반드시 건조한 상태로 밀봉해 보관하는 것이 좋다.

장마철이나 습도가 높은 여름철의 경우에는 밀봉하여 냉동 보관하면 오랫동안 보관할 수 있다. 불린 콩의 경우 1회분씩 소분해 밀봉하여 냉동 보관해야 냄새가 배지 않고 수분의 증발 없이 보관할 수 있다.

과일·견과류

사과

덜 익은 과일을 빨리 익히고 싶다면 사과를 곁에 두세요

꼭지 주변이 노랗거나 마르지는 않았는가?

색이 선명하고 아래쪽까지 붉게 잘 익었는가?

단단하고 상처가 없는가?

껍질이 거친가?

사과 알고 먹기

원래 우리나라의 토종 사과는 능금이라 하였으며 지금의 개량된 사과나무는 1884년에 미국인 선교사가 국내에 들여 왔으며 처음엔 관상수로 심었던 것이 전국적으로 생산되 국민 과일이 되었다고 한다. 국광, 홍옥, 인도, 아오리, 홍로 등 다양한 품종의 사과가 있으나 일반적으로 많이 먹는 것은 '부사'로 아삭한 질감과 신맛이 적고 당도가 높다. 늦여름에서 가을이 주요 생산 시기이나 저장 기술의 발달로 싱싱한 사과를 일 년 내내 먹을 수 있어 계절에 관계없이 즐길 수 있는 과일이 되었다.

1. 식이섬유소, 특히 펙틴을 풍부하게 함유

2. 다양한 유기산과 비타민C, 칼륨 등 함유

3. 안토시아닌 색소와 케르세틴 등 폴리페놀화합물 함유

4. 과당과 포도당 등 당분의 함량이 10~15%로 높음

사과의 성분을 살펴보면 수분을 제외하고 가장 많은 양을 차지하는 것은 탄수화물인데 특히 당분의 함량이 10~15%로 높은 편이다. 비타민C를 풍부하게 함유하며 칼륨의 함량도 높은 편이나 단백질과 지방은 0.5% 이하로 거의 함유하지 않는다.

사과에 풍부하게 함유된 비타민C는 항산화 작용은 물론 콜라겐의 합성에 관여하고 철분의 흡수를 도우며 면역 작용 중 생기는 유리기를 제거하여 백혈구의 손상을 막아 면역력을 높여준다. 또한 여러 세포의 구성 물질 생성에도 꼭 필요한 영양소이며 감기나 호흡기 증상도 완화해주는 효과가 있다.

사과에 많이 함유된 무기질로는 칼륨을 들 수 있는데 칼륨은 나트륨의 배출을 도와 체내 수분 평형을 조절하여 혈압을 떨어뜨리는 효과가 있다. 또한 구연산, 주석산 등 여러 유기산이 풍부하게 함유되어 있는데 유기산은 사과 특유의 상큼한 맛을 낼 뿐 아니라 피로 회복이나 스트레스의 해소에도 도움이 된다.

사과는 셀룰로오스나 헤미셀룰로오스, 리그닌 등 식이섬유소도 풍부하게 함유하고 있는데 특히 펙틴의 함량이 높다. 펙틴은 수용성 식이섬유소로 수분 보유력이 높고 젤을 형성하거나 위액의 점도를 높여 포만감을 유지하고 공복감을 천천히 느끼게 해주기 때문에 체중 조절에 도움이 된다. 또한 포도당의 흡수를 지연시키고 혈당의 급격한 상승을 억제하며 콜레스테롤이나 지방, 여러 가지 장내 유해물질들을 포집하여 체외로 배출시키며 대장에서는 유익균의 먹이로 이용되어 장의 건강에 도움이 된다. 셀룰로스나 헤미셀룰로스, 리그닌 같은 식이섬유소는 불용성 식이섬유소로 물에 녹지 않지만 변의 용적을 증가시키고 장의 운동을 활발하게 하여 변비의 치료와 대장암을 예방해주는 효과가 있다.

'하루 사과 한 알이면 의사가 필요없다'라는 영국 속담이 있다. 의사를 멀리하도록 해주는 사과의 특성은 무엇으로부터 왔을까? 사과에는 여러 가지 건강에 좋은 성분이 들어 있지만 여러 연구에 의하면 폴리페놀이 그 열쇠인 것으로 나타나고 있다. 폴리페놀화합물은 항산화 능력이 뛰어날 뿐 아니라 콜레스테롤의 체내 흡수를 방해하는 특성이 있으며 노화 억제 및 심혈관 질환이나 암 같은 만성 질환에도 효과가 있다. 사과에는 여러 종류의 폴리페놀이 함유되어 있는데 그 중 대표적인 것이 케르세틴과 프로시아니딘이다. 케르세틴과 프로시아니딘은 내장지방의 축적을 억제하는 것으로 알려져 있으며 체내 지방의 배출에 도움이 된다. 케르세틴은 모세혈관을 튼튼하게 하고 혈전의 생선을 억제하는 효과도 있어 혈관을 건강하게 하여 뇌졸중에 예방에도 도움이 된다. 또한 알레르기를 유발하는 히스타민의 방출을 억제하여 폐를 보호하고 폐 기능을 향상시키기도 한다.

　사과 껍질에 들어 있는 폴리페놀인 플로리진은 당의 체외 배출을 촉진하고 고혈당을 개선하여 당뇨병을 예방하는 효과가 있다. 사과는 포도당과 과당의 함량이 높기 때문에 당뇨가 있는 사람은 과다한 섭취를 피하는 것이 좋다고 알려져 있으나 사과에 함유된 식이섬유나 폴리페놀 물질은 당뇨병의 예방에 도움이 되는 성분들로 적당한 섭취는 문제가 되지 않는다.

똑똑한 구매 Tip

1 꼭지가 마르지 않고 싱싱한 것
2 꼭지 주변이 노란 것은 너무 익은 것으로 피할 것
3 색이 선명하며 과육이 단단한 것
4 껍질이 매끈한 것보다는 거친 것을 선택
5 아래쪽까지 붉게 잘 익은 것

사과는 싱싱한 것을 구매하는 것이 좋다. 신선도가 떨어지는 사과는 수분이 증발하여 과육의 질감이 나쁘고 당도도 떨어진다. 싱싱한 사과는 꼭지가 마르지 않고 과육이 단단하며 살짝 두드리면 통통 소리가 난다. 햇빛을 충분히 잘 받고 자란 사과는 전체적으로 색이 고르게 붉고 껍질이 다소 거칠거칠하다. 사과 껍질이 매끈하고 왁스를 바른 듯 반짝이는 것은 오래된 사과일 가능성이 높다.

1	하루에 1~2개 정도 섭취하는 것이 적당
2	껍질째로 섭취
3	씨앗은 독성이 있으니 먹지 않을 것
4	밤 늦은 시간 섭취는 피할 것

맛도 좋고 건강에도 좋은 사과이지만 당분의 함량이 높기 때문에 과다한 섭취는 오히려 체중 증가의 원인이 될 수 있다. 당뇨가 있는 경우에도 과다한 섭취는 문제가 될 수 있으니 적절한 양만 먹는 것이 좋다. 사과는 한 번에 반 개, 하루 1~2개 먹는 것이 좋다.

사과의 씨앗에는 독성을 지닌 시안배당체가 함유되어 있으므로 씨앗까지 먹는 것은 바람직하지 않다. 그러나 껍질에는 장 건강에 좋은 섬유소와 노화 방지에 탁월한 폴리페놀과 안토시아닌이 다량 함유되어 있으니 껍질째 먹는 것이 좋다. 농약 때문에 껍질을 두껍게 잘라 먹는 경우가 있는데 식초를 물에 풀어 사과를 10분간 담가두거나 소주로 표면을 닦아 흐르는 물에 깨끗이 씻으면 문제가 되지 않는다. 다만 사과의 꼭지 부분은 농약을 완전히 제거하기 힘드니 먹지 않는 것이 좋다.

아침에 먹는 사과를 '금', 점심에 먹는 사과를 '은', 저녁에 먹는 사과를 '독' 라고 하는 말이 있지만 잠들기 직전이 아니라면 언제 먹어도 상관이 없다. 아침에 먹으면 섬유소가 장의 운동을 활발하게 하여 배변을 도와주고 유기산이 위액의 분비를 촉진하여 소화를 도와주어 특히 좋다. 단, 잠자기 직전 늦은 밤에 먹는 사과는 일부 사람들에게서 속을 쓰리게 하거나 장을 자극할 수도 있어 피하는 것이 좋다.

안전한 보관 Tip

1 꼭지 부분을 위로 향하게 하여 냉장 보관

2 채소나 다른 과일과 분리해 냉장 보관

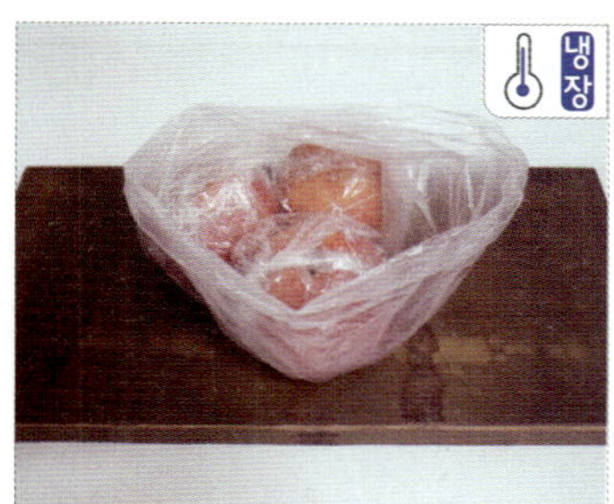

3 랩으로 하나씩 싼 후 비닐에 넣어 냉장 보관

사과는 0℃에서 보관하는 것이 좋다. 따라서 냉장고나 김치냉장고를 이용해 0℃ 가까운 온도에서 건조하지 않도록 보관하면 시드는 것을 방지할 수 있다. 랩으로 사과를 하나씩 싸서 꼭지 부분이 위로 가도록 하여 보관하면 오래도록 싱싱한 상태로 먹을 수 있다.

사과에서는 채소나 과일을 숙성시키는 에틸렌가스가 나오기 때문에 다른 채소나 과일과 함께 두면 채소나 과일이 빨리 시들 수 있으니 가급적 따로 보관하는 것이 좋으며 이것이 어려운 경우에는 비닐에 넣어 보관해야 한다. 이러한 성질을 이용해 덜 익은 과일을 빨리 익히고 싶을 경우에는 사과를 함께 두면 된다.

배

냉장고에 두고 차갑게 먹으면 더 달아요

배 알고 먹기

우리나라에서 재배되는 배는 품종에 따라 영산배, 황금배, 감천배, 추황배 등 여러 종류의 배가 있지만 오늘날 주로 재배되는 종류는 중생종인 신고와 장십랑, 만생종인 만삼길이다. 삼한시대에 이미 배를 재배한 기록이 있고 고려시대에는 배나무 심는 것을 장려했다고 하는 기록이 있으니 배는 오랜 세월 동안 한국인과 함께해온 과일이다. 배는 신맛이 적고 특유의 달고 시원한 맛을 지녀 생과일로도 많이 이용되지만 육질을 연하게 하고 소화를 돕는 작용을 하여 고기를 재거나 배숙, 화채 등의 요리의 재료로도 다양하게 활용된다.

모양이 둥글고 육질이 단단한가?

껍질이 매끄럽고 표면의 과점(둥근 점)이 큰가?

밝고 선명한 황갈색을 띠고 있는가?

주요 영양소와 특징

1. 당분의 함량은 높고 유기산의 함량은 낮아 신맛이 적고 시원한 단맛을 지님

2. 플라보노이드인 루테올린과 케르세틴 함유

3. 간의 활동을 촉진하여 알코올의 분해에 도움이 되는 아스파라긴산 함유

4. 장의 운동을 활발히 하여 변비의 예방과 장 건강에 도움이 되는 식이섬유가 풍부

5. 조리 과정에서 생성되는 다화방향족 탄화수소를 체외로 배출하는 데 도움이 됨

6. 단백질분해효소를 함유하여 육류의 연하게 하고 소화를 촉진시킴

배에는 크게 야생종과 개량종이 있으며 과일로 이용되는 개량종에는 서양종, 일본종, 중국종 등이 있는데 우리나라에서는 일본종을 재배한다. 서양종 배는 표주박 같은 모양을 하였으며 동양종에 비해 육질이 부드럽고 수분과 비타민의 함량은 낮으며 당분의 함량은 높다. 그리고 배 특유의 거친 질감을 내는 석세포의 함량이 낮고 특유의 향기가 있는데 후숙에 의해 향도 좋아지고 껍질도 부드러워진다. 중국종은 갸름한 모양으로 서양종에 비해 크고 육질이 단단하며 약간 떫은맛이 있다. 서양종과 마찬가지로 푸른색일 때 수확하여 후숙하여 먹는다. 일본종은 과육이 단단하여 아삭한 질감이 있으며 과즙이 풍부하다. 서양종이나 중국종과는 달리 후숙하지 않고 수확 후 바로 먹을 수 있다.

배는 수분 함량이 약 88%이며 수분을 제외한 주성분은 탄수화물로 약 11% 가량을 차지한다. 탄수화물 중에서는 자당이 가장 많이 들어 있으며 과당의 함량도 높은 편이고 포도당과 솔비톨도 들어 있다. 유기산으로는 사과산과 구연산을 함유하지만 그 함량이 적기 때문에 신맛이 약하다. 비타민의 함량은 낮은 편이며 무기질 중에서는 칼륨의 함량이 높은 편인데 칼륨은 나트륨의 배출을 도와 혈압을 정상으로 유지하는 데 도움이 된다.

배 특유의 거친 질감은 석세포로 식이섬유소인 리그난과 펜토산으로 되어 있으며 수용성 식이섬유소인 펙틴도 함유되어 있는데 이런 식이섬유소들이 장의 운동을 활발하게 하여 변비를 막아주며 장의 건강에 도움이 되고 혈당의 급격한 상승도 막아 혈중 콜레스테롤도 감소시킨다.

배에는 루테올린과 케르세틴이라는 플라보노이드 성분도 들어 있다. 루테올린은 염증을 완화하고 항알러지, 항산화 작용이 있는 성분으로 기관지염이나 가래, 기침 등에 효과가 있다. 루테올린은 과육보다 껍질에 더 많이 함유되어 있으니 껍질째 섭취하는 것이 좋다. 루테올린과 마찬가지로 플라보노이드 성분인 케르세틴은 항산화 작용이 뛰어나며 혈액의 콜레스테롤을 분해하여 고혈압과 동맥경화를 예방하고 혈액순환을 촉진하는 효과가 있다.

배에 풍부한 플라보노이드 물질들의 항산화 작용은 음주 후 숙취를 억제하는 효과가 있으며 배에 함유된 아스파라긴산은 간의 활동을 촉진하여 알코올의 분해를 도와준다.

최근 연구에 의하면 배는 다환방향족 탄화수소의 체외 배출을 돕는 효과가 있는 것으로 알려졌다. 단백질이나 지방이 풍부한 음식을 가열조리 할 때 생성되는 벤조피렌 같은 다환방향족 탄화수소는 암을 유발하는 물질로 알려졌다. 따라서 굽거나 튀긴 음식을 먹은 후 후식으로 배를 먹는다면 발암물질을 배출하여 암의 발생을 억제할 수 있는데 이런 효능은 배를 생으로 먹을때 보다 가열 처리했을 때 더 효과가 있다.

똑똑한 구매 Tip

1 모양이 둥글고 육질이 단단하며 너무 딱딱하지 않은 것
2 껍질의 색이 밝고 선명한 황갈색인 것(단, 황금배의 경우는 녹황색)
3 껍질 표면의 과점이 크고 껍질에 윤기가 있고 투명한 느낌이 드는 것
4 껍질이 얇고 매끄러운 것
5 배의 크기가 650~700g 정도인 것

배는 모양이 둥글고 육질이 무르지 않으며 단단하지만 너무 딱딱하지는 않은 것이 좋다. 또한 껍질은 얇고 윤기가 있으며 투명한 느낌이 들고 껍질 표면의 점 모양이 큰 것이 맛이 좋다.

대부분의 배는 고유의 밝고 선명한 황갈색을 띠고 초록빛이 없는 것이 잘 익은 것이지만 황금배의 경우는 원래 녹황색 품종으로 갈색을 띠는 것은 과숙된 것이라 육질이 무르고 저장성도 떨어진다.

배의 크기는 적당히 큰 것이 맛이 좋은데 보통 650~700g 정도 크기로 이는 성인 남자의 두 손을 합쳐서 만든 주먹의 크기 정도이다.

1 껍질을 함께 먹거나 껍질을 활용하여 조리
2 암 예방을 위해서는 익혀 섭취
3 굽거나 튀긴 음식을 먹을 후 후식으로 섭취
4 냉장고에 두고 차갑게 섭취하면 단맛 증가

배에 들어 있는 기침, 가래에 좋은 성분인 루테올린이나 케르세틴과 항산화 작용을 하는 폴리페놀 물질들은 배의 과육보다 껍질 부위에 7배 이상 많이 함유되어 있다. 따라서 이런 좋은 성분들을 섭취하기 위해서는 껍질을 함께 먹거나 조리에 껍질까지 활용하는 것이 좋다.

배는 고온으로 조리한 음식에 들어 있는 발암 물질인 다환방향족 탄화수소를 배출하여 암을 예방해주는 효과도 있다. 그런데 이런 다환방향족 탄화수소의 배출 효과는 생으로 먹을 때보다 익혔을 때 더 효과적이므로 굽거나 튀긴 음식을 먹을 후 배숙이나 가열한 배즙과 같이 익힌 배를 먹으면 좋다.

배에는 탄수화물 중 자당이나 포도당도 들어 있지만 과당의 함량이 높다. 과당은 특유의 시원한 단맛을 느끼게 해주며 당도도 설탕보다 높다. 과당은 특히 저온에서 더 달게 느껴지는 특성이 있으므로 배를 냉장고에 두고 시원한 상태로 먹는다면 특유의 시원한 맛이나 단맛을 더 강하게 느낄 수 있다.

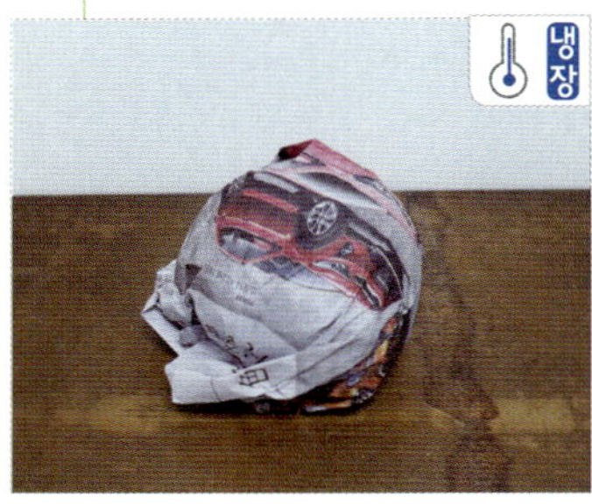

1 종이로 싸 냉장고 채소실에 보관

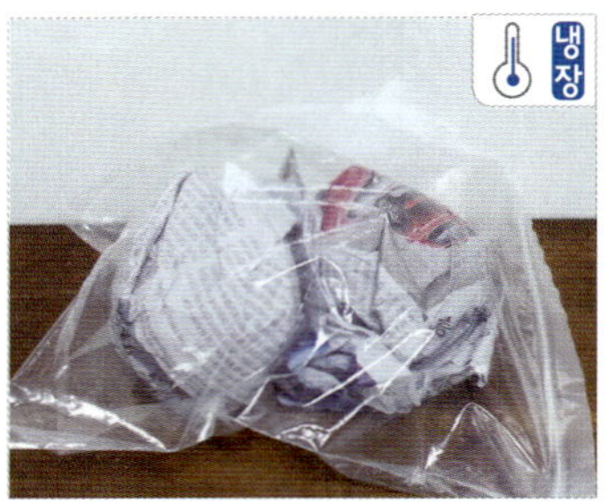

2 비닐봉지에 넣거나 랩이나 종이로 싸 냉장 보관

배는 10월 이후에 수확되는 것이 저장성이 좋다. 0℃에 가까운 낮은 온도에서 보관할수록 저장성이 좋지만 너무 온도가 낮아지면 냉해를 입을 수 있다.

배 특유의 아삭한 질감을 유지하기 위해서는 수분을 잘 유지하도록 해야 하므로 종이로 싸서 냉장고 채소실에 보관하는 것이 좋다.

감

덜 익은 감은 소주를 뿌려 밀봉해두면 빨리 익어요

흠집이나 상처가 없는가?

꼭지 부분에 이물질이 묻지는
않았는가?

주홍색을 띠고 껍질에 윤기가
도는가?

감 알고 먹기

사과, 배와 더불어 가을에 생산되는 대표적 과일인 감은 동아시아가 원산지로 우리나라에서도 일찍부터 재배되었다. 제사에도 올리는 주요 과일이자 곶감으로도 가공하여 이용하고 저장하기도 한다. 감은 특유의 고운 색과 단맛을 지녔을 뿐 아니라 비타민, 칼륨, 식이섬유소, 탄닌 성분이 풍부해 영양적으로도 우수한 과일이다.

1. 포도당, 과당, 자당을 함유하여 달콤한 맛을 냄

2. 비타민A, 비타민C, 칼륨을 풍부하게 함유

3. 항산화 효과와 콜레스테롤 배출에 탁월한 탄닌 성분 함유

4. 변비 예방에 좋은 식이섬유소 함유

감은 사과, 배와 더불어 가을에 생산되는 대표적 과일이다. 감은 떫은감과 단감이 있는데 우리나라 재래종은 떫은감이고 단감은 일본에서 도입된 외래종이다. 단감은 주로 생과로만 이용되고 곶감이나 연시 등으로 가공하는 것은 재래종인 떫은감이다.

감의 성분으로는 수분이 약 85% 가량으로 대부분을 차지하고 수분 이외에 가장 함량이 높은 것은 탄수화물인데 약 14%이며 포도당, 과당, 자당 등이 풍부해 단맛을 낸다. 식이섬유소 또한 풍부하게 함유한다.

감은 비타민이 풍부한 과일이다. 특히 비타민C와 베타카로틴이 많이 들어 있는데 비타민C는 사과의 2배 이상을 함유하며 감 100g당 110mg 정도가 들어 있다. 이는 비타민C의 하루 권장량 이상으로 감 1~2개면 하루에 필요한 비타민C를 충분히 섭취할 수 있다. 비타민C는 항산화 작용은 물론 노화 억제 및 면역력 강화, 피로 회복에 도움이 되며 알코올 섭취 시 만들어지는 아세트알데하이드의 분해를 도와 숙취 해소에도 좋다. 무기질 중에서는 나트륨의 배출과 혈압을 정상으로 유지하는데 도움이 되는 칼륨이 많이 들어 있다.

감 특유의 오렌지색을 제공하는 베타카로틴은 고운 색을 낼 뿐 아니라 비타민A의 전구체로 작용하며 항산화 기능을 하는 성분이다. 비타민A는 눈 건강과 세포의 정상적 분열에 관여한다. 베타카로틴은 항산화 작용과 항암 작용에 뛰어난데 이 항암 작용은 영양보충제가 아닌 식품으로 섭취했을 때에만 효과가 있는 것으로 알려졌다.

감 특유의 떫은맛을 내는 탄닌은 수용성 성분으로 감을 먹을 때 구강 점막과 반응하여 떫은맛을 낸다. 감이 익으면 자연스럽게 떫은맛이 없어지는데 이는 감이 익으면서 생성되는 알데히드와 탄닌이 결합하여 불용성이 되어서 떫은맛이 줄어드는 것이다. 탄닌은 과다 섭취 시 변비를 유발하는 원인이 되기도 하지만 반대로 설사를 멎게 하는 효과도 있다. 또한 탄닌은 중성지방이나 콜레스테롤의 배출에 도움이 되며 항산화를 활성시킨다. 그러나 철분과 결합하여 흡수를 방해하기 때문에 빈혈이 있는 사람은 과다 섭취하지 않아야 한다.

똑똑한 구매 Tip

1 모양이 고르고 흠집이나 상처가 없는 것
2 꼭지 부분이 깨끗한 것을 선택
3 전체적으로 고르게 감 특유의 주황색을 띠고 껍질에 윤기가 있는 것
4 단감은 만졌을 때 과육이 단단하고 과일 표면에 과분이 피어있는 것
5 단감은 윗부분이 들어가지 않고 직사각 형태를 띠는 것

감을 고를 때는 모양이 전체적으로 고르고 흠집이나 상처, 변색되거나 무른 부분이 없이 과육이 단단하고 껍질은 고르게 주홍색을 띠는 것이 좋다. 껍질에는 윤기가 있으면서 과분이 있는 것이 맛이 좋다. 감의 꼭지는 지저분하지 않고 떨어지지 않았으며 깨끗하게 붙어있는 것이 싱싱한 것이다.

단감을 고를 경우 윗부분이 움푹 들어간 것은 맛이 떨어지므로 약간 볼록한 것을 선택하고 위에서 보아 가로와 세로의 길이가 비슷한 직사각형 모양을 띠는 것이 좋다.

1 덜 익은 감은 뜨거운 물에 하루 정도 우리거나 알코올을 뿌려 밀봉해 1주일 후 섭취

2 하루 1~2개만 섭취할 것

3 탄닌의 함량이 많은 식품(녹차, 바나나, 도토리묵 등)과 함께 섭취하지 않을 것

4 냉동한 홍시는 냉장고에서 천천히 해동한 후 섭취

덜 익은 감은 그대로 먹기 힘들기 때문에 먼저 탄닌을 불용성으로 만들어 떫은맛을 줄이는 탈삽 과정이 필요하다. 가정에서는 따뜻한 곳에 두면 시간이 지나면서 감이 물러지고 떫은맛이 없어지지만 떫은맛을 빨리 없애려면 45~50℃ 정도의 온수에 담아 하루 정도 우리거나 알코올 성분이 있는 소주를 뿌린 후 밀봉하면 1주일 안에 떫은맛이 사라진 감을 맛볼 수 있다. 이때 보관하는 온도를 높게 하면 더 빨리 먹을 수 있다.

비타민C와 베타카로틴이 풍부하고 식이섬유를 함유한 건강에 유익한 감이지만 하루 2개 이상의 섭취할 경우 탄닌의 과다 섭취로 변비를 유발할 수 있다. 녹차, 바나나, 도토리묵과 같이 탄닌 함량이 높은 식품과 함께 섭취하는 것 또한 좋지 않다. 그리고 철분의 흡수를 방해하기 때문에 빈혈이 있는 경우에는 특히 주의해야 한다.

홍시는 냉동하면 오랫동안 두고 먹을 수 있는데 해동하는 방법에 따라 질감이나 형태가 달라진다. 상온에 해동하면 해동 시간은 빠르나 형태가 허물어지고 감 특유의 질감도 없어지므로 냉장고에서 서서히 해동하여 먹는 것이 원래 홍시의 형태를 유지하면서도 감 특유의 풍미를 느낄 수 있으며 위생적으로도 안전하다.

1 단감은 두꺼운 비닐에 밀봉해 0~2℃ 정도의 온도로 냉장 보관

2 떫은감은 신문지나 종이타월로 하나씩 싸 그늘진 곳에 보관

3 홍시를 장기 보관할 경우 밀봉해 냉동 보관

단감이 물러지지 않도록 저장하기 위해서는 0℃에 가까운 낮은 온도에 보관하는 것이 좋기 때문에 냉장 보관하는 것이 좋다. 이때 호흡 작용이 일어나 빨리 상할 수 있으니 두꺼운 비닐로 밀봉해야 한다. 보통 단감을 판매할 때 포장된 비닐팩 그대로 보관하는 것이 좋다.

감은 수분의 증발을 막도록 종이로 하나씩 잘 싸서 그늘진 곳에 보관하며 먹는다. 떫은감은 껍질을 제거하고 건조하여 감말랭이나 곶감 등으로 가공하면 오래 보관할 수 있는데 장기 보관 할 때는 냉동하며 냉동고 속 냄새가 배지 않도록 밀봉하여 보관한다. 홍시도 밀봉하여 냉동 보관하면 오래도록 두고 먹을 수 있다.

귤·오렌지

껍질과 과육 사이에 붙어 있는 흰 부분은 떼지 말고 섭취하세요

껍질이 얇고 전체적으로 고른
주황색을 띠는가?

흠집이 없고 과육과 껍질이 잘
밀착되어 있는가?

오렌지는 들었을 때 묵직하고
단단한가?

귤, 오렌지 알고 먹기

감귤류란 감귤나무과에 속하는 나무들 중에서 감귤속이나 금귤
속, 탱자나무속에 들어가는 나무의 열매와 이 나무들에서 파생된
품종들로 밀감, 한라봉, 오렌지, 레몬, 자몽, 라임, 금귤 등 그 종
류가 매우 다양하다. 국산 감귤류인 귤은 주로 제주도에서 생산
되며 귤보다 크고 껍질이 두꺼운 오렌지는 대부분이 수입되는 과
일이다. 발렌시아오렌지, 네이블오렌지, 블러드오렌지 등이 대표
적인 품종으로 세계적으로 가장 많이 재배되는 것이 발렌시아오
렌지이다.

굴

1. 비타민C, 베타카로틴, 구연산, 펙틴이 풍부

2. 껍질 부위에 항산화 작용을 하는 헤스페리딘 함유

3. 골다공증 예방에 좋은 베타크립토산틴 함유

오렌지

1. 비타민C, 베타카로틴, 구연산, 펙틴이 풍부

2. 항산화 작용을 하는 헤스페리딘 함유

3. 긴장을 풀어주고 집중력을 높이는 리모넨 함유

주로 제주도에서 생산되는 국산 감귤류인 굴(밀감)은 겨울철 비타민C의 공급원이라 볼 수 있다. 비타민C 함량이 약 45mg%로 하루 굴 2~3개면 필요한 비타민C를 충분히 섭취할 수 있다. 굴의 껍질에는 과육보다 4배 정도 많은 비타민C가 들어 있으며 속껍질(껍질 안 흰 부분)에는 펙틴과 비타민P로 불리는 헤스페리딘이라는 성분도 들어 있다. 헤스페리딘은 항산화 기능을 하며 혈액의 중성지방을 낮추고 모세혈관을 튼튼하게 하여 뇌졸중이나 동맥경화, 고혈압 등에 효과가 있다.

한방에서는 굴껍질을 말린 것을 '진피'라 하는데 감기나 기침이 심할 때 껍질을 차로 다려 마시도록 권할 정도로 껍질에도 영양소가 풍부하다. 굴에는 베타카로틴 이외에 베타크립토산틴이라는 색소 물질이 함유되어 있는데 이 성분은 항산화 효과가 크며 뼈 건강에도 도움이 될 뿐 아니라 니코틴에 의한 폐암의 위험을 낮춘다.

귤보다 크고 껍질이 두꺼운 오렌지는 대부분이 수입되는 과일이다. 오렌지의 비타민 함량은 약 45mg%로 오렌지 하나만 먹어도 하루에 필요한 비타민C를 충분히 섭취할 수 있다. 오렌지는 티아민과 리보플라빈 등 비타민B군의 함량도 높은 편이며 당분의 함량은 10% 정도로 높아 맛이 좋다. 귤보다는 함량이 적지만 항산화 작용을 하고 뇌졸증을 예방하는 헤스페리딘이 함유되어 있다. 또한 조혈작용 및 세포분열과 신경전달물질의 합성 등에 광범위하게 작용하는 엽산과 주요 무기질인 마그네슘, 펙틴을 포함한 식이섬유소도 함유한다.

오렌지 특유의 상큼한 향기는 껍질에 존재하는 '리모넨'이라는 성분에 의한다. 리모넨은 향기 성분이자 쓴맛을 내는 물질로 긴장을 풀어주고 집중력을 높여주는 효과가 있다. 또한 식품을 통해 꾸준히 섭취할 경우 피부암의 발생을 억제하는 효과가 있으며 탈모에도 도움이 되는 것으로 알려졌다.

똑똑한 구매 Tip

1 껍질이 얇고 전체적으로 고른 주황색을 띨 것
2 귤은 흠집이 없고 과육과 껍질이 잘 밀착되어 있을 것
3 오렌지는 들었을 때 묵직하고 단단한 것
4 네이블오렌지는 배꼽이 큰 것

맛도 좋고 영양에도 좋은 감귤류이지만 한꺼번에 너무 많을 양을 구매하는 것은 바람직하지 않다. 특히 과피가 얇고 껍질이 무르기 쉬운 귤은 오래 보관하면 수분이 증발되며 질감이나 맛도 떨어지고 영양소도 줄어들기 때문에 적당량을 자주 구매하는 것이 좋다.

귤은 상처가 없고 전체적으로 고른 주황색을 띠는 것, 껍질이 얇고 과육과 잘 붙어 있으며 만졌을 때 탱탱한 것이 좋다. 둥글고 납작한 것이 꼭지가 튀어나온 것보다 당도가 높다. 껍질에 적당히 윤기가 나는 것은 좋으나 지나치게 번들거리는 것은 왁스 코팅을 한 것일 가능성이 높으므로 피한다.

오렌지는 상처가 없고 윤기가 있으며 너무 거칠지 않고 매끈한 것이 좋다. 만져보거나 들었을 때 껍질이 탱탱하고 묵직한 것이 과즙이 풍부한 것이다. 네이블오렌지는 배꼽이 큰 것이 당도가 높다.

1 가능하면 껍질과 함께 섭취
2 껍질을 섭취할 경우 소금으로 문질러 충분히 세척
3 귤은 하루 3개 섭취가 적당

감귤류에 들어 있는 비타민C, 펙틴을 비롯한 식이섬유소는 껍질에 더 많이 함유되어 있다. 일반적으로 껍질을 제거하지만 이때 흰 부분을 함께 먹으면 유효한 성분들의 섭취를 늘릴 수 있다. 특히 잼을 만들거나 과즙을 이용할 때 또는 빵이나 과자 등을 만들 때 감귤류를 넣는다면 껍질까지 활용하는 것이 좋다. 단, 껍질을 활용할 때는 세척을 잘 해야 한다. 오렌지는 대부분 수입산으로 부패를 막기 위해 피막제를 입혔을 수 있으며 농약을 많이 사용했을 수도 있다. 국내산 감귤류도 크게 다르지 않으므로 소금으로 문질러 잘 씻고 흐르는 물에 충분히 헹구도록 한다.

맛은 물론 영양도 훌륭한 감귤류이지만 한꺼번에 많이 먹는 것은 문제가 된다. 포도당, 과당, 설탕(자당)과 같은 단순당의 함량이 높기 때문에 갑자기 혈당을 높일 수도 있고 너무 많이 먹는 것은 칼로리의 과다 섭취 원인이 될 수도 있다. 특히 당뇨가 있는 경우에는 과일의 섭취량을 조절해야 한다. 영양사회에서는 귤의 경우 1회에 1개씩 하루 3개 이내로 섭취하도록 권하고 있으며 당뇨환자는 하루에 1개 이내로 섭취할 것을 권장한다. 귤보다 큰 오렌지나 자몽, 한라봉의 경우 한 번 섭취할 때 1/2개가 적당하다.

1 귤은 꼭지 부분이 아래로 향하게 하여 종이로 싸 서늘한 곳에 보관

2 오렌지는 1~2% 소금물에 세척 후 물기를 제거해 종이로 싸 서늘한 곳에 보관

3 냉장 보관할 경우 비닐에 넣어 채소칸에 보관

4 냉동 보관할 경우 껍질을 벗겨 밀봉해 보관

귤을 보관할 때 상한 것이 있으면 골라내야 다른 것까지 상하는 것을 막을 수 있다. 귤끼리 부딪히는 것을 피하고 수분의 증발을 막도록 신문지로 하나씩 포장하며 보관하면 오래도록 신선함을 유지할 수 있다.

보관할 때는 꼭지를 아래로 하고 통풍이 잘되는 서늘한 곳에 둔다. 1개월 정도 보관할 경우 냉장 보관을 하는 것이 좋은데 냉장 저장 시 당도가 떨어지므로 오래 두고 먹을 것이 아니라면 실내에 보관하는 것이 좋다.

오렌지는 보관하기 전 1~2% 소금물에 세척 후 종이나 랩으로 개별 포장해 보관해야 수분 증발을 막아 신선함을 오래 유지할 수 있다.

자몽

약을 복용할 때에는 자몽과 함께 먹지 마세요

모양이 둥글고 흠집이 없는
가?

들었을 때 묵직하고 눌렀을
때 탄력이 있는가?

과육과 껍질이 잘 밀착되어
있는가?

자몽 알고 먹기

흔히 먹는 감귤류 중 가장 큰 자몽은 포도와 비슷한 향이 나며
포도송이처럼 달린다고 하여 영어로 'grape fruit'라고 부른다.
주요 생산지는 미국으로 전 세계 생산량의 60%가 플로리다에서
생산된다. 자몽은 감귤류 중 수분 함량이 가장 높고 반 개 정도
먹으면 하루에 필요한 비타민C를 섭취할 수 있다. 또한 당 함량
이 8% 이하로 낮아 다이어트에도 좋은 식품이다.

1. 비타민C, 구연산이 풍부해 피로 회복에 좋음
2. 감귤류 중 당분의 함량이 가장 낮음
3. 쓴맛을 내는 나린진 함유
4. 붉은색 자몽에는 항산화 물질인 라이코펜 함유

자몽은 특유의 시원한 맛과 쓴맛이 특징인 과일이다. 감귤류 중 수분 함량이 가장 높아 갈증 해소에 좋다. 당분의 함량은 8% 이하로 낮으며 식이섬유가 풍부하여 체중 조절에 도움이 된다.

자몽 역시 다른 감귤류와 마찬가지로 당질 이외에 가장 많이 함유된 영양소는 비타민C이지만 그 함량은 약 35mg%로 감귤류 중에서는 낮은 편이다. 하지만 비타민B군에 속하는 콜린을 함유하며 붉은색 자몽의 경우 항산화력이 높은 라이코펜의 함량이 높다.

자몽의 쓴맛을 내는 나린진 성분은 플라보노이드의 한 종류로 신진대사를 활발하게 하여 체중을 줄이는 데 도움이 되고 혈중 콜레스테롤을 낮춰주는 효과가 있어 동맥경화나 고혈압 등 심혈관질환에도 도움이 된다. 또한 당지수가 매우 낮은 식품으로 식사전에 자몽을 섭취하면 인슐린 저항을 개선하고 혈당의 급격한 상승을 막을 수 있다.

똑똑한 구매 Tip

1 모양이 둥글고 흠집이 없는 것
2 들었을 때 묵직하고 눌렀을 때 탄력이 있는 것
3 껍질에 윤기가 도는 것

자몽은 전체적으로 모양이 둥글고 껍질에 상처나 흠집, 움푹 패인 곳이 없는 것이 좋다. 껍질은 얇고 윤기가 있는 것이 좋으며 들었을 때 묵직한 느낌이 나고 눌렀을 때는 탄력이 있는 것이 좋다. 과육이 붉은 자몽이 라이코펜 색소의 함량이 높은 것이니 영양적인 면을 고려한다면 붉은 자몽을 선택한다.

현명한 조리 및 섭취 Tip

1 소금물로 문지르면서 충분히 세척
2 약물과 함께 섭취하지 않을 것
3 식사 전에 섭취하면 혈당의 급격한 상승을 억제

자몽은 대부분 수입산으로 부패를 막기 위해 피막제를 입혔을 수 있으며 농약을 많이 사용했을 수 있으니 소금으로 문질러 잘 씻고 흐르는 물에 충분히 헹궈야 한다.

자몽에 함유된 나린진은 고지혈증이나 부정맥 치료제, 일부 혈압 강하제의 효능을 지나치게 증가시키는 성질이 있으며 반대로 감기약이나 항히스타민제, 진정제 등은 흡수를 방해하여 약효를 떨어트리기 때문에 약물과 함께 섭취하는 것은 반드시 피해야 한다. 이러한 작용은 주스로 갈아서 먹을 때 더 강하게 나타나며 오렌지주스 역시 같은 작용을 하기 때문에 주의해야 한다. 특히 고혈압이나 고지혈증, 부정맥 등으로 매일 약을 복용해야 하는 사람이 자몽이나 자몽주스를 자주 먹는 것은 피하는 것이 좋다.

1 보관 전 소금물에 충분히 세척

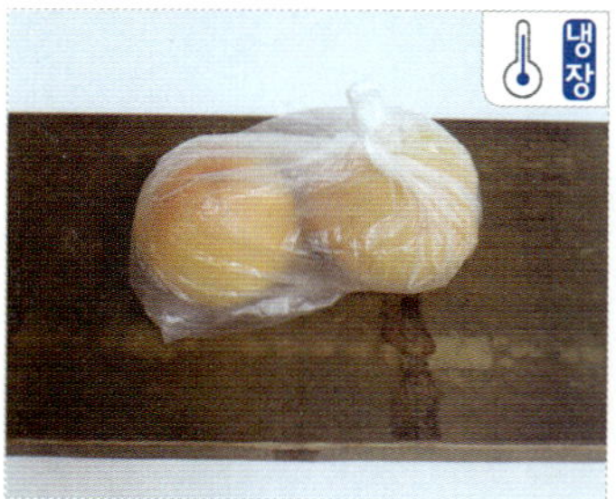

2 종이타월로 싼 후 비닐봉지에 담아 냉장 보관

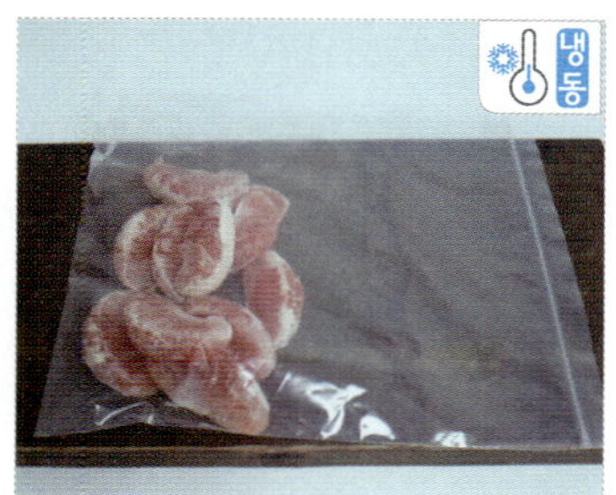

3 껍질을 벗겨 밀봉 후 냉동 보관

자몽은 보관하기 전 1~2% 소금물에 세척한 후 물기를 제거하고 종이타월로 싼 후 비닐봉지에 담아 냉장 보관해야 수분 증발을 막아 신선함을 오래 유지할 수 있다.

냉동실에 보관할 경우 껍질을 벗겨 밀봉해 보관하면 1개월 동안 신선하게 보관할 수 있다.

레몬

생선에 레몬즙을 뿌리면 생선의 비린내를 잡아주고 살균 작용도 해요

껍질에 윤기가 돌고 흠집이 없는가?

꼭지가 떨어져 있지는 않은가?

껍질과 과육이 잘 밀착되어 있는가?

레몬 알고 먹기

레몬의 원산지는 히말라야로 국내에는 수입산이 많으나 최근 농약을 사용하지 않고 재배한 국내산 레몬도 마트에서 볼 수 있다. 레몬은 감귤류 중 비타민C와 유기산의 함량이 가장 높은 과일로 구연산 성분이 피로를 회복해주고 비타민C가 감기를 예방해 준다. 하지만 산의 함량이 높아 공복에 섭취하면 위 건강에 좋지 않아 음식과 함께 먹는 것이 좋다.

1. 감귤류 중 비타민C와 유기산 함량이 가장 높음

2. 집중력을 높여주고 탈모 예방에 효과적인 리모넨 함유

레몬은 강한 신맛 때문에 단독으로 섭취하는 것은 어렵지만 레몬즙으로 만들어 신맛을 내는 조미료나 주스로 이용된다. 레몬은 감귤류 중 비타민C의 함량이 가장 많고 구연산도 풍부하게 함유하여 피로 회복에 탁월한 효과가 있다.

또한 방향 성분인 리모넨을 함유하여 긴장을 풀어주고 스트레스의 해소시켜주며 뇌세포를 활성화시켜 집중력을 강화하는 데 큰 도움이 될 뿐 아니라 피부암의 예방이나 탈모에도 좋다. 또한 리모넨은 항균성을 갖기 때문에 레몬차나 주스로 섭취하면 구강염증의 예방에도 도움이 된다.

1 껍질에 윤기가 돌고 상처가 없는 것
2 꼭지가 붙어 있고 마르지 않은 것
3 과육은 탄력이 있는 것
4 가능하면 국내산 무농약 제품을 구매

레몬은 껍질에 윤기가 돌고 흠집이나 패인 곳이 없어야 하며 과육의 탄력이 있어야 한다. 꼭지가 떨

어지지 않고 붙어 있고 건조하게 말라 있지 않은 것이 싱싱한 것이다. 수입산 레몬은 껍질에 남아 있을 수 있는 농약이 문제가 되는데 가능하면 국내산 무농약 레몬을 구매하는 것이 좋다.

현명한 조리 및 섭취 Tip

1. 소금물로 문지르면서 충분히 세척
2. 빈속에 섭취하지 않을 것
3. 껍질을 이용할 경우 무농약 레몬을 사용
4. 레몬즙은 섭취 직전에 짤 것

레몬은 대부분 수입산으로 부패를 막기 위해 피막제를 입혔을 수 있으며 농약을 많이 사용했을 수 있으니 소금으로 문질러 잘 씻고 흐르는 물에 충분히 헹궈야 한다. 강한 산을 함유한 레몬은 빈속에 먹으면 위를 자극하므로 공복에 섭취하는 것은 피해야 한다.

레몬은 향이 좋아 레몬청이나 음료에 껍질째 사용하는 경우가 많다. 이 경우에는 소금물에 충분히 씻어 사용하는 것도 좋으나 무농약 레몬을 사용하는 것이 가장 안전한 방법이다.

생선회, 생선구이의 요리에는 레몬즙을 곁들이면 좋다. 생선에 레몬즙을 뿌리면 생선의 비린내를 잡아주고 살균 작용도 한다. 단, 레몬의 비타민C는 파괴되기 쉽고 향도 쉽게 날아가므로 섭취 직전에 즙을 짜는 것이 좋다.

1 개별로 랩으로 싸 비닐봉지에 넣어 채소칸에 냉장 보관

2 자른 레몬은 표면을 랩으로 씌워 아래로 향하게 해 밀폐해 냉장 보관

3 장기 보관 시 즙을 얼음틀에 얼린 후 밀폐 용기에 담아 냉동 보관

다른 감귤류와 마찬가지로 레몬도 비닐봉지에 싸 채소칸에 보관해야 가장 신선한 상태로 오래 보관이 가능하다. 이때 한 개씩 랩으로 싸서 비닐봉지에 넣으면 더 좋다.

요리에 사용하고 남은 레몬은 자른 표면의 수분이 증발하지 않도록 랩으로 표면을 싸서 밀폐 용기에 담아 냉장 보관해야 한다. 레몬을 한꺼번에 많이 구입한 경우에는 미리 즙을 내어 얼음틀에 얼린 후 밀폐 용기에 담아 냉동 보관하면 필요할 때마다 편리하게 사용할 수 있다.

복숭아

복숭아는 실온에 두어야 달게 먹을 수 있어요

Check Point

크기가 크고 표면에 상처가 없는가?

달콤한 향이 진하게 나는가?

황도는 전체적으로 고르게 노란색을 띠는가?

천도복숭아는 표면이 매끄럽고 붉은색을 띠는가?

복숭아 알고 먹기

달콤한 맛과 풍부한 과즙, 부드러운 과육을 자랑하는 복숭아는 여름철을 대표하는 과일이다. 삼국사기에 복숭아 재배에 대한 기록이 있다고 하니 매우 오래전부터 복숭아가 과일로 이용되었을 것으로 보이며 현재는 사과, 배, 포도 다음으로 많이 생산되는 과일이다. 다양한 복숭아 품종이 있지만 크게 백도와 황도, 천도복숭아로 구분하며 과육의 색에 따라 함유되는 영양소가 다소 차이가 있다.

1. 항산화 성분인 폴리페놀과 베타카로틴이 풍부

2. 피로 회복과 혈관 건강에 도움

3. 장 건강과 콜레스테롤의 배출에 좋은 펙틴의 함량이 높음

4. 나트륨의 배출을 도와 혈압을 떨어뜨리는 칼륨이 풍부

복숭아는 당분의 함량이 9% 내외인데 자당(설탕)이 주를 이룬다. 반면 유기산의 함량은 적어 신맛이 적다. 펙틴을 포함한 식이섬유소의 함량도 높은 편이며 무기질로는 나트륨의 배출을 도와 고혈압의 예방에 도움이 되는 칼륨의 함량이 높다.

복숭아는 다른 과일에 비해 비타민C의 함량은 낮지만 항산화 작용을 하는 베타카로틴과 폴리페놀이 풍부하게 들어 있다. 폴리페놀은 강력한 항산화 물질로 체내 활성산소를 제거하여 DNA나 세포 내 단백질, 효소 등을 보호하는 작용을 하여 노화, 암, 심혈관 질환의 예방에 효과가 있다. 복숭아의 껍질에는 카테킨을 비롯한 폴리페놀이 풍부하다. 녹차에 많이 들어 있는 것으로 알려진 카테킨은 항산화력이 매우 뛰어난 폴리페놀 성분으로 비타민C 100배의 항산화력을 지닌다. 카테킨은 콜레스테롤과 중성지방의 배출을 도우며 비만 예방 및 피부 노화와 혈압의 상승을 억제하고 혈관의 탄력을 개선하여 심혈관질환의 예방과 치료에 효과가 있는 것으로 알려졌다.

복숭아는 단백질 함량은 낮지만 유리아미노산의 함량은 높은데 특히 아스파르트산의 함량이 상당히 높다. 아스파르트산은 피로 회복이나 간 기능 개선 등에 효과가 있다.

똑똑한 구매 Tip

1 크고 표면에 상처가 없는 것
2 달콤한 향이 진한 것
3 백도나 황도는 솜털이 많은 것
4 황도는 전체적으로 고르게 노란색을 띠고 약간 단단한 것
5 천도복숭아는 표면이 매끄럽고 붉은색을 띠는 것

복숭아는 과육이 부드럽기 때문에 저장성이 좋지 않은 과일이다. 따라서 먹을 만큼 소량씩 자주 구매하는 것이 가장 좋다. 전체적으로 모양이 고르고 알이 크며 상처가 없이 고유의 색이 진한 것이 좋다. 또한 복숭아 특유의 달콤한 향이 진할수록, 과육이 무를수록 단맛이 강하다.

현명한 조리 및 섭취 Tip

1 가능하면 껍질째 섭취
2 소금물에 3분간 담근 후 흐르는 물로 세척
3 샐러드 등으로 기름과 함께 섭취하면 베타카로틴의 흡수를 높임
4 복숭아에 부족한 비타민C가 풍부한 식품과 함께 섭취

복숭아에 많이 함유된 폴리페놀과 식이섬유소는 껍질 부분에 많아 껍질째 먹는 것이 좋다. 단, 껍질에는 농약과 같은 유해물질이 잔류할 수 있으니 깨끗이 세척해야 한다. 과육이 부드러운 복숭아는 문지르면 상하기 쉬우니 소금물에 잠깐 담근 후 흐르는 물에 닦는다.

복숭아의 단맛은 주로 자당(설탕)에 의한 것인데 자당은 차가운 온도에서는 감미가 떨어지고 체온에 가까운 온도에서 가장 달게 느껴진다. 따라서 복숭아를 너무 차갑게 해서 먹으면 단맛이 덜하기 때문에 냉장고에 보관 중인 경우에는 먹기 30분 전에 꺼내 두는 것이 좋다.

복숭아에 풍부한 폴리페놀은 항산화력이 강해 항산화 작용을 하는 비타민C를 절약하는 작용을 한다. 복숭아를 먹을 때 비타민C가 풍부한 귤이나 키위 등을 함께 먹으면 복숭아에 부족한 비타민C를 보충할 수도 있으니 함께 먹는 것이 좋다.

황도에 들어 있는 베타카로틴은 지용성이기 때문에 기름과 함께 먹으면 흡수가 잘된다. 따라서 샐러드 등으로 기름과 함께 먹으면 베타카로틴의 흡수를 높일 수 있다. 또한 복숭아는 익히면 단맛이 더 강해지기 때문에 더욱 달콤한 복숭아를 먹고 싶다면 익혀 먹는 것이 좋다. 하지만 복숭아는 과육이 부드러워 쉽게 혈당이 높아질 수 있으니 당뇨환자는 주의해야 한다.

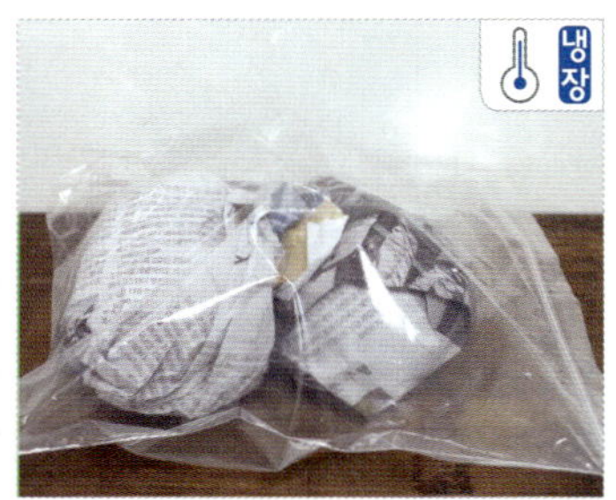

1 종이에 싸 서늘한 곳에 실온 보관

2 장기 보관 시 종이에 싸 비닐에 넣어 냉장 보관

복숭아는 저장성이 좋지 않은 대표적인 과일이다. 일단 숙성이 되고 과육이 무르면 빠르게 부패하기 때문에 소량씩 자주 구매하는 것이 맛도 영양도 좋다. 구매 후 2~3일 이내에 소비할 경우에는 신문지 등으로 싸서 시원하고 통풍이 잘되는 그늘진 곳에 두고 먹는 것이 좋으며 1주일 이상 저장해야 할 경우에는 냉장고에 보관한다.

과육이 무른 백도는 8~10℃에서 보관하는 것이 좋으므로 냉장 보관 시 온도가 높은 문 쪽에 둔다. 냉장고에 보관할 때는 수분의 증발과 응결된 물에 의한 부패를 막도록 종이나 신문지로 싸서 보관한다.

자두

말려 먹으면 항산화 성분과 식이섬유를 더 효과적으로 섭취할 수 있어요

자두 알고 먹기

자두는 크기가 작지만 새콤하고 달콤한 맛과 향이 좋아 여름철 입맛을 돋우는 데 좋으며 과즙이 풍부해 갈증을 해소하는 데도 으뜸이다. 자두는 수분의 함량이 약 93% 정도로 매우 높고 탄수화물의 함량은 낮으며 식이섬유소는 풍부해 열량이 낮아 체중 조절을 하는 사람에게 좋은 과일이다.

Check Point

표면에 상처가 없고 윤기가 도는가?

꼭지까지 고르게 붉은 색을 띠는가?

표면에 분이 덮여 있는가?

과일의 끝이 뾰족하고 단단한가?

1. 사과산과 구연산 등 피로 회복에 도움이 되는 유기산이 풍부
2. 항산화 작용을 하는 베타카로틴과 플라보노이드가 풍부
3. 펙틴을 비롯한 식이섬유소가 풍부해 변비에 탁월
4. 수분 함량이 매우 높아 갈증 해소에 도움을 줌
5. 나트륨 배출을 돕는 칼륨 함유

자두 특유의 새콤한 맛은 풍부하게 함유된 유기산에 의한 것인데 사과산의 함량이 특히 높다. 사과산이나 구연산 같은 유기산은 체내에서 신진대사를 활발하게 하여 피로 회복에 도움이 된다.

자두는 비타민C 함량은 매우 낮지만 항산화 작용을 하는 베타카로틴이 많이 들어 있는데 특히 껍질에 안토시아닌 색소를 비롯하여 플라보노이드계 폴리페놀이 풍부하다. 폴리페놀은 강력한 항산화 물질로 활성산소를 제거하여 DNA나 세포막의 손상을 억제해 혈관을 건강하게 하고 혈중 콜레스테롤을 떨어뜨려 심혈관질환을 예방하며 암의 발생을 막고 노화를 억제하는 효과도 있다.

자두에 풍부한 칼륨은 나트륨 배출을 도와 혈압 낮추는 효과가 있으며 수용성 식이섬유소인 펙틴 역시 콜레스테롤을 체외에 배출하고 배변을 도와 변비에 좋으며 장을 건강하게 하는 효과가 있으니 자두는 대표적인 항산화식품이자 장과 혈관 건강에 좋은 식품이라 할 수 있다.

1 표면에 상처가 없고 매끈하고 윤기가 있는 것
2 꼭지까지 고르게 붉은 색을 띠는 것
3 표면에 분이 덮인 것
4 과일의 끝이 뾰족하고 단단한 것

신선한 자두를 섭취하려면 소량씩 자주 구매하는 것이 좋다. 구매할 때 싱싱하고 당도가 높은 것을 고르려면 표면에 상처나 흠집이 없고 하얀 분이 덮여 있는 것을 선택하는 것이 좋다. 전체적으로 잘 익어서 꼭지 부분까지 고루 붉은 빛을 띠는 것을 골라야 하며 과일의 끝이 뾰족하고 손으로 쥐어보 았을 때 단단한 것이 좋다.

현명한 조리 및 섭취 Tip

1 껍질째 섭취

2 소금이나 식초를 섞은 물로 깨끗이 세척

3 베타카로틴의 흡수를 돕기 위해 기름과 함께 섭취

4 풍부한 식이섬유를 섭취하려면 말린 자두를 섭취

5 비타민C나 비타민E가 풍부한 음식과 함께 섭취

자두에 풍부한 항산화 성분과 식이섬유는 과육보다는 껍질에 풍부하기 때문에 가능하면 껍질째 섭 취하는 것이 좋다. 과일을 껍질째 먹을 때 항상 염려가 되는 것은 표면에 묻은 농약을 비롯한 유해 물질들이다. 이런 유해 물질을 깨끗이 제거하기 위해서는 소금이나 식초를 섞은 물에 세척하거나 소주에 잠깐 담근 후 흐르는 물에 헹구는 것이 좋다.

자두는 주로 생과일이나 잼으로 많이 먹지만 자두에 풍부한 베타카로틴은 지용성이기 때문에 기 름과 함께 먹어야 흡수가 잘된다. 자두에 기름을 넣고 살짝 볶거나 샐러드에 넣어 드레싱을 뿌리거 나 지방이 풍부한 견과류와 함께 먹으면 좋다.

저장성이 좋지 않은 자두를 오래 보관하는 방법 중 하나는 건조하는 것이다. 자두를 건조하면 베 타카로틴의 함량이 증가하고 식이섬유도 보다 효과적으로 섭취할 수 있기 때문에 변비의 예방과 치 료에 매우 도움이 된다.

자두는 복숭아와 마찬가지로 비타민C의 함량이 낮은 과일이다. 하지만 비타민C나 비타민E보다 항산화력이 훨씬 강한 폴리페놀의 함량이 높고 비타민C나 비타민E가 풍부한 식품과 함께 먹으면 자두에 부족한 비타민을 보충할 수 있다.

1 종이로 싸 서늘하고 어두운 곳에 보관

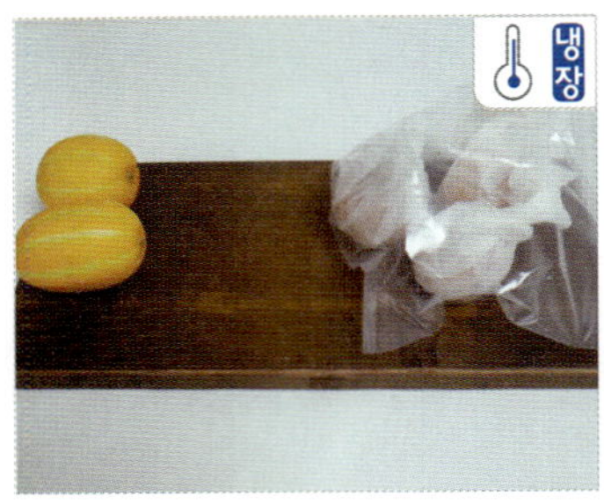

2 냉장 보관 시 밀봉해 다른 과일, 채소와 분리해 보관

3 장기 보관 시 건조기나 채반에서 건조 후 냉동 보관

자주는 저장성이 좋은 과일은 아니기 때문에 적당량만 구입해 빨리 먹는 것이 가장 좋다. 필요할 경우 상온에서 4~5일 까지는 보관이 가능한데 세척하지 않고 신문지 등으로 싸 시원하고 통풍이 잘되는 어두운 곳에 둔다. 부패가 쉬운 여름철에 생산되는 과일이기 때문에 보관 기간이 길어질 경우엔 냉장 보관을 해야 한다. 냉장 보관을 할 때는 비닐봉지 등으로 밀봉하는 것이 좋은데 이는 채소나 과일을 숙성시키는 에틸렌가스를 방출하기 때문에 주변의 채소나 과일을 빨리 상하게 할 수 있기 때문이다.

수확 기간이 짧고 저장성도 좋지 않은 자두를 건조하거나 잼 등으로 만들어 가공하면 보관 기간을 늘릴 수 있다. 자두를 건조하여 냉동하면 오랫동안 보관할 수 있고 빵을 만들거나 음식을 할 때도 편리하고 다양하게 활용할 수 있다.

딸기

우유와 함께 먹으면 부족한 칼슘과 단백질을 보충할 수 있어요

꼭지가 짙고 꽃받침이 딸기와 반대 방향을 향하고 있는가?

전체적으로 윤기가 있고 고르게 붉은색을 띠는가?

표면이 울퉁불퉁하지 않고 솜털이 살아 있는가?

딸기 알고 먹기

대표적인 봄철 과일이었던 딸기가 재배 방식이 발달함에 따라 12월부터 맛볼 수 있는 과일이 되었다. 딸기는 저장 과일이 주를 이루는 겨울철에 싱그러운 풍미를 즐길 수 있게 해주고 부드럽고 달콤한 맛과 특유의 향이 일품인 과일이다. 우리나라에 지금의 재배종 딸기가 들어온 것은 20세기 초이며 1960년대 이후 본격적으로 재배되기 시작했다.

1. 비타민C 가 풍부한 봄의 대표 과일

2. 나트륨을 배출해 혈압 건강에 좋은 칼륨이 풍부

3. 칼륨과 펙틴 함량이 높음

4. 항산화 작용을 하는 안토시아닌 색소가 풍부

5. 신진대사를 돕고 피로 회복에 좋은 사과산과 구연산의 함량이 높음

6. 조혈작용 및 태아의 발달에 필요한 엽산 함유

딸기는 수분 함량이 90% 가량으로 높으며 수분 이외의 영양소로는 당질이 약 8~9%로 가장 높지만 열량은 100g당 약 35kcal로 낮은 편이다. 비타민C의 함량도 약 56mg%로 상당히 높고 칼륨과 인, 펙틴을 포함한 식이섬유의 함량 또한 높은 편이다.

대표적인 항산화 비타민인 비타민C는 면역력을 높여 겨울철 감기의 예방에 효과가 있으며 콜라겐의 형성을 도와 혈관이나 골격, 피부를 튼튼하게 한다. 딸기는 비타민C가 매우 풍부한 과일로 10개 정도만 먹으면 하루에 필요한 비타민C를 충분히 섭취할 수 있다. 비타민C와 딸기에 풍부한 유기산은 신진대사를 활발하게 하고 피로 회복에 도움을 준다.

펙틴을 비롯한 여러 식이섬유소는 혈중 콜레스테롤을 떨어뜨리고 장을 건강하게 하는 작용을 하며 칼륨 역시 나트륨을 배출하여 혈압을 낮추는 효과가 있다.

딸기 특유의 고운 빨간색은 안토시아닌 색소인데 과육 내부에 고르게 퍼져 풍부하게 들어 있다. 안토시아닌 색소는 플라보노이드계 폴리페놀로 항산화력이 강하여 혈관의 노화를 억제하고 활성산소에 의한 DNA 손상을 억제해 암의 발생을 줄이는 작용도 있다. 또한 혈중 콜레스테롤을 낮추고 혈전의 생성도 억제하여 심혈관질환에 효과적이다.

비타민C 이외에 딸기에 비교적 많이 들어 있는 영양소로는 엽산을 들 수 있다. 엽산은 부족 시 빈혈을 일으키며 태아의 정상적 발달에 영향을 주어 임신 초기 태아의 뇌신경과 척추신경의 형성에 필요하기 때문에 임신부들이 반드시 먹어야 하는 영양소로 꼽힌다. 엽산은 녹황색 채소와 과일에 풍부한 편이지만 가열하는 중에 쉽게 파괴된다. 따라서 신선한 딸기는 엽산의 좋은 급원이 된다.

똑똑한 구매 Tip

1 먹을 만큼만 소량씩 구매
2 꼭지가 짙고 꽃받침이 딸기와 반대 방향을 향하고 있는 것
3 전체적으로 윤기가 있고 고르게 붉은색을 띠는 것
4 표면이 울퉁불퉁하지 않고 솜털이 살아 있는 것

딸기는 과육을 보호하는 껍질이 없기 때문에 유통 과정과 보관할 때 상하기 쉬워 가장 저장성이 낮은 과일 중 하나이다. 따라서 외관을 잘 확인하고 구매해야 하며 먹을 만큼만 소량씩 자주 구매하는 것이 좋다.

딸기는 꼭지가 짙은 녹색으로 싱싱하며 딸기 표면에 솜털이 살아 있고 윤기가 있으며 눌리거나 무른 부분이 없는 것이 좋다. 딸기는 크기가 너무 작지 않으며 열매가 꼭지 부분까지 전체적으로 붉은 색을 띠는 것이 잘 익은 것이며 꽃받침이 열매에 반대 방향을 향하고 있는 것이 싱싱하고 당도도 더 높다.

현명한 조리 및 섭취 Tip

1 조리하는 것보다 생과일로 섭취
2 소금이나 식초를 섞은 물로 세척
3 1일 20개 이내로 섭취
4 우유, 요구르트와 섭취하면 칼슘과 단백질 보완
5 냉동 딸기는 해동하지 않고 조리, 섭취

딸기에 들어 있는 비타민은 가열이나 가는 과정에서 쉽게 파괴될 수 있기 때문에 조리하지 않고 생

으로 섭취하는 것이 가장 좋다. 딸기는 벗겨낼 껍질이 없기 때문에 잔류농약이나 이물질을 제거하기 위해 세척에 각별히 주의를 기울여야 한다. 소금이나 식초를 섞은 물에 잠시 담근 후 흐르는 물에 하나씩 꼼꼼하게 닦는 것이 좋은데 주의할 점은 세척 시간이 너무 길면 수용성인 당분과 비타민이 빠져나갈 수 있으니 세척 시간을 가능한 한 짧게 해야 한다는 것이다. 딸기의 꼭지를 떼고 씻으면 수용성 성분이 쉽게 빠져나가므로 꼭지는 세척이 끝난 후 제거해야 한다.

비타민C와 엽산이 풍부한 딸기이지만 한 번에 과다하게 먹는 것은 좋지 않다. 딸기에 들어 있는 당분이 쉽게 혈당을 높일 수 있으며 과다 섭취는 열량 과다의 원인이 되기 때문이다. 대한영양사회에서는 한 번에 10개 이하, 하루에 2회 이내로 섭취할 것을 권장한다.

딸기가 단맛이 부족할 경우 설탕을 뿌려 먹는 경우가 있는데 이는 열량을 높여 좋지 않기도 하지만 설탕을 대사하는 과정에서 몸에 좋은 비타민과 유기산을 다 써버리기 때문에 좋지 않다.

딸기는 설탕보다 유제품과 섭취하는 것이 좋다. 유제품에는 비타민C가 부족하고 딸기에는 단백질과 칼슘이 거의 없어 함께 먹으면 영양소 보완이 될 수 있기 때문이다. 또한 딸기에 풍부한 비타민C와 유기산은 유제품에 함유된 칼슘의 체내 흡수를 도와주는 역할도 한다. 딸기와 함께 섭취하는 유제품은 설탕이 들어가지 않은 흰우유나 플레인 요거트 제품이 좋다.

냉동된 딸기는 완전히 해동해버리면 과육이 물러지고 물기와 수용성 성분들이 많이 빠져나와 영양은 물론 식감도 좋지 않다. 따라서 냉동된 딸기는 해동하지 않고 생으로 먹거나 스무디로 만들어 먹는 것이 좋다.

1 꼭지가 붙어있는 상태로 밀봉해 냉장고 채소칸에 보관

2 세척해 물기 제거 후 꼭지를 떼고 설탕을 묻혀 냉동 보관

3 얇게 잘라 뒤집으며 건조해 보관

4 잼으로 만들어 보관

딸기는 싱싱할 때 먹는 것이 맛으로도 영양적으로도 가장 좋다. 상하기 쉽기 때문에 보관이 필요할

때는 냉장고에 보관해야 하며 냉장고에 보관하더라도 1~2일 이내에 먹는 것이 좋다. 냉장 보관 시 세척하지 않고 꼭지가 붙어 있는 상태로 보관하며 딸기가 서로 눌리지 않도록 담고 랩을 씌워 채소칸에 보관한다.

한 번에 너무 많은 양을 구입했을 경우에는 냉동하거나 잼으로 만들어 보관한다. 냉동할 경우 세척해 꼭지를 떼고 딸기 표면에 설탕을 묻혀 밀봉해 보관한다.

딸기는 건조했을 때 비타민 등의 영양가가 더 높아지는 과일이다. 딸기를 얇게 썰어 완전히 건조될 때까지 뒤집으면서 말리면 영양가도 더 높고 간식으로도 편리하게 섭취할 수 있다.

포도

가장 아래의 알이 달아야 전체적으로도 당도가 높은 포도에요

특유의 색이 짙고 표면에 하얀 가루가 고르게 묻어있는가?

줄기가 너무 말라 있지는 않은가?

알이 주름 없이 탱탱하고 잘 떨어지지 않는 것인가?

송이의 아래쪽 열매가 단 것인가?

포도 알고 먹기

이미 6000년 전 이집트벽화에 포도주를 담그는 그림이 남아 있으니 포도는 오랜 세월 인류와 함께 해온 과일 중 하나이다. 우리나라에는 고려시대에 들어왔으며 1900년대 초부터 본격적으로 재배되기 시작했다. 세계적으로 1만 종 이상의 품종이 있으며 우리나라에서 재배되는 포도는 주로 미국종과 교배종으로 거봉, 캠벨얼리, 세레단, 델라웨어, 청포도 등이 있으며 가장 대중적인 것이 캠벨얼리와 거봉이다.

주요 영양소와 특징

1. 탄닌, 안토시아닌, 레스베라트롤 등 항산화 작용을 하는 폴리페놀이 풍부

2. 콜레스테롤을 낮추는 이노시톨, 펙틴 함유

3. 비타민 함량은 낮은 과일

포도는 품종과 성숙도에 따라서 맛과 영양 성분의 함량에 차이가 있지만 일반적으로 당질의 함량이 높고 특히 포도당을 많이 함유하며 성숙한 포도는 과당의 함량이 높아져 단맛이 강하다. 포도당은 따로 소화 과정이 필요 없이 섭취 후 빠르게 흡수되어 혈당을 높이는데 공복이나 피로할 때 포도를 먹으면 빠르게 효과를 볼 수 있다. 하지만 과다한 섭취는 혈당을 높이기 때문에 주의해야 한다.

포도는 비타민의 함량은 낮은 편으로 비타민C는 5mg% 이하에 불과하고 비타민B군이나 비타민A 의 함량도 높지 않다. 무기질 중에서는 나트륨을 배출하는 칼륨의 함량이 비교적 높은 편이며 유기산의 함량은 1% 내외로 주석산과 사과산이 많이 들어 있다. 혈중 콜레스테롤을 저하시키고 장의 활동을 활발하게 해주는 펙틴과 지방을 분해하고 혈중 콜레스테롤 저하하는 작용이 있는 이노시톨도 들어 있다.

비타민이나 무기질의 함량이 낮음에도 포도는 건강에 좋은 과일로 알려져 있다. 이는 포도에 풍부하게 함유된 폴리페놀 화합물 때문이다. 폴리페놀 화합물은 식물에 존재하는 화학물질로 쓰고 떫은 맛을 내며 다양한 생리작용을 하기도 한다. 종류에 따라 효능에 차이가 있으나 일반적으로 항산화 작용이 강력하여 체내에서 DNA나 세포막의 변이를 유발하는 유리기를 제거하여 암을 비롯한 여러 질병을 예방하고 노화를 억제하는 효과가 있다. 또한 항염증 작용 및 항균 작용이 있으며 혈중 콜레스테롤을 떨어뜨리고 심혈관질환을 예방한다. 이외에도 기억력이나 운동 능력 향상에도 도움을 주고 노인성 치매 같은 퇴행성 뇌질환에도 도움이 된다.

포도에는 떫은맛을 내는 카테킨을 비롯한 탄닌류와 검푸른 색을 제공하는 안토시아닌 색소들 그리고 와인에 다량 함유된 레스베라트롤 등 여러 종류의 폴리페놀화합물이 들어 있다. 항산화 작용을 하는 레스베라트롤은 포도 껍질에 주로 함유된 성분으로 적포도주에 특히 많은데 이는 껍질을 제거하고 발효하는 백포도와 달리 껍질까지 함께 발효되는 과정에서 미생물의 작용에 의해 껍질의 레스베라트롤이 와인으로 잘 용출되기 때문이다. 적포도에 함유된 안토시아닌은 눈의 건강에도 좋은 것으로 알려졌다.

1 포도송이가 적당히 크고 알맹이가 잘 차고 떨어지지 않는 것

2 줄기 부분이 녹색으로 마르지 않고 싱싱한 것

3 알맹이가 동그랗고 찌그러진 것이 없으며 굵고 크기가 균일한 것

4 포도 품종 특유의 색이 진한 것

5 알이 탱탱하고 탄력이 있으며 주름지지 않은 것

6 표면에 하얀 가루가 골고루 퍼진 것

7 송이의 아래쪽 열매가 단 것

포도는 잘 성숙되고 싱싱한 것을 구매해야 하는데 포도의 색이 짙고 포도송이가 적당히 큰 것이 좋다. 포도송이가 너무 큰 것은 오히려 당도가 떨어질 수 있으니 송이가 적당히 크고 굵으며 포도알이 균일하게 잘 매달려 쉽게 떨어지지 않은 것을 고른다. 포도알이 너무 많이 촘촘히 붙어 있으면 알맹이가 작아지고 형태가 찌그러지며 맛도 떨어진다.

포도송이의 줄기 부분이 녹색으로 마르지 않고 싱싱한 것이 좋으며 포도알에는 하얀 가루가 골고루 분포되어 있고 주름 없이 탱탱한 것이 싱싱하다. 포도에 묻어 있는 흰 가루는 당분으로 포도를 수확한 지 오래되면 과육으로 흡수되어 보이지 않기 때문에 흰 가루가 있을 때가 가장 싱싱한 것이다.

포도 열매는 꼭지 부분의 알맹이가 가장 달고 아래쪽으로 갈수록 신맛이 강하다. 따라서 아래쪽 열매가 단 것이 전체적으로 당도가 높은 포도이다.

1 껍질과 씨까지 섭취

2 소금이나 식초를 섞은 물로 세척

3 체중 조절이 필요한 사람이나 당뇨 환자는 섭취 제한

4 한 번에 100g씩 1일 2회 섭취

포도에 풍부하게 함유된 항산화 성분인 폴리페놀은 주로 껍질과 씨앗에 들어 있다. 따라서 포도를 먹을 때는 껍질과 씨앗까지 먹는 것이 좋은데 특히 레스베라트롤은 껍질에 많으니 껍질째 섭취하면 좋다. 딱딱한 씨 때문에 치아가 걱정된다면 포도를 껍질째 갈아 마시면 좋다.

껍질까지 먹기 위해서는 꼼꼼히 세척해야 하는데 식초물이나 소금물에 5분 정도 담근 후 흐르는 물에 흔들어 주면서 꼼꼼히 씻어야 한다. 이때 포도송이를 작게 나누어 씻으면 속까지 깨끗이 씻을 수 있다.

포도는 과일 중에서도 당분의 함량과 칼로리가 높은 편이기 때문에 빠르게 혈당을 증가시키므로 당뇨가 있거나 비만인 사람들은 주의해야 한다. 한 번에 먹는 포도의 적정 섭취량은 100g으로 포도 알 15개 정도이며 다른 과일을 함께 섭취하지 않을 경우를 기준으로 하루 2번 섭취할 것을 권장한다.

1   상한 알은 제거한 후 보관

2   두꺼운 종이로 한 송이씩 싸 비닐봉지에 넣어 냉장 보관

3   세척 후 알을 떼어 냉동 보관

포도는 수분이 날아가지 않도록 포도 봉지 그대로 또는 두꺼운 종이로 싼 후 비닐봉지에 넣어 냉장 보관하는 것이 좋다. 이때 이미 물러지거나 상한 알은 제거해야 다른 포도알이 같이 상하는 것을 막을 수 있다.

냉장고에서 꺼낸 포도는 상온에 잠시 두고 냉기가 없어질 때(5~7℃ 정도)가 가장 달고 맛있게 느껴진다. 포도를 오래 보관해야 하는 경우에는 세척하고 한 알씩 떼서 밀폐 용기나 지퍼백에 넣어 냉동 보관한다.

블루베리

항산화 효과가 뛰어난 슈퍼푸드에요

청색이 돌고 짙은 보랏빛을 띠는가?

알이 굵고 꼭지가 깨끗한가?

알이 탱탱하고 표면에 흰 분이 덮였는가?

블루베리 알고 먹기

세계 10대 슈퍼푸드 중 하나로 알려진 블루베리는 세계 생산량의 약 90% 정도가 북미지역에서 재배된다. 블루베리는 항산화 효과가 있는 폴리페놀 성분이 매우 많이 함유되어 있는 과일이다. 우리나라에서도 블루베리의 효능이 주목받으면서 생산과 소비가 증가하고 있다.

1. 세계 10대 슈퍼푸드

2. 항산화 기능 및 눈 건강에 좋은 안토시아닌 색소 풍부

3. 항산화 작용을 하는 폴레페놀이 풍부

4. 혈중콜레스테롤 저하 및 장 건강에 효과적인 식이섬유소가 풍부

5. 비타민C, 비타민K, 베타카로틴, 칼륨 함유

포도와 비슷한 생김새인 블루베리는 포도보다는 비타민 함량이 높은 편이며 항산화력이 뛰어난 안토시아닌 색소의 함량이 포도의 약 30배에 이른다. 안토시아닌 색소는 폴리페놀의 한 종류로 항산화력이 높은 성분으로 블루베리는 항산화 효과가 아주 좋은 과일 중 하나이다. 안토시아닌 색소는 신체 내에서 여러 산화적 손상을 억제하여 DNA의 변이나 세포막의 파괴, 세포 내 주요 단백질의 변이 등을 막아주기 때문에 노화를 억제하며 동맥경화를 예방하고 심혈관질환에 효과가 있을 뿐 아니라 면역력을 높여주고 암의 예방에도 효과가 있다. 또한 망막에서 빛의 자극을 뇌로 전달하여 시각에 중요한 역할을 하는 로돕신의 재합성을 촉진해 시력의 유지에 관여하고 눈 단백질의 노화를 억제하여 백내장을 예방하는 효과도 있다. 안토시아닌 색소를 비롯하여 블루베리에 풍부한 여러 폴리페놀 성분들은 기억력 증진, 치매 예방의 효과도 있다.

블루베리는 펙틴을 포함한 식이섬유도 풍부해 콜레스테롤을 비롯한 체내의 여러 유해 물질을 배출하는 데 도움이 되고 장의 운동을 활발하게 하여 변비에도 효과가 있다.

똑똑한 구매 Tip

1 짙은 청보랏빛을 띠는 것
2 알이 굵고 크기가 균일한 것
3 과일의 표면에 주름이 없이 탱탱하고 흰 분이 덮인 것
4 꼭지 부분에 곰팡이가 슬지 않은 것
5 시킨 블루베리보다 생블루베리나 냉동 블루베리를 선택

충분히 성숙된 블루베리는 짙은 청보랏빛을 띤다. 붉은빛이 도는 것은 덜 익은 것이다. 꼭지 부분이 깨끗하고 부패되지 않은 싱싱한 것을 고르고 블루베리 표면에 주름이 없이 탱탱하고 약간 단단하며 무르지 않은 것을 선택한다. 무른 것은 너무 익은 것으로 좋지 않다. 표면에 하얀 분이 덮인 것이 싱싱한 것이고 꼭지 부분에 곰팡이가 슬지는 않았는지 확인해야 한다.

블루베리는 수입산을 많이 이용하는데 생과는 유기농으로 생산되는 국내산이 좋다. 건조시킨 블루베리는 건조할 때 당을 첨가하기 때문에 생과를 구매할 수 없다면 냉동 블루베리를 선택하는 것이 좋다. 항산화 효과가 뛰어난 블루베리의 안토시아닌 성분은 냉동에 의해 그 함량이 더 높아지기 때문에 생과일만을 고집할 필요는 없다.

현명한 조리 및 섭취 Tip

1 흐르는 물에 여러 번 세척
2 건조된 블루베리보다는 냉동 블루베리를 선택
3 안토시아닌 함량이 높은 야생블루베리를 선택
4 단백질, 칼슘 보충을 위해 유제품과 함께 섭취

폴리페놀 성분이 껍질 풍부하게 함유되어 있는 블루베리는 껍질째 먹기 때문에 흐르는 물에 여러 번 깨끗이 씻어 먹어야 한다.

항산화 효과가 좋은 안토시아닌 성분은 냉동하면 그 효과가 더 좋아지며 야생블루베리가 일반 블루베리보다 안토시아닌 함량이 2배 정도 높기 때문에 구매할 때 참고하는 것이 좋다. 또한 건조된 블루베리 제품은 당분을 첨가한 것이 대부분이므로 생과나 냉동된 블루베리를 선택하는 것이 더 좋다.

블루베리는 100g에 약 56kcal로 열량이 높은 과일이기 때문에 과다한 섭취는 바람직하지 않다. 한 번에 20알 씩 하루 2회 이내로 섭취하는 것이 좋다.

1 세척하지 않은 상태로 냉장 보관

2 세척 후 물기를 제거해 냉동 보관

3 건조 후 냉동 보관

블루베리는 빨리 상하기 때문에 구입 후에는 바로 냉장고에 보관하는 것이 좋다. 냉장 보관할 경우 세척하지 않은 상태로 밀봉하여 보관하고 1주일 이내에 먹는 것이 좋다. 1주일 이상 보관할 때는 세척 후 물기를 없애 냉동해야 한다. 물기가 없어야 냉동한 후 알이 서로 달라붙지 않아 먹기 편하기 때문이다.

깨끗이 씻은 블루베리를 건조하면 다른 요리에 활용하거나 스무디로 먹을 수 있어 편하다. 건조한 블루베리는 냉동 보관한다.

토마토

상온에 보관해야 당도와 비타민 함량이 높아져요

전체적으로 고르게 붉으며 탱
탱하고 윤기가 있는 것

꼭지가 마르지 않고 초록색을
띠는 것

들었을 때 묵직하고 과육이 단
단한 것

토마토 알고 먹기

남미의 안데스지역이 원산으로 아메리카대륙의 발견 이후에 세
계적으로 전해진 작물인 토마토는 1614년에 쓰인 책인 지봉유
설에 이미 소개가 되었으니 꽤 일찍 우리나라에 도입되었으나
처음엔 관상용으로만 이용되었다고 한다. 토마토는 항산화 효
과에 좋은 라이코펜과 나트륨을 배출해 혈압을 낮춰주는 칼륨이
풍부해 건강 식품으로 각광받고 있다.

1. 수분 94%, 당질 4%인 저열량 식품

2. 비타민C, 비타민B₁, 베타카로틴, 니아신, 칼륨 함유

3. 항산화 성분인 라이코펜이 풍부

4. 모세혈관을 강화하고 고혈압에 좋은 루틴 함유

5. 피로 회복에 좋고 감칠맛을 내는 글루타민산이 풍부

6. 장 건강에 좋은 식이섬유소인 펙틴이 풍부

토마토는 수분이 94%이고 당질이 4%이며 열량은 100g당 15~18kcal밖에 되지 않아 다이어트에 매우 좋은 식품이다. 또한 비타민C, 비타민B₁, 니아신을 함유하며 항산화 작용을 하고 암을 예방하는 베타카로틴도 들어 있다.

무기질 중에는 나트륨을 배출하여 혈압을 낮추는 데 도움이 되는 칼륨의 함량이 높다. 칼륨과 더불어 혈중 콜레스테롤을 떨어뜨리는 펙틴의 함량이 높은 토마토는 혈관의 건강에 도움이 되는 식품이다.

토마토에 함유된 펙틴은 혈중 콜레스테롤을 저하시킬 뿐 아니라 혈당의 급격한 증가를 억제하고 장의 건강에도 도움이 되는 성분이며 포만감을 주는 특성을 지녀 과식을 막아 체중 조절에도 도움이 되는 수용성 식이섬유이다.

토마토가 건강에 좋은 식품인 것은 특유의 색 때문이라고 할 수 있다. 토마토의 붉은색은 주로 라이코펜이라는 색소에 의한다. 라이코펜은 항산화력이 강한 물질로 베타카로틴의 2배 이상의 항산화력을 지닌다. 항산화력이 강한 라이코펜은 활성산소를 제거하여 세포의 노화를 억제하고 면역력을 증가시키며 전립선암과 유방암, 대장암이나 직장암 등 소화기계 암에도 효과가 있는 것으로 알려졌으며 LDL-콜레스테롤의 산화를 억제하여 동맥경화를 방지하고 알코올이 분해될 때 생성되는 독성 물질의 배출을 도와준다. 생토마토보다 토마토소스 등 가공된 토마토 제품에 라이코펜의 함량이 3배 정도 높다.

토마토에는 비타민P의 하나로 알려진 루틴이 들어 있는데 루틴은 혈관을 튼튼하게 하고 혈압을 내리는 효과가 있어 고혈압과 뇌졸중의 예방에 효과가 있다.

토마토에 감칠맛을 내는 아미노산인 글루타민산이 많이 함유되어 있는 채소 중 하나다. 대부분의 동물성식품에는 글루타민산이 단백질에 일부로 존재하는데 반해 토마토의 글루타민산은 유리아미노산 상태로 존재하여 감칠맛을 낸다.

똑똑한 구매 Tip

1 전체적으로 고르게 빨간색으로 잘 익은 것
2 모양이 일그러지지 않고 둥글며 골이 지지 않은 것
3 꼭지가 마르지 않은 것
4 토마토 표면이 탱탱하고 주름이 없이 윤기가 있는 것
5 들었을 때 묵직하고 과육이 단단한 것
6 잘랐을 때 과육이 두꺼운 것을 선택한다.
7 한 개의 무게가 200g 정도인 것

토마토는 충분히 성숙하여 전체적으로 고르게 짙은 붉은빛을 띠는 것을 선택한다. 수확 전에 빨간 빛깔로 잘 완숙된 토마토가 보관 과정에서 후숙된 토마토보다 맛이 더 좋다.

전체적으로 둥근 모양을 하고 골이 지거나 찌그러진 데가 없는 것이 좋다. 토마토의 꼭지가 떨어지지 않고 초록색을 띠며 마르지 않은 것이 싱싱한 것이며 표면에 주름이 있으면 시든 것이니 주름이 없고 탱탱하며 만졌을 때 단단하고 묵직한 것을 선택한다.

지나치게 무른 것은 너무 익었거나 신선도가 떨어진 것이니 피하도록 하고 토마토의 크기는 너무 작거나 너무 큰 것보다 한 개에 200g 정도인 것이 좋다.

1 설탕을 뿌려 먹지 않을 것
2 소금물에 5분간 담근 후 흐르는 물로 세척
3 껍질을 제거할 때는 칼집을 내고 끓는 물에 살짝 데쳐 벗길 것
4 기름과 함께 섭취해 라이코펜의 흡수를 높일 것
5 씨를 제거하지 않고 조리
6 토마토 알레르기가 있는 사람은 섭취 제한

토마토를 먹을 때 설탕을 뿌리는 경우가 있는데 비타민 성분을 충분히 섭취하기 위해서는 설탕을 뿌리지 않는 것이 좋다.

껍질에는 이물질이나 농약이 남아있을 수 있으므로 소금물에 5분 정도 담근 후 표면을 잘 문질러 닦고 흐르는 물에 헹군 후 먹는다. 토마토 껍질을 제거하면 껍질에 칼로 십자 모양을 내고 살짝 데친 후 껍질을 벗긴다.

토마토를 가열하면 라이코펜이 세포벽 밖으로 빠져나와서 소화 흡수가 더 잘 되고 토마토의 당도도 높아지므로 토마토는 생으로 먹는 것보다 조리해서 섭취하는 것이 영양적으로 더 좋다. 토마토에 들어 있는 베타카로틴과 라이코펜은 지용성 성분으로 기름과 함께 먹을 때 흡수가 더 잘된다. 따라서 토마토를 기름과 함께 굽거나 볶는 등의 조리법을 활용하거나 샐러드를 먹을 때 기름을 이용한 드레싱을 잘 활용하면 흡수율을 높일 수 있다.

우리가 마트에서 보는 일반 토마토와 토마토소스, 케첩 등의 가공식품에 사용되는 토마토는 종류가 다른 것이다. 과일로 이용하는 토마토에 비해 가공용 토마토에는 라이코펜의 함량이 3배 정도 높기 때문에 가공식품으로 섭취하는 것도 좋으나 토마토 외의 다른 첨가물도 함유되어 있기 때문에 적당량 섭취하는 것이 바람직하다.

건강에 좋은 토마토이지만 한 번에 많은 양을 먹는 것보다는 적당량을 꾸준히 먹는 것이 좋으며 당뇨가 있다면 과다하게 섭취해서는 안 된다. 일반적으로 하루에 200g 정도의 토마토 1개 정도가 적당하다. 단, 토마토에 알레르기가 있는 사람은 피해야 한다.

안전한 보관 Tip

1 두꺼운 종이로 싸 서늘하고 어두운 곳에 보관

2 완전히 익은 토마토는 꼭지를 아래로 향하게 하여 냉장 보관

3 건조기나 채반에서 건조 후 냉동 보관

토마토는 냉장고에 보관하는 것보다 상온에 보관하는 것이 당도도 높아지고 비타민의 함량도 높아지니 종이로 싸서 시원하고 통풍이 잘되는 그늘진 곳에 보관한다. 그러나 30℃ 이상의 여름철에는 높은 온도로 인해 오히려 영양소가 파괴될 수 있으므로 냉장 보관하는 것이 좋다.

완전히 익은 토마토는 꼭지를 아래로 향하게 하여 종이로 싼 후 비닐봉지에 넣어 밀봉해 채소칸에 보관한다. 토마토를 말려 저장해두면 필요할 때 편리하게 이용할 수 있으며 라이코펜의 함량도 높아진다.

수박

자른 표면에 랩을 씌워 보관하면 설사를 유발하는 세균이 생길 수 있어요

검은 줄무늬가 진하고 두꺼운 가?

두드렸을 때 둔탁하고 낮은 소리를 내는가?

배꼽의 크기가 작고 들었을 때 묵직한가?

수박 알고 먹기

시원하고 달콤한 맛에 갈증까지 풀어주는 여름철 최고의 과일인 수박은 원래 아프리카가 원산지로 우리나라에는 고려 때 전해진 것으로 추정된다. 수박은 수분이 많아 갈증을 해소해주는 여름철 대표 과일이다. 이뇨 작용이 뛰어나 부종이 있는 사람이 먹으면 효과가 있다.

1. 수분이 풍부한 여름철 대표 과일

2. 베타카로틴과 칼륨의 함량이 높음

3. 이뇨 작용에 좋은 아미노산인 시투룰 함유

4. 항산화 작용을 하는 라이코펜이 풍부

수분을 제외하고 수박에 가장 많은 영양소는 당질로 8% 가량 들어 있는데 대부분 과당과 포도당이며 수박의 중심부 쪽으로 갈수록 함량이 높다. 열량은 100g당 약 31kcal 정도이다. 비타민으로는 비타민A의 전구체인 베타카로틴의 함량이 높은 편이고 비타민C는 5mg% 미만으로 적다. 무기질 중에는 칼륨이 많은 편이고 소량이지만 철분과 칼슘도 들어 있다.

수박씨는 당질은 물론 단백질과 불포화지방이 풍부하고 무기질과 비타민B군, 비타민E 등이 들어 있어 버리지 않고 함께 먹거나 말려서 차 등으로 활용하면 좋다.

수박은 이뇨 작용이 뛰어난 것으로 알려진 과일로 부종이 있는 사람이 먹으면 효과가 있는데 이는 수박에 많이 함유된 시투룰린과 아르기닌이라는 유리아미노산 때문에 생기는 특성이다. 미국의 한 의과대학에서 실시된 연구에 의하면 수박의 시투룰린과 아르기닌은 혈압을 낮추는 것으로 나타났으며 혈관의 기능을 향상시켜서 심혈관질환이나 뇌졸중의 예방에도 효과가 있는 것으로 보고되었다. 수박에 많이 들어 있는 칼륨도 심혈관질환의 위험을 감소시켜주는 효과가 있으므로 수박은 고혈압이나 뇌졸중 같은 혈관질환에 좋은 과일이라 할 수 있다.

수박의 붉은색은 토마토와 마찬가지로 주로 라이코펜에 의한다. 항산화 작용이 뛰어난 라이코펜은 활성산소를 제거하여 노화를 억제하고 항염증 작용과 항암 작용을 하며 특히 전립선의 건강에 좋은 것으로 알려졌다. 라이코펜 하면 토마토를 떠올리겠지만 수박이 과일용 토마토보다 라이코펜의 함량이 더 높다.

1 꼭지가 마르지 않고 싱싱한 것
2 꼭지 반대편까지 고르게 색이 진한 것
3 검은 줄무늬가 진하고 두꺼운 것
4 두드렸을 때 둔탁하고 낮은 소리를 내는 것
5 배꼽의 크기가 작고 들었을 때 묵직한 것
6 타원형 모양에 8kg 이상의 큰 수박을 선택

수박은 꼭지에 달린 줄기가 마르지 않고 녹색을 띤 것이 싱싱하며 꼭지 부분이 움푹 들어간 것이 좋다. 전체적으로 수박의 색이 진하고 누런빛을 띠는 데가 없어야 하며 줄무늬가 선명하고 검은색 부분이 두껍고 짙으며 들어보았을 때 묵직한 것이 싱싱하다.

작은 것보다는 큰 수박이 상품성이 좋으며 원형보다는 타원형이 좋은 수박이고 배꼽 부분의 크기가 작은 것이 당도가 높다. 두드려 보았을 때 약간 둔탁하고 낮은 소리를 내는 것이 잘 익은 수박이다.

1 설탕을 첨가하는 화채보다 생과일로 섭취
2 씨앗과 껍질 모두 섭취
3 차가운 상태로 섭취하면 더 달게 느껴짐
4 당뇨환자, 신장질환자, 고칼륨혈증환자는 섭취 제한

수박은 여름철에 시원한 화채로도 즐겨 먹는다. 하지만 화채에 첨가되는 설탕은 당분과 열량 섭취를 늘릴 수 있으며 수박에 함유된 비타민이 설탕의 대사를 위해 소비되어 버리기 때문에 가능하면 생과일로 먹는 것이 영양적으로 좋다.

수박의 껍질과 씨앗에는 시투룰린과 불포화지방, 과육에 부족한 비타민 등이 함유되어 있다. 따라서 수박을 먹을 때는 씨까지 함께 먹는 것이 좋으며 껍질은 따로 모아 껍질만 제거하고 피클을 담거나 나물로 만들어 활용하면 좋다.

수박에 함유된 당은 주로 과당과 포도당인데 과당은 저온에서 당도가 높아지는 특성이 있으니 수박을 냉장고에 두어 차갑게 먹는 것이 좋다. 단 0℃에 가까운 너무 낮은 온도에서는 사람의 혀가 맛을 잘 느끼지 못하므로 3~4℃ 정도의 온도로 시원하게 하여 먹는다.

건강에 좋은 라이코펜이지만 과다한 섭취는 오히려 소화불량이나 복부 팽만 등의 원인이 될 수 있으니 과다 섭취하지 않는 것이 좋다. 당뇨환자는 혈당의 급격한 상승을 유발할 수 있고 신장에 문제가 있는 사람은 칼륨의 배출이 어려워 문제가 생길 수 있어 주의해야 한다. 또한 수박을 먹고 설사나 복통을 일으키거나 알레르기가 있는 사람도 섭취하지 않는 것이 좋다.

안전한 보관 Tip

1 자르지 않은 수박은 통째로 냉장 보관

2 자른 수박은 밀폐 용기에 넣어 냉장 보관

수박은 저장성이 좋지 않은 과일로 냉장고에 보관하는 것이 좋다. 이때 사과나 멜론, 복숭아 등 에틸렌가스를 방출하는 과일과 함께 보관하면 빨리 무르고 맛이 나빠지니 분리하여 보관하는 것이 좋다.

자르고 남은 수박을 랩만 씌워 보관하는 경우가 있는데 이 경우 설사를 유발하는 세균이 생길 수 있으니 적당 크기로 잘라 밀폐용기에 냉장 보관해야 한다.

참외 · 멜론

참외는 엽산이 풍부해 임신 초기의 임산부에게 좋아요

만졌을 때 무르지 않고 단단하며 꼭지가 싱싱한가?

참외는 노란색이 짙고 표면의 골이 선명한가?

참외의 향이 지나치게 강하지는 않은가?

멜론은 둥글고 그물무늬가 끊김 없이 촘촘히 잘 이어졌는가?

참외, 멜론 알고 먹기

참외와 멜론은 식물학적으로 같은 작물로 아프리카가 원산지이다. 유럽으로 전해진 멜론이 머스크멜론, 칸탈로프멜론 같은 서양계 멜론이고 우리나라를 비롯한 동양으로 전해진 것이 참외형 멜론이다. 우리나라에 참외가 처음 들어온 것은 통일신라 때로 매우 긴 역사를 지니지만 현재 우리가 즐겨 먹는 참외는 1957년 일본에서 수입된 은천참외로부터 개발된 품종들이다.

주요 영양소와 특징

참외

1. 참외는 비타민C와 베타카로틴, 엽산이 풍부

2. 참외 꼭지에는 항산화 작용과 암세포 증식을 억제하는 쿠쿠르비타신 함유

3. 혈압을 낮춰주는 칼륨과 식이섬유 함유

멜론

1. 멜론은 비타민B$_1$과 철분의 함량이 높은 편

2. 칸탈로프멜론은 항산화효소 함량이 매우 높음

3. 녹색 또는 황색 과육의 멜론은 비타민C와 베타카로틴이 풍부

4. 혈압을 낮춰주는 칼륨과 식이섬유 함유

참외의 당질 함량은 약 7%로 주로 과당과 포도당이며 100g당 35~38kcal의 열량을 낸다. 비타민C와 베타카로틴의 함량이 높은 편이며 엽산의 함량이 매우 높고 식이섬유소와 칼륨이 풍부하다.

참외에 풍부한 엽산은 세포내에서 DNA와 RNA의 합성과 신경 전달 물질의 합성에 관여하며 적혈구의 형성에도 필요하다. 엽산은 태아의 정상적 신경관 형성에 필요하므로 임신 초기에 꼭 먹어야 하는 영양소로 알려져 있다.

참외의 꼭지 부분에는 쓴맛을 내는 쿠쿠르비타신이라는 성분이 함유되어 있는데 최근 연구에 의하면 암세포의 증식을 억제하여 항암 효과가 있으며 간 해독에도 좋은 것으로 알려졌다.

멜론의 종류에는 네트멜론, 칸탈로프멜론, 겨울멜론, 머스크멜론 등 여러 종류가 있으나 우리가 흔히 볼 수 있는 것은 머스크멜론이다. 참외도 겨울형 멜론에 속하는 멜론의 한 종류로 풍미나 색은 다소 차이가 있으나 영양 성분은 비슷하다.

멜론은 당의 함량이 약 9%로 참외보다 당도가 높고 포도당, 과당을 함유한다. 또한 칼륨이 풍부하고 비타민B$_1$과 식이섬유가 많이 들어 있고 철분의 함량도 높은 편이다. 종류에 따라 차이가 있지만 멜론에는 비타민C와 베타카로틴이 풍부한데 특히 황색과육의 칸탈로프멜론에는 베타카로틴의 함량이 매우 높다. 베타카로틴은 항산화활성이 높은 비타민으로 세포의 노화를 억제하고 염증을 억제하며 항암 작용이 있는 것으로 알려졌으며 체내에서 비타민A로 전환되어 세포의 정상적 분열과 시력 보호 및 눈 건강에 효과를 나타낸다.

주황색 과육의 칸탈로프멜론은 강력한 항산화제인 항산화효소를 풍부하게 함유하는데 항산화 작용이 매우 뛰어난 성분으로 혈관 건강과 피부의 노화 방지에 효과적이다.

1 만졌을 때 무르지 않고 단단하며 꼭지가 싱싱한 것
2 참외는 노란색이 짙고 표면의 골이 선명한 것
3 참외의 향이 지나치게 강한 것은 상한 것으로 피할 것
4 멜론은 둥글고 그물무늬가 끊김 없이 촘촘히 잘 이어진 것

참외는 타원형의 모양에 표면의 노란색이 짙고 골이 선명하며 곧게 파인 것이 좋다. 모양이 너무 큰 것보다 약간 작은 것이 당도가 높은 편이며 특유의 향기가 있는 것이 맛이 좋지만 향이 너무 강한 것은 상했을 가능성이 높다. 만졌을 때 주름이 생기지 않고 단단하고 탱탱하며 꼭지가 마르지 않은 것이 싱싱하다.

멜론은 찌그러진 데 없이 균일한 둥근 형태를 하고 있고 색이 전체적으로 고른 것이 좋다. 그물무늬가 있는 머스크멜론은 그물망이 선명하고 촘촘한 것이 좋으며 줄무늬가 있는 멜론은 무늬가 끊기지 않고 잘 이어진 것이 좋다. 꼭지가 싱싱하고 묵직한 것이 신선하며 너무 무른 것은 과숙되어 상했을 수 있으니 구매하지 않는 것이 좋다. 싱싱한 멜론을 구입하여 3~5일 정도 익혀 먹는 것이 좋으며 숙성이 된 것을 고를 때는 멜론의 아랫부분을 눌러보아 부드럽고 향긋한 냄새가 나는 것을 고른다.

1 신장질환이 있는 사람은 섭취하지 않을 것

2 당이 많은 과일이므로 적정량만 섭취

3 항산화 효과를 위해 참외는 껍질까지 섭취

4 비타민 섭취를 위해 참외는 씨가 있는 하얀 부분까지 섭취

대부분의 과일들과 마찬가지로 참외 역시 껍질과 씨 부분에 영양 성분이 풍부하다. 참외 껍질에는 항산화 기능과 항암 기능, 항균성 등을 지닌 물질로 알려진 쿠쿠르비타신과 폴리페놀이 풍부하니 깨끗이 세척하여 껍질까지 먹는 것이 좋다. 참외 씨가 붙어있는 하얀 부분은 비타민C의 함량이 높고 엽산의 함량은 과육의 5배나 된다. 따라서 씨 부분을 제거하지 말고 모두 먹어야 좋다.

참외와 멜론에 풍부하게 들어 있는 칼륨은 나트륨을 배출하고 혈압을 떨어뜨려주지만 신장에 문제가 있는 경우에는 신장에 부담을 주고 칼륨의 배출이 어려워 오히려 고칼륨혈증을 유발할 수 있으니 먹지 않는 것이 좋다.

항산화 작용을 하는 쿠쿠르비타신 역시 과다 섭취 시 구토와 설사 메스꺼움 등을 유발할 수 있고 참외와 멜론의 단순당들은 혈당을 급격히 올릴 수 있기 때문에 적당한 양만 먹어야 한다. 일반적으로 과일의 적정 섭취량은 1회에 100g 정도로 하루 2회 이내로 먹을 것을 권장한다.

1 덜 익은 것은 종이로 싸 어둡고 서늘한 곳에 보관

2 완숙된 참외, 멜론은 밀폐해 냉장 보관

3 3일 이상 보관 시 종이에 싸 비닐봉지에 넣어 냉장 보관

참외는 수분이 증발하지 않도록 개별로 종이나 랩 또는 종이에 싼 후 비닐봉지에 넣어 냉장고에 보관해야 한다. 참외가 덜 익은 경우에는 종이로 싸서 통풍이 잘되는 시원한 곳에 두는데 빨리 익고 쉽게 상하기 때문에 오래 두지 않아야 한다.

멜론은 후숙이 필요한 과일이므로 시원하고 통풍이 잘되는 어두운 곳에 3~5일 두고 먹어야 달고 부드러운 맛을 느낄 수 있다. 하지만 완숙이 된 후에는 빠르게 상하기 때문에 냉장고에 보관해야 한다.

아보카도

몸에 좋은 영양소를 풍부하게 함유한 과일이에요

전체적으로 짙은 갈색을 띠는가?

꼭지 주변의 색이 너무 짙지 않은가?

눌렀을 때 너무 단단하지 않고 부드러운가?

아보카도 알고 먹기

멕시코와 남아메리카 지역이 원산지인 아보카도는 올리브와 함께 지방의 함량이 높은 과일이다. 특유의 부드럽고 고소한 맛과 풍부한 영양으로 '숲속의 버터'라 불리기도 한다. 아보카도는 고지방, 고칼로리 과일임에도 불구하고 다양한 영양 성분이 풍부하게 함유되어 있어 건강에 좋은 식품으로 각광을 받고 있다.

1. 고지방, 고칼로리 과일이지만 풍부한 영양소를 함유해 건강에 좋은 식품

2. 식이섬유의 함량이 과일 중 가장 높고 단순당이 거의 없는 식품

3. 지방의 함량이 높은 편이지만 대부분이 불포화지방

4. 단일불포화지방인 올레산의 함량이 매우 높음

5. 비타민C와 B군, 비타민E, 비타민K, 칼륨이 풍부

6. 루테인과 글루타티온 함유

아보카도는 수분이 약 73%로 다른 과일에 비해 적고 단백질이 2%로 과일 중 가장 많으며 탄수화물은 약 8.5% 함유한다. 단순당의 함량이 매우 낮고 과육의 대부분이 식이섬유소이며 과일 중 수용성 식이섬유소의 함량이 가장 높다. 지방의 함량은 약 15%로 높은 편인데 이 중 약 80%가 불포화지방이며 올레산과 리놀레산의 함량이 높다. 아보카도는 비타민C, 엽산을 비롯한 비타민B군, 항산화 비타민인 비타민E, 혈액응고와 뼈의 형성에 관여하는 비타민K도 풍부하다. 칼륨의 함량 또한 바나나보다 높으며 면역력과 관련이 있는 아연도 함유한다.

아보카도에 들어 있는 생리 활성 물질로는 루테인과 글루타티온을 들 수 있다. 루테인은 카로티노이드계 색소로 항산화 작용을 하며 백내장이나 황반변성 같은 질병을 예방해 눈 건강에 도움이 되고 유방과 자궁, 전립선의 건강에 좋으며 일부 암의 예방 효과도 있는 것으로 알려졌다.

글루타티온은 여러 독성 물질의 배출을 도와 간의 해독 작용에 관여하그 강력한 항산화 기능으로 신체의 면역 체계를 유지하는 물질이다. 아보카도에는 글루타티온과 더불어 비타민C와 E, 루테인 등 여러 항산화 물질들이 풍부한데 이러한 성분들을 한꺼번에 섭취하기 때문에 항산화 효과가 다른 과일들보다 뛰어나다.

아보카도에 풍부한 올레산은 혈중 총 콜레스테롤과 LDL 콜레스테롤을 저하시키고 염증을 줄여주는 효과가 있으며 칼륨은 혈압을 낮춰주고 엽산은 혈관을 손상시키는 아마노산을 줄여준다. 또한 아보카도에 풍부한 수용성 식이섬유소도 혈중 중성지방과 콜레스테롤을 저하시키는 효과가 있으니 아보카도는 심혈관질환에도 매우 좋은 식품이라고 할 수 있다.

똑똑한 구매 Tip

1 표면에 흠집이 없으며 초록색이 아닌 짙은 갈색을 띠는 것
2 꼭지 주변의 색이 너무 짙지 않은 것
3 눌렀을 때 약간 부드러운 것

초록색을 띠는 아보카도는 덜 익은 것으로 맛이 없고 과육도 딱딱하니 짙은 갈색을 띠는 것을 고른다. 숙성 정도는 개인의 기호와 아보카도를 먹는 방법에 따라 차이가 있을 수 있으니 기호에 따라 선택해야 한다. 전체적으로 짙은 갈색을 띠는 아보카도가 과육이 부드러운 것이며 조금 단단한 것을 원한다면 초록빛이 약간 섞인것을 구매한다. 검은색을 띠는 것은 상한 것일 수 있다. 꼭지의 색은 녹색을 띠는 것이 신선하며 과육을 눌러보았을 때 살짝 들어가는 정도의 것이 잘 익은 것이다.

현명한 조리 및 섭취 Tip

1 고열량 식품이므로 적정량 섭취
2 신장질환자는 섭취 제한
3 알레르기가 있는 사람은 피할 것

아보카도는 생과로 섭취할 수도 있고 으깨어 버터처럼 활용하거나 샐러드 등 다양한 방법으로 먹을 수 있다. 아보카도는 영양이 풍부하지만 고열량 식품이기 때문에 과다 섭취하지 않는 것이 좋다. 또한 칼륨의 함량이 높기 때문에 신장질환자는 섭취하지 않는 것이 좋으며 아보카도 알레르기가 있는 사람도 피해야 한다.

1 덜 익은 경우 실온에 사과와 함께 보관

2 완숙한 경우 아보카도 표면에 식초를 발라 랩으로 싸 냉장 보관

3 세척 후 껍질, 씨를 제거해 냉동 보관

덜 익은 아보카도는 실온에서 보관한다. 이때 포일이나 종이로 싸 사과와 함께 두면 빨리 숙성되는데 이는 사과에서 나오는 에틸렌 가스가 가까이 있는 채소나 과일을 빨리 익게 하는 성질 때문이다. 완숙된 아보카도는 비교적 빨리 상하기 때문에 완숙 후에는 사과를 치우고 냉장고에 보관해 2~3일 이내에 섭취해야 한다.

자른 아보카도를 냉장 보관하는 경우에는 절단면에 식초나 레몬즙을 발라 랩으로 싸서 보관하면 과육의 변색과 건조를 막을 수 있다. 장기간 보관할 경우에는 세척 후 껍질과 씨를 제거하고 적당히 잘라 식초나 레몬즙을 발라 밀봉해 냉동 보관한다.

바나나

빠른 포만감으로 운동 전후나 다이어트 시 식사 대용으로 좋아요

Check Point

눌린 상태로 진열되거나 무른 부분이 있지는 않은가?

꼭지가 서로 잘 달라붙어 있는가?

껍질 표면에 검은 반점이 너무 많이 생기지는 않았는가?

바나나 알고 먹기

말레이시아가 원산인 바나나는 주로 동남아와 중남미 지역에서 재배되며 우리나라에서도 재배되기는 하나 대부분 수입에 의존한다. 바나나는 달콤하고 부드러워 남녀노소 모두 좋아하는 과일로 일 년 내내 쉽게 구할 수 있다. 비타민, 펙틴, 칼륨, 마그네슘이 풍부한 과일이지만 열량 또한 100g당 약 90kcal로 상당히 높은 편이니 적절하게 섭취하는 것이 좋은 식품이다.

1. 고당질, 고열량 과일

2. 펙틴과 칼륨, 식물성 스테롤을 함유하여 심혈관질환에 효과

3. 우울증과 불안감을 예방하고 숙면에 도움이 되는 트립토판이 풍부

4. 루테인, 제아잔틴, 알파카로틴, 베타카로틴 등 항산화 물질 함유

바나나는 수분의 함량이 75% 정도로 낮고 당질의 함량이 22% 가량인데 설탕이나 과당, 포도당 같은 단순당의 함량이 50% 이상으로 매우 높고 열량은 100g당 약 90kcal로 상당히 높은 편이다.

바나나는 비타민C와 B군의 함량이 높은 편이고 펙틴과 칼륨, 마그네슘도 풍부하다. 펙틴은 장의 운동을 도와 변비에 좋으며 콜레스테롤을 배출하는 데 도움이 된다. 칼륨은 혈압을 낮추며 바나나에 함유된 식물성 스테롤 역시 콜레스테롤의 흡수를 방해해 혈중 콜레스테롤 수치를 떨어뜨리는 효과가 있어 심혈관질환에 좋은 식품이라 할 수 있다.

바나나에는 아미노산인 트립토판이 다량 함유되어 있는데 트립토판은 신경 전달 물질인 세로토닌의 생성에 필요한 물질로 우울증을 예방하고 불안감을 없애주며 숙면을 도와준다.

비타민C를 비롯하여 루테인, 제아잔틴, 알파카로틴, 베타카로틴, 탄닌 등 다양한 항산화 물질도 함유하여 노화 및 질병의 발생을 억제하는 데 도움이 된다.

1 눌리거나 무른 부분이 없는 것

2 꼭지가 서로 잘 달라붙어 있는 것

3 바로 먹을 것은 검은 반점이 생기기 시작한 것을 선택

바나나는 저장성이 좋지 않기 때문에 적당량을 구매하여 빨리 먹는 것이 맛도 영양도 좋다. 바나나는 껍질이 노랗고 눌리거나 무른 부분이 없으며 알이 굵은 것이 좋다. 검은 반점이 있는 것이 당도가 높은 것이기 때문에 보관하지 않고 바로 먹을 것이라면 반점이 생기기 시작한 것을 구매하는 것이 좋다.

현명한 조리 및 섭취 Tip

1 후식보다는 식사 대용으로 섭취

2 껍질을 벗길 때 갈라지는 실 같은 부분도 함께 섭취

3 운동 전이나 후에 섭취

4 당뇨질환자, 신장질환자는 섭취 제한

바나나는 당질의 함량과 열량이 높은 과일이기 때문에 후식으로 먹는 것보다 식사 대용이나 간식용으로 섭취하는 것이 더 좋다. 바나나는 단순당의 함량이 높아서 빠르게 흡수되어 혈당을 높이고 열량을 제공하지만 식이섬유소인 펙틴도 풍부하기 때문에 포만감이 빨리 느껴지고 오래 간다. 또한 아침에 섭취하면 식욕을 억제하는 호르몬인 렙틴의 분비를 증가시키므로 식사 대용으로 적절한 양만 섭취한다면 다이어트에 도움이 된다.

바나나를 운동 전후로 섭취하면 좋은데 그 이유는 운동에 필요한 효과적인 에너지 공급원이 되며 운동 후에는 피로 회복, 손실된 근섬유의 회복과 강화에 도움을 주기 때문이다. 바나나 껍질을 벗길 때 가늘고 긴 실과 같은 줄이 함께 벗겨지는데 여기에는 필수아미노산인 트립토판이 풍부하니 버리지 않고 섭취하도록 한다.

바나나에는 칼륨이 많이 함유되어 신장에 문제가 있는 사람의 경우 칼륨 배출에 어려움이 있을 수 있으며 당분이 많아 당뇨질환자의 경우에 당이 높아질 수 있어 섭취를 제한하는 것이 좋다.

1 눌리지 않도록 매달아 실온 보관

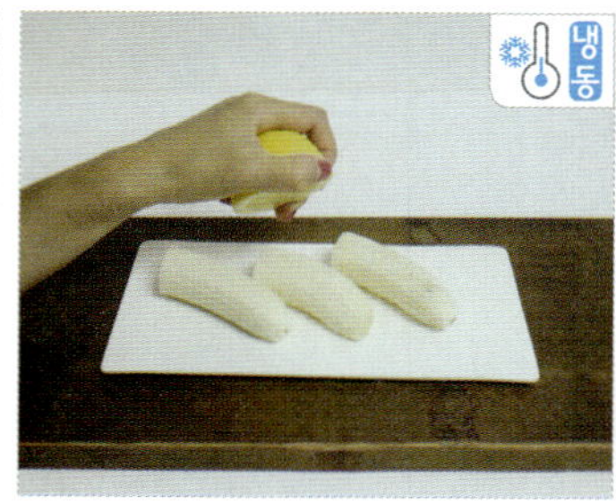

2 너무 익은 것은 껍질을 벗기고 레몬즙을 뿌려 냉동 보관

3 얇게 썰어 레몬즙을 뿌려 건조기나 채반에 건조

바나나는 저온에 보관하면 냉해를 입는 과일이므로 냉장고가 아닌 어두운 곳에 실온 보관하는 것이 좋다. 바나나는 과육이 눌리면 쉽게 무르기 때문에 매달아 보관하면 무르지 않은 신선한 상태로 오래 보관할 수 있다.

바나나 껍질에 검은 반점이 많이 생긴 것은 완전히 익은 것으로 다 먹지 못할 경우에는 레몬즙을 뿌려 밀봉해 냉동 보관하면 변색을 막을 수 있다. 건조할 경우에도 얇게 썬 바나나에 레몬즙을 뿌려 말리면 변색되지 않는다.

키위

단백질분해효소가 풍부해 고기를 재울 때 사용하면 좋아요

흠집이나 상한 곳이 없는가?

전체적으로 고르게 갈색을 띠며 윤기가 도는가?

껍질에 주름이 없고 표면에 털이 잘 덮여 있는가?

키위 알고 먹기

원래 중국이 원산지이나 뉴질랜드에서 개량된 것이 오늘날 우리가 먹는 키위이다. 우리나라의 제주와 전남, 경남 등에서도 생산되지만 뉴질랜드나 칠레 등에서 수입한 것이 대부분이다. 과육의 색에 따라 그린키위, 골드키위, 레드키위 등으로 나뉜다. 키위는 크기는 작지만 영양이 풍부한 과일이다. 특히 비타민이 풍부해 하루 1개만 섭취해도 하루에 필요한 비타민C의 2/3를 섭취할 수 있다.

1. 키위 한 개면 하루에 필요한 비타민C의 2/3 섭취

2. 비타민K, 엽산과 기타 비타민B군 함유

3. 비타민C와 E를 비롯하여 각종 카로티노이드 성분 등 항산화제가 풍부

4. 식이섬유소가 풍부해 장의 건강과 성인병 예방에 도움

5. 칼륨을 비롯한 여러 무기질 함유

6. 숙면을 돕는 세로토닌이 풍부

키위는 탄수화물이 약 14.5%, 당의 함량이 약 9%로 총 당질 중 60% 이상이 당분이다. 섬유질 함량은 약 3%로 상당히 높은 편이며 소량이지만 단백질과 지질도 함유한다.

키위는 비타민이 풍부한 과일로 유명한데 키위 1개면 하루에 필요한 비타민 C의 2/3를 섭취할 수 있다. 또한 비타민E와 비타민K가 풍부하고 엽산을 비롯한 비타민B군도 함유한다. 무기질로는 칼륨이 풍부하고 구리, 마그네슘, 망간 등을 함유한다.

키위에 풍부하게 들어 있는 식이섬유와 칼륨은 혈중 콜레스테롤을 낮추고 나트륨을 배출하여 혈압을 조절하며 고혈압이나 동맥경화 같은 심혈관질환을 예방하고 장 건강에도 매우 도움이 된다.

키위는 특히 다양한 항산화 물질을 함유하여 이들의 상호작용을 통해 효율적으로 체내 활성산소를 제거하고 산화적 손상에 의한 세포의 손상이나 DNA와 세포내 단백질, 지질 등의 산화를 억제하여 노화를 억제하고 면역력을 향상시킨다. 키위에 포함된 대표적인 항산화 물질에는 비타민C와 비타민 E, 베타케로틴, 루테인, 제아잔틴 같은 성분들이다.

키위에는 신경전달 물질인 세로토닌이 함유되어 있다. 세로토닌은 기분을 좋게 해 우울감을 없애주며 식욕을 조절하고 멜라토닌으로 전환되어 숙면을 취할 수 있도록 하며 치매에도 효과가 있는 것으로 알려졌다.

똑똑한 구매 **Tip**

1 흠집이 없고 고르게 갈색을 띠며 윤기가 도는 것
2 껍질에 주름이 없고 표면에 털이 잘 덮여 있는 것
3 바로 먹을 것은 약간 무른 것을 선택

키위는 미숙한 상태로 수확해 후숙하여 먹는 과일이다. 구매해서 바로 먹을 것이라면 적당히 숙성이 된 것을 선택해야 달고 부드러우며 과즙도 풍부한 키위를 먹을 수 있다. 바로 먹을 것이라면 눌렀을 때 약간 무른 것을, 보관해두고 먹을 것이라면 단단한 것을 구입하는 것이 좋다.

키위는 전체적으로 모양이 고르고 상처나 흠집이 없으며 갈색을 띠는 것이 좋으며 표면에 털이 고루 잘 덮여 있는 것이 신선한 것이다. 껍질이 쭈글거리는 것은 시들은 것으로 피해야 한다.

현명한 조리 및 섭취 **Tip**

1 급격한 혈당 상승을 막기 위해 생으로 섭취
2 고기에 갈아 넣으면 고기를 연하게 함
3 육류 섭취 후 먹으면 소화를 도움

키위의 껍질을 제거하기 전에 흐르는 물에 깨끗이 세척하여야 잔류농약을 깨끗이 제거할 수 있다. 껍질을 벗길 땐 약간 두툼하게 깎는 것이 안전하다.

키위는 숙성된 것을 먹는 것이 맛도 영양도 좋다. 키위는 주스로도 많이 마시는데 갈아서 마실 경우 당분의 흡수가 빨라져 혈당이 빠르게 올라가므로 생과로 먹는 것이 좋다. 가열할 경우에도 비타민C등 영양소가 파괴될 수 있으니 생으로 먹는 것이 가장 좋다.

키위에는 액티니딘이라는 단백질분해효소가 풍부하기 때문에 고기를 먹고 난 후 키위를 먹으면 단백질의 소화를 돕는다. 또한 고기를 잴 때 키위를 첨가하면 단백질을 분해하여 고기를 부드럽게 해주는 연육 작용을 한다. 사람에 따라서는 키위에 알레르기가 있는 경우도 있는데 키위를 먹고 입술이나 혀가 붓거나 호흡 곤란, 복통이 있는 사람은 키위의 섭취를 피해야 한다.

안전한 보관 Tip

1 덜 익은 키위는 사과와 함께 보관

2 알맞게 익은 키위는 밀봉해 냉장 보관

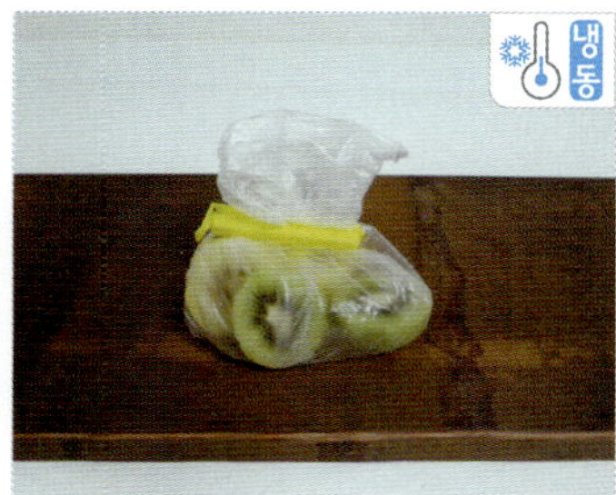

3 완전히 익은 키위는 껍질을 벗겨 썰거나 다져 냉동 보관

덜 익은 키위는 랩이나 종이로 싸 사과와 함께 두면 빨리 숙성된다. 이는 사과에서 나오는 에틸렌 가스가 가까이 있는 채소나 과일을 빨리 익게 하는 성질 때문이다. 적당히 익은 키위는 마르지 않게 밀봉해 냉장 보관한다.

완전히 익은 키위를 전부 소비하지 못할 경우에는 세척 후 껍질을 벗겨 한 입 크기로 썰어 냉동하면 해동 후 편리하게 먹을 수 있다. 잘게 다져 냉동하면 고기를 재울 때 편리하게 사용할 수 있다.

견과류

지방 함량이 높은 견과류는 소포장된 제품을 구매해야 신선하게 먹을 수 있어요

포장일이 오래되지는 않았는가?

껍질이 검게 변색되지는 않았는가?

오래된 기름 냄새가 나지는 않는가?

견과류 알고 먹기

단단한 겉껍질 속에 들어 있는 씨앗을 먹는 견과류는 다양한 영양소를 풍부하게 함유한 식품으로 특히 아몬드는 미국의 타임지에서 세계 10대 슈퍼푸드로 선정되기도 하였다. 견과류는 아몬드, 호두, 잣, 밤, 캐슈넛, 피스타치오, 브라질너트, 해바라기씨, 호박씨, 은행 등 그 종류도 매우 다양한데 공통적으로 심혈관질환, 호흡기질환, 당뇨에 좋은 특징이 있다.

1. 단백질과 지방을 풍부하게 함유

2. 불포화지방의 함량이 매우 높아 심혈관질환에 도움

3. 비타민E와 B군, 각종 미네랄 및 폴리페놀 함유

4. 아몬드는 혈중 콜레스테롤 감소 및 심혈관질환에 효과

5. 호두는 두뇌 건강과 숙면에 탁월

6. 땅콩은 뇌졸중, 심장질환, 암, 치매 예방 및 항산화 효과

7. 브라질너트는 항산화, 면역과 관련된 셀레늄이 매우 풍부

견과류는 지방과 열량의 함량이 높지만 적정량을 지속적으로 섭취하면 그렇지 않은 사람에 비해 비만, 대사증후군, 심혈관질환, 암, 당뇨, 호흡기질환에 걸릴 확률이 낮은 식품으로 알려졌다.

대부분의 견과류는 단백질의 함량이 높고 불포화지방산을 다량 함유한다. 견과류에 포함된 불포화지방은 혈중 콜레스테롤을 감소시켜 심혈관질환과 뇌졸중의 예방에 효과가 있다. 또한 지방의 산화를 억제하는 비타민E도 풍부한데 비타민E는 LDL-콜레스테롤의 산화를 억제하여 혈관의 건강을 유지할 수 있도록 하며 노화를 억제하고 탈모 방지 및 피부미용 등에도 효과가 있다. 비타민E와 더불어 항산화 효과가 있는 폴리페놀의 함량도 높으며 리보플라빈을 비롯한 비타민B군과 구리와 망간, 마그네슘 등 여러 미네랄 등 다양한 영양소를 풍부하게 함유한다.

견과류는 종류에 따라 다르지만 지방의 함량이 약 50% 이상으로 매우 높으며 열량 또한 높아 과식하는 것은 좋지 않으나 적당히 섭취하는 것은 포만감을 주고 식사 섭취량을 조절해주기 때문에 오히려 체중 감소에 도움이 되는 것으로 알려졌다. 특히 나무에서 수확하는 견과류가 체중 조절의 효과가 크다.

아몬드는 견과류 중 비타민E를 가장 많이 함유하며 플라보노이드를 비롯한 폴리페놀도 풍부해 견과류 중 항산화 효과가 가장 뛰어나다.

호두에 풍부한 오메가-3 지방산은 알츠하이머의 원인인 베타아밀로이드가 뇌에 축적되는 것을 막아 치매를 예방하는 효과가 있다는 연구 결과가 있으며 멜라토닌이 풍부해 숙면을 돕기도 한다.

예로부터 기운을 북돋아주는 것으로 알려진 잣은 식욕을 억제해주는 지방산을 함유해 체중을 조절하는 데 도움이 된다.

땅콩은 폴리페놀의 함량이 높으며 특히 위암의 발생을 낮춰주는 성분이 풍부하다.

브라질너트는 자연식품 중 셀레늄을 가장 많이 함유해 한두 알만 먹어도 하루에 필요한 셀레늄을 모두 섭취할 수 있다. 셀레늄은 체내 항산화효소의 작용에 반드시 필요한 성분으로 관상동맥질환과, 암, 간경화 등에 도움이 되는 성분이다.

똑똑한 구매 Tip

1 포장일이 오래되지 않고 소포장된 것
2 껍질이 상하거나 검게 변색되지 않은 것
3 오래된 기름 냄새가 나지 않는 것
4 호두, 잣, 땅콩은 국내산으로 구입
5 아몬드는 모양이 통통하고 주름이 깊지 않은 것
6 호두는 껍질이 밝은 갈색을 띠고 윤기가 도는 것
7 잣은 알의 크기가 고르고 깨진 것이 없는 것
8 땅콩은 껍질이 잘 건조되고 흠집이 없는 것

견과류는 불포화지방의 함량이 높아 산패하기 쉽다. 특히 볶는 등 가공 과정을 거친 경우에는 더 빨리 산패 하니 많은 양을 한꺼번에 구입하는 것보다 소량씩 자주 구입하거나 하루 먹을 양만큼만 소량 개별 포장된 제품을 선택하는 것이 좋다. 또한 포장 날짜나 가공일이 오래되지 않은 것인지 확인하는 것도 중요하다.

판매되는 믹스견과류의 경우 소금이나 설탕이 첨가되는 경우가 많은데 이 경우 염분과 칼로리를 과다 섭취하게 되므로 가능한 아무것도 첨가되지 않은 견과류를 선택하는 것이 건강에 좋다.

견과류는 곰팡이가 생기기 쉬운 식품이다. 견과류의 곰팡이독은 육안으로 확인이 어렵기 때문에 신선한 견과류를 섭취하는 것이 가장 좋은 예방 방법이다. 견과류의 껍질이 거뭇하게 변색된 것은 곰팡이가 핀 것일 수 있으니 구매하지 않는 것이 좋다.

1 하루 섭취 권장량(28g)을 준수할 것
2 조미하지 않은 생견과를 살짝만 볶아 섭취
3 땅콩은 볶는 것보다 쪄서 섭취
4 브라질너트는 하루 3알 이상 섭취하지 않을 것

영양소가 풍부한 견과류이지만 과다 섭취 시 소화가 잘 되지 않아 위에 부담이 될 수 있고 높은 열량으로 인해 체중 증가의 원인이 되기도 한다. 미국 농무부(USDA)에서는 견과류의 하루 섭취량을 28g으로 권장하고 있는데 이 양은 땅콩은 10알, 호두는 2알, 아몬드는 5~7알, 잣은 10알의 양이며 브라질너트의 경우 하루 3알이 적정 섭취량이다.

마트에서 판매하는 견과류 중에는 설탕과 소금으로 조미한 것이 있는데 이러한 제품은 염분, 당분, 열량이 높아지므로 조미되지 않은 견과류를 선택한다.

견과류를 과다하게 볶으면 비타민 등의 영양소가 파괴될 수 있기 때문에 가볍게 볶는 것이 좋다. 땅콩은 쪄서 먹으면 이소플라본 같은 항산화 성분의 이용률이 훨씬 증가되기 때문에 볶는 것보다 쪄서 먹는 것이 좋으며 라스베라트롤이나 이소플라본과 같은 항산화 성분은 껍질에 많으니 껍질까지 먹는 것이 좋다.

브라질너트의 과다 섭취는 셀레늄 중독을 유발하여 오히려 건강상 여러 문제를 일으킬 수 있으니 하루에 2~3개 정도만 섭취해야 한다.

안전한 보관 Tip

1 개봉하지 않은 것은 어둡고 서늘한 곳에 보관

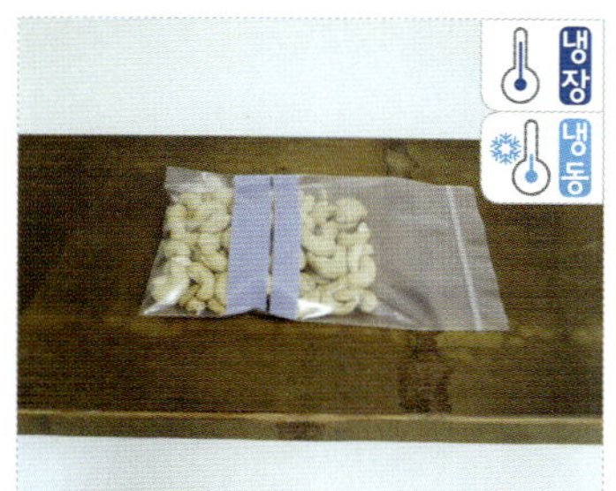

2 개봉한 것은 밀봉해 냉장 또는 냉동 보관

견과류는 불포화지방의 함량이 높아 산패하기 쉽기 때문에 신선한 것을 구입하여 빨리 먹는 것이 가장 좋다. 보관이 필요할 경우 개봉하지 않은 것은 어둡고 시원하며 건조한 곳에 보관하고 일단 개봉을 하면 공기를 차단하고 냄새를 흡수하지 않도록 밀폐 용기에 담거나 진공 포장을 하여 냉장고나 냉동고에 저장한다.

CHAPTER 06.
채소

고구마·감자·마

사과와 함께 보관하면 싹이 나지 않아요

감자에 싹이 나거나 녹변된 부분이 없는가?

고구마는 잔뿌리나 검은 얼룩이 없는가?

마는 잔뿌리가 적고 울퉁불퉁한 곳이 없는가?

고구마, 감자, 마 알고 먹기

고구마, 감자, 마, 토란 등은 서류 또는 감자류로 분류되는 작물로 식물의 땅 속 줄기나 뿌리의 일부가 발달한 것을 식용으로 이용하는 것이다. 일반 채소류와는 달리 전분의 함량이 높아 세계 각지에서 주식으로도 많이 이용되며 전분을 제조하는 용도로도 활용된다. 서류는 전분 이외에도 섬유질이 풍부하고 무기질 중에서는 칼륨의 함량이 높아 나트륨의 배출을 도와준다. 또한 비타민C도 풍부한데 채소류와 달리 가열에 의해 손실되는 양이 10~20%로 적은 편이다.

1. 땅속줄기나 뿌리가 비대해진 것으로 전분의 함량이 높음

2. 칼륨과 비타민C 가 풍부

3. 식이섬유소가 많아 장의 건강에 좋음

4. 감자는 비타민B_6, 철분, 마그네슘과 클로로겐산을 비롯한 각종 폴리페놀이 풍부

5. 고구마는 체중 감량, 혈당 관리, 혈관 건강에 효과적

6. 마는 소화 흡수를 돕고 위장을 보호하는 뮤신 함유

서류 중 가장 생산량이 많은 감자는 옥수수, 쌀, 밀과 더불어 세계적으로 많이 생산되는 작물이다. 감자는 비타민C 이외에 비타민B_6도 풍부하게 함유하고 있는데 그중 비타민B_6는 당질, 지방, 아미노산 대사와 적혈구의 형성, 세로토닌을 비롯한 각종 신경 전달 물질의 생성에 관여한다. 단백질의 함량이 높지는 않지만 아미노산의 조성이 우수하고 특히 곡류에 부족한 라이신이 많다. 무기질로는 나트륨의 배출을 도와 혈압을 떨어뜨리는 칼륨, 조혈작용에 관여하는 철분, 골격과 치아를 구성하며 부족 시 부정맥과 근육 경련, 피로 등을 유발할 수 있는 마그네슘이 함유되어 있고 갑상선 기능에 관여하는 무기질인 요오드의 함량도 육상 식품으로는 높은 편이다.

감자에는 클로로겐산을 비롯하여 다양한 폴리페놀이 함유되어 있다. 비타민C와 폴리페놀은 항산화 기능을 하는 성분들로 면역력을 향상시키고 노화를 억제하고 암의 예방에도 효과도 있다. 최근에 개발된 보라색 감자는 탄수화물의 함량이 낮고 안토시아닌이 함유되어 항산화 작용은 물론 면역력을 향상시키고 눈의 건강에도 도움이 된다.

고구마는 당도가 높아 간식으로 즐겨먹는 서류이지만 섬유질의 함량이 높고 식품 속 전분이 혈당으로 전환되는 속도를 의미하는 당지수가 낮아 체중이나 혈당 관리 면에서 감자보다 우수한 식품이다. 풍부한 식이섬유는 변비를 예방하고 장을 건강하게 하는 것은 물론 혈중 콜레스테롤을 감소시켜 주는 효과도 있다. 함유된 칼륨은 혈압을 상승시키는 나트륨을 체외로 배출하여 혈압을 정상으로 유지하는 데 도움이 된다.

비타민C를 비롯하여 체내 신진대사를 활발하게 해주는 비타민B군, 마그네슘과 망간, 철분 등 무기질의 함량도 감자보다 높으며 특히 짙은 노란색을 띠는 고구마는 베타카로틴의 함량이 높아 비타민A의 좋은 급원으로 눈과 피부의 건강을 유지하는 데 중요한 역할을 한다. 베타카로틴은 항산화 작용도 뛰어나 노화와 암을 억제하는 효과도 있다. 껍질에는 안토시아닌 색소를 비롯하여 클로로겐산 등 다양한 폴리페놀도 풍부하게 함유되어있다.

원기 회복에 좋아 산속의 장어로 불리는 마는 서류 중 단백질의 함량이 높은 편이며 글루타민산과 아스파르트산이 풍부하고 다양한 비타민과 무기질을 함유하여 피로 회복과 원기 회복에도 좋은 식품이다. 마 특유의 끈적끈적한 점착성 물질인 뮤신은 위벽을 보호하는 기능이 있으며 디아스타제를 비롯한 소화 효소를 풍부하게 함유하여 소화 흡수를 도와주므로 위장장애가 있는 사람에게 좋다.

똑똑한 구매 Tip

1. 싹이 나거나 녹색을 띠는 것은 피할 것
2. 흠집이 없고 들었을 때 묵직하고 단단한 것
3. 감자는 씨눈이 깊은 것
4. 고구마는 잔뿌리나 검은 얼룩이 없는 것
5. 마는 잔뿌리가 적고 울퉁불퉁하지 않은 것

서류는 수분 함량이 높아 보관성이 떨어지고 저장 중 싹이 나거나 썩을 수 있으니 신선한 것을 필요한 만큼 자주 구입하는 것이 좋다. 감자의 경우 싹이 나거나 녹색을 띠는 것에는 솔라닌이라는 독소가 생성되었을 수 있으므로 피해야 한다.

고구마는 일단 상처가 나면 썩기 쉬우니 상처가 있는 것은 피하고 검은 반점이 있는 것은 부패균에 의한 것이므로 구매하지 않도록 한다.

마는 전체적으로 굵고 큰 것이 좋으며 잔뿌리가 없고 형태가 매끈하며 울퉁불퉁하지 않고 묵직한 것을 고른다. 잘라서 판매하는 것은 절단면을 살펴보아 마르지 않고 싱싱한 것을 구입한다.

1 당뇨나 과체중인 경우 감자의 섭취 제한
2 싹이 나거나 녹변한 감자의 부분은 충분히 도려내고 조리할 것
3 감자는 기름에 조리하는 것보다 찌는 방법으로 조리할 것
4 감자, 고구마는 가능한 껍질까지 먹을 것
5 고구마는 펙틴이 풍부한 과일과 함께 섭취
6 고구마의 당도를 높이려면 약한 불에서 서서히 익힐 것
7 마의 끈적한 식감이 싫다면 익혀 먹을 것

감자는 당지수가 높아 혈당을 빠르게 올리기 때문에 당뇨병이 있거나 체중이 많이 나가는 사람에게는 적당하지 않다. 반면 고구마는 단맛은 감자보다 강하지만 당지수가 낮아 체중 조절이 필요하거나 당뇨가 있는 사람이 섭취해도 괜찮다. 감자의 싹이 나거나 녹색으로 변한 부위에는 솔라닌이라는 독소가 있으니 주변을 충분히 도려내고 조리해야 한다.

전분이 풍부한 식품을 튀김이나 볶음처럼 고온으로 조리하는 경우에는 아크릴아미드라는 발암물질이 생성될 수 있으니 가능하면 감자는 찌거나 삶아 먹는 것이 가장 좋다. 감자나 고구마의 껍질에는 폴리페놀을 비롯한 각종 영양소의 함량도 더 높으니 깨끗하게 세척하여 껍질까지 먹는 것이 좋다.

고구마를 먹으면 아마이드 성분과 섬유질 때문에 가스가 많이 나오는데 사과와 같이 펙틴이 풍부한 과일과 함께 먹으면 가스를 줄이는 데 도움이 된다. 고구마는 약한 불에 서서히 익히면 전분이 당으로 전환되어 단맛이 증가한다. 군고구마가 더 달게 느껴지는 것은 이런 이유 때문이다.

서류는 단백질이 부족한 식품이므로 우유나 유제품과 함께 먹으면 영양적으로 상호보완이 될 수 있다.

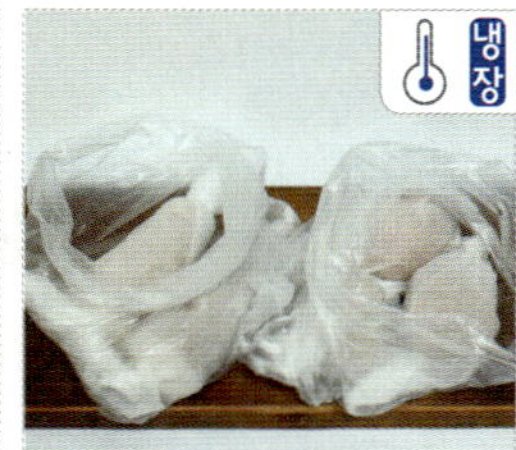

1 고구마, 감자, 마는 종이로 싸 어둡고 서늘한 곳에 보관

2 감자는 비닐 또는 박스에 사과와 함께 두고 보관

3 절단한 마는 랩으로 싸 냉장고 채소칸에 보관

4 고구마, 감자의 냉장 보관 시 종이 여러 겹으로 두껍게 싸 보관

서류는 종이로 싸 어둡고 서늘한 곳에 보관하는 것이 좋다. 냉장고에 보관할 경우에는 냉해를 입지 않도록 종이를 여러 겹으로 두껍게 싸 보관한다.

감자는 싹이 나면 독소가 생길 수 있으므로 싹이 나는 것을 억제해야 하는데 사과와 함께 보관하면 된다. 이는 사과에서 나오는 에틸렌가스가 감자에서 싹이 나는 것을 방지해주기 때문이다.

당근·무

당근은 기름과 함께 조리해야 영양소 흡수가 더 잘되요

단단하고 굵기가 일정한가?

당근은 색이 진하고 윗부분에 푸른빛이 돌지 않는 것인가?

무는 잔뿌리가 없고 무청이 달려있는가?

당근, 무 알고 먹기

당근과 무는 식물의 뿌리를 식용으로 하는 근채류에 속하지만 식물학적으로는 당근은 미나리과에, 무는 십자화과에 포함되는 작물로 성분과 특성에 큰 차이가 있다. 당근과 무에는 항산화 물질이 풍부하게 함유되어 있다. 특히 당근에 함유된 베타카로틴은 면역력을 증가시키고 암을 예방하는 효과가 있는데 지용성 성분이기 때문에 기름과 함께 조리하면 흡수가 좋다.

주요 영양소와 특징

당근

1. 항산화 작용을 하는 베타카로틴이 풍부

2. 팔카리놀 등 항암 물질 함유

무

1. 비타민C와 철분을 비롯한 각종 무기질 함유

2. 알릴이소티오시아네이트라는 항산화 물질 함유

3. 항산화 작용 및 폐와 기관지 건강에 도움이 되는 안토잔틴 색소 함유

오렌지색의 고운 빛깔로 다양한 음식에 널리 활용되는 당근은 색깔만큼 영양도 풍부한 채소이다. 특히 베타카로틴의 함량이 매우 높은 것으로 잘 알려져 있는데 베타카로틴은 유해 산소를 제거하여 세포의 손상을 막아주는 강력한 항산화제로 면역력을 증가시키고 각종 암의 예방에 효과가 있다. 또한 혈관의 노화와 지방질의 산화를 막아 혈관과 심장의 건강에도 도움이 된다. 베타카로틴은 체내에서 비타민A로 전환되어 눈의 건강을 유지하고 피부와 점막을 튼튼하게도 해주는데 특히 코와 기관지, 폐 등 호흡기의 점막을 보호하고 상처를 회복시켜 건강을 유지하고 폐암을 예방하는 효과가 있다. 당근에는 팔카리놀이라는 천연 항균 성분이 함유되어 있는데 이 물질 역시 암을 예방하는 효과가 있다.

무는 배추와 더불어 한국인의 식생활에서 빼놓을 수 없는 주요 채소로 김치의 재료는 물론 다양한 음식에 활용된다. 무에는 비타민C와 식이섬유의 함량이 높고 특히 전분을 분해하는 효소인 디아스타제가 많이 들어 있으며 단백질분해효소와 지방 분해 효소도 함유하여 음식의 소화와 흡수에 도움이 된다.

무 특유의 매콤한 맛과 향은 황화합물인 알릴이소티오시아네이트라는 물질 때문이다. 이 물질은 항산화 기능이 뛰어나고 항염증 효과와 강력한 항암 효과가 있으며 위암의 원인이 되는 헬리코파이로리균을 억제하기도 한다.

무의 흰색 색소는 플라보노이드계의 안토잔틴으로 항산화 작용과 항균 작용을 하며 유해 물질의 배출을 도와 폐나 기관지의 건강에도 도움이 된다.

 **똑똑한 구매 Tip**

1 단단하고 굵기가 일정한 것
2 세척된 것보다는 흙이 묻은 날것을 구매
3 당근은 색이 진하고 윗부분에 푸른빛이 돌지 않는 것
4 무는 잔뿌리가 없고 무청이 달려있는 것

당근은 표면이 매끄럽고 윤기가 있으며 잔뿌리가 적고 휘어지지 않은 것을 선택한다. 당근은 색이 진할수록 눈의 건강에 좋은 베타카로틴의 함량이 높으니 색이 진한 것을 고르고 윗부분에 초록색을 띠는 것은 당도가 떨어지고 쓴맛이 날 수 있으니 피한다. 당근은 무르지 않고 단단한 것이 싱싱하며 검은 테가 있는 것도 신선도가 떨어진다.

세척된 당근은 표면이 미끈거리고 빨리 상할 수 있으니 흙당근을 구입한다. 너무 큰 당근은 오히려 맛도 떨어지고 딱딱하고 질감도 나쁠 수 있으니 적당한 크기의 당근이 좋다.

무는 표면이 희고 깨끗하며 윤기가 도는 것이 좋다. 들어보았을 때 묵직한 느낌이 들고 잔뿌리가 없이 매끈한 것, 무청이 달린 것이 싱싱한 것이다.

현명한 조리 및 섭취 Tip

1 무와 당근은 껍질째 섭취
2 당근은 기름과 함께 조리
3 비타민C가 풍부한 식품과 당근은 함께 섭취하지 않을 것
4 소화 효과를 위해서는 무를 생으로 섭취
5 식이섬유소와 비타민 섭취를 위해서는 무청도 활용

당근에 들어 있는 베타카로틴은 기름에 녹는 성질을 지니므로 기름과 함께 조리해야 체내에서 흡수가 잘된다. 섬유소를 비롯하여 많은 영양소가 당근의 속살보다는 껍질에 풍부하니 깨끗이 세척하여 껍질까지 조리한다. 당근의 잎은 잘 먹지 않는데 베타카로틴을 비롯한 영양소의 함량이 높으며 향긋한 향도 있으니 가능한 활용하는 것이 좋다.

당근에는 비타민C를 파괴하는 아스코르비나제가 함유되어 있다. 하지만 비타민C가 파괴되는 데는 시간이 걸리므로 사과당근주스처럼 당근과 다른 채소, 과일을 갈아 바로 섭취하면 큰 영향이 없으며 당근에 식초를 넣거나 살짝 데쳐 조리하는 것도 비타민C 파괴에 큰 영향을 미치지 않는다.

무에 함유된 소화 효소는 가열에 의해 불활성화되므로 소화를 돕기 위한 목적이라면 생으로 먹는 것이 좋다. 무 역시 껍질 부위에 영양이 풍부하니 깨끗이 세척하여 껍질까지 함께 조리하여 먹는 것이 좋다. 무청은 무보다 식이섬유와 비타민, 미네랄 등 각종 영양소 함량이 매우 높으니 요리에 활용하면 좋다.

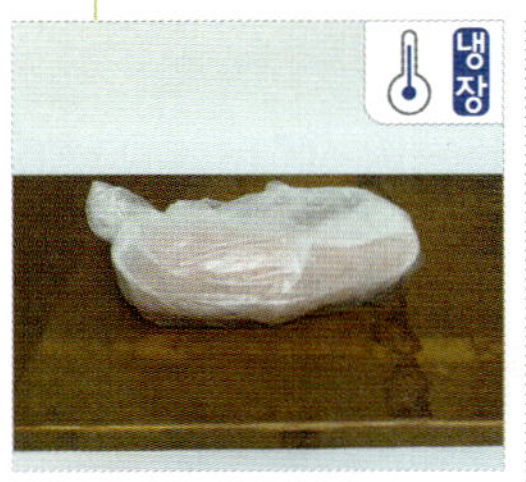

1 당근은 종이에 싼 후 밀봉해 냉장 보관

2 무는 잎을 제거해 종이로 싼 후 냉장 보관

3 무는 얇게 썰어 건조 후 보관

4 무는 살짝 데친 후 냉동 보관

당근과 무는 수분이 증발하지 않게 종이로 싸 비닐봉지에 넣어 냉장 보관한다. 세척한 경우에는 완전히 건조시켜 물기가 없게 한 후 보관해야 한다.

무는 건조시키면 영양소 밀도도 증가하고 색다른 맛도 즐길 수 있으니 요리에 쓰기 편리한 크기로 썰어 말린 후 무말랭이 등의 요리에 활용하면 좋다.

우엉·연근

식초를 섞은 물에 담그면 떫은맛과 쓴맛을 없앨 수 있어요

흠집이나 상처가 없는 것인가?

모양이 곧으며 묵직한가?

우엉, 연근 알고 먹기

우엉은 우리나라와 중국, 일본에서 주로 식용되는 채소로 단백질이나 지방, 비타민이 많은 채소라고 말하긴 어렵다. 그러나 칼륨을 비롯한 무기질은 풍부한 편이고 비타민 중 니아신의 함량도 높은 편이며 특히, 여러 가지 유효성분을 함유하여 현대인을 위한 건강식품이라고 할 수 있다. 아삭아삭한 특유의 질감과 구멍이 송송 뚫린 단면으로 먹는 맛과 보는 맛을 모두 제공하는 연근은 가을철에 수확을 하지만 저장성이 좋아 일 년 내내 먹을 수 있는 채소이다. 우엉과 연근 모두 식이섬유소와 폴리페놀을 풍부하게 함유하여 건강에 좋은 식품으로 알려졌다.

우엉

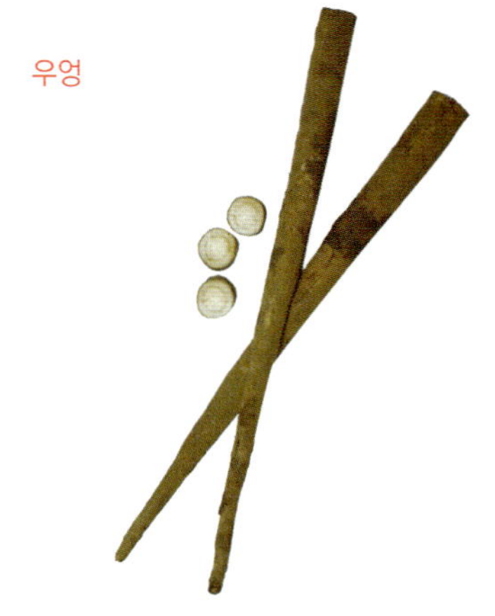

1. 이눌린, 리그닌과 같은 식이섬유가 풍부

2. 항산화 작용을 하는 폴리페놀이 풍부

3. 혈관 건강과 면역력 강화, 항암 작용 등의 효능이 있는 사포닌 함유

연근

1. 식이섬유, 폴리페놀이 풍부

2. 비타민C가 풍부

3. 적혈구의 구성분인 철분과 철분의 흡수와 콜라겐 형성에 관여하는 구리 함유

4. 위를 보호하는 성분인 뮤신 함유

수분을 제외하고 우엉에 가장 많은 영양소는 탄수화물이지만 주로 이눌린, 리그닌, 셀룰로오스 등 여러 종류의 식이섬유소가 대부분을 차지한다. 이눌린과 리그닌은 체내에서 소화 흡수되지 않기 때문에 혈당을 올리지 않고 포도당의 흡수를 지연시키며 콜레스테롤을 체외로 배출시킨다. 또한 대장의 운동을 활발하게 하여 변비를 예방하고 장내 유산균의 먹이가 되어 유익한 균이 잘 자랄 수 있도록 하여 장 건강에도 도움이 된다.

우엉의 껍질 부위에는 사포닌이 풍부한데 사포닌은 콜레스테롤의 흡수를 방해하고 체외로 배출을 촉진하여 동맥경화나 뇌졸중 등을 예방하는 데 효과가 있으며 면역력 강화와 항암 효과도 있다. 우엉 껍질을 벗겼을 때 검게 변하는 것은 탄닌과 클로로겐산 같은 폴리페놀화합물 때문인데 이런 폴리페놀화합물은 항산화 작용을 통해 건강에 유익한 기능을 한다.

연근 또한 식이섬유의 함량이 풍부하여 혈중 콜레스테롤를 감소시키고 당의 흡수를 방해하며 변비를 예방하고 체중 감량에도 도움이 된다. 비타민B군의 함량도 높은 편이며 비타민C는 상당히 많은 양을 함유한다. 비타민C는 체내 콜라겐 형성에 반드시 필요한 물질로 피부는 물론 혈관과 골격을 건전하게 유지하는 데 중요한 역할을 하며 항산화제로서 면역력을 증가시키고 염증을 억제하며 암이나 여러 질병을 예방하고 노화를 억제한다.

연근의 무기질로는 적혈구의 구성분인 철분과 철분의 체내 흡수와 이용을 돕고 콜라겐의 합성에 관여하는 구리의 함량도 높다. 연근을 잘랐을 때 볼 수 있는 끈적한 성분은 뮤신으로 위점막을 보호하는 효과가 있다.

연근도 우엉과 마찬가지로 항산화 작용을 하는 폴리페놀을 함유하는데 특히 탄닌의 함량이 높다. 탄닌은 항산화 작용은 물론 체내에서 당질 분해 효소의 작용을 방해해 혈당의 상승을 억제하고 멜라닌 색소를 형성하는 효소의 작용을 방해하여 피부의 미백에도 도움이 된다.

똑똑한 구매 Tip

1 껍질을 제거하지 않은 국내산을 구입
2 흠집이 없고 모양이 곧으며 묵직한 것
3 연근은 잘랐을 때 속살이 희고 구멍 크기가 일정한 것

손질한 우엉과 연근은 갈변이 쉽게 일어나기 때문에 상품성을 위해 아황산 처리를 하는 경우도 있으니 손질한 것보다는 껍질째로 있는 싱싱한 것을 구입한다. 수입산은 운반 과정이 길어 신선도가 떨어지고 농약의 염려도 있으니 국내산을 구입한다.

1	삶은 우엉이 청색을 띠는 것은 안전에 문제가 없는 것
2	우엉은 껍질을 완전히 제거하지 않고 얇게 긁어낼 것
3	껍질이 벗겨져 판매되는 우엉, 연근은 데친 후 조리

우엉을 삶으면 청색으로 변하는 경우가 있는데 이는 우엉 속 안토시아닌 색소와 조리 도구의 금속이 반응해서 생기는 변화로 건강에는 지장이 없으니 걱정하지 않아도 된다.

우엉과 연근은 영양소 섭취를 위해 껍질까지 활용하는 것이 좋다. 특히 우엉의 경우 특유의 향기가 껍질 부위에서 많이 나므로 껍질을 완전히 제거하는 것보다 살살 긁어주는 정도로만 손질하여 조리하는 것이 좋다.

손질된 상태로 판매되는 우엉이나 연근 중에는 갈변을 억제하기 위해 아황산처리를 하는 경우도 있으니 가능한 손질되지 않은 것을 구매하는 것이 좋지만 어쩔 수 없이 이런 제품을 이용할 때는 끓는 물에 뚜껑을 열고 데치면 휘발성인 아황산이 날아가니 데친 후 조리한다.

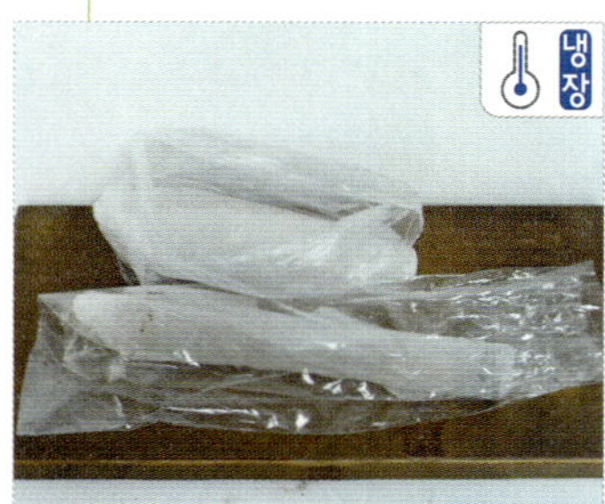

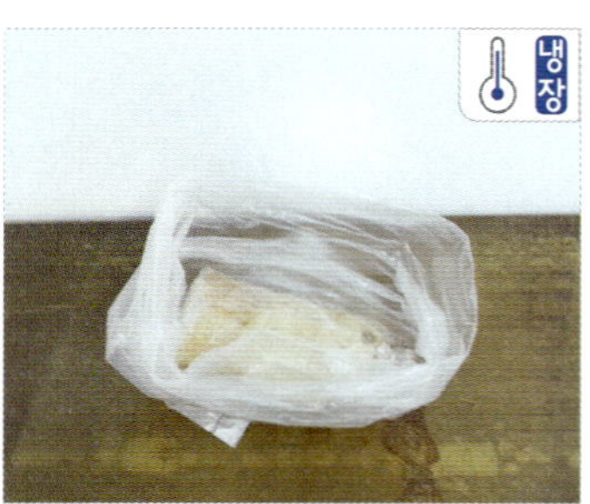

1 자르지 않은 연근, 우엉은 종이로 싼 후 비닐봉지에 넣고 입구를 열어 냉장 보관

2 껍질을 벗긴 연근, 우엉은 식초를 섞은 물에 담가 냉장 보관

3 자른 연근은 랩으로 싸 냉장 보관

연근과 우엉은 종이로 싸 냉장 보관한다. 우엉과 연근은 탄닌을 포함한 폴리페놀의 함량이 높아 껍질을 제거하면 갈변이 일어난다. 껍질을 벗기고 자른 연근이나 우엉을 잠시 보관해야 할 때는 식초를 섞은 물에 담가서 냉장고에 보관한다. 식초를 탄 물에 담그면 갈변도 막고 떫은맛이나 쓴맛도 제거할 수 있어 좋다. 껍질을 벗기지 않고 자른 연근은 자른 단면이 건조해지지 않도록 랩으로 싸서 냉장고에 보관한다.

더덕·도라지

물에 오래 담그면 몸에 좋은 사포닌 성분이 빠져나가니 주의하세요

홈집이나 무른 곳이 없는가?

더덕 특유의 향이 강하고 절단 시 하얀 점액이 풍부한가?

도라지는 길이가 짧고 잔뿌리가 많은 것인가?

더덕, 도라지 알고 먹기

도라지와 더덕은 뿌리를 먹는 근채류에 속하는 채소로 인삼과 비슷한 모양과 쓱쓱한 맛이 나는 식품들이다. 인삼과 견주어 이야기 되곤 하는데 모양만 비슷한 것이 아니라 인삼과 마찬가지로 사포닌의 함량이 높으며 여러 효능을 지녀 건강에 좋은 식품으로 알려져 있다.

주요 영양소와 특징

1. 맛도 모양도 성분까지도 인삼과 비슷한 건강 채소

2. 혈중 중성지방을 떨어뜨리고 HDL-콜레스테롤을 증가시키는 니아신이 풍부

3. 기침, 가래를 멎게 하는 사포닌 성분이 풍부해 호흡기에 좋음

4. 풍부한 식이섬유와 식물성 스테롤이 콜레스테롤의 흡수 억제, 배출에 도움

예로부터 호흡기에 좋은 식품으로 알려진 도라지는 식이섬유가 매우 풍부하고 철분과 칼륨, 칼슘, 비타민C 등의 함량이 높으며 특히 니아신을 매우 풍부하게 함유한다. 비타민B군에 속하는 니아신은 당질과 지질, 단백질의 대사에 관여하며 부족할 경우 피부염과 소화기 점막 장애 발생의 의한 설사, 우울증과 건망증 등을 유발할 수 있으며 혈중 중성지방을 떨어뜨리고 HDL 콜레스테롤을 증가시키는 효과가 있다.

도라지와 더덕의 사포닌은 기관지의 점액 분비를 증가시켜 기침을 멎게 하고 가래를 없애는 효과가 있으며 염증을 억제하여 인후염이나 편도염, 기관지염 등을 완화하는 등 호흡기 건강에 효능이 있다. 또한 혈관을 확장시켜 혈압을 떨어뜨리고 콜레스테롤의 체내 흡수를 방해하고 배출을 도우며 혈당을 떨어뜨리기도 한다. 도라지에 풍부한 식물성 스테롤과 식이섬유 역시 콜레스테롤의 흡수를 방해하고 배출을 돕는 성분들로 호흡기 뿐 아니라 혈관의 건강에도 좋은 식품이다.

도라지와 비슷한 뿌리채소인 더덕 역시 식이섬유가 풍부하고 칼륨과 철분, 칼슘, 인 등의 무기질도 들어 있으며 비타민B$_1$, B$_2$, 니아신, 비타민C 그리고 채소로는 단백질의 함량도 높은 편이다. 더덕에 함유된 사포닌 중 하나인 란세마사이드A는 항산화 특성이 있으며 염증을 억제하고 기억력과 집중력을 향상시키는 효과도 있다.

1 더덕은 너무 굵지 않고 향이 강하며 잔뿌리가 적은 국내산을 선택
2 더덕은 껍질을 벗겼을 때 하얀 점액이 많은 것
3 더덕의 표면에 흠집이나 무른 곳이 없으며 주름이 많지 않은 것
4 껍질을 제거한 더덕은 변색이 없으며 퍼석하지 않은 것
5 통도라지는 길이가 짧고 가늘며 잔뿌리가 많은 국내산을 선택

도라지나 더덕은 국내산을 구입하는 것이 싱싱하고 위생적으로도 안심할 수 있다. 특히 껍질을 벗기고 다듬어서 판매하는 도라지나 더덕은 반드시 국내산을 확인하고 구매해야 한다. 통도라지를 구입하는 경우 길이가 짧고 흙이 많이 묻어 있으며 잔뿌리가 많고 원뿌리가 2~3개로 나뉜 것이 국내산이다. 손질된 도라지의 경우 질감이 부드럽고 도라지 특유의 향이 강하고 껍질이 벗겨지지 않았으며 도라지 특유의 색을 띠는 것이 국내산이다.

국내산 더덕은 특유의 향이 강하고 내부에 심이 없어 부드럽고 하얀 점액이 많이 나온다. 더덕은 특유이 향이 강하고 크기가 너무 작거나 크지 않고 잔뿌리가 적은 것이 맛이 좋다. 쪼개보아 속살이 희고 깨끗하며 심이 박히지 않아 부드럽고 퍼석하지 않은 것이 좋다. 손질된 도라지나 더덕은 한 번 먹을 만큼씩 소량만 구매하고 표면이 마르거나 색이 변하지 않은 싱싱한 것을 선택한다.

1 도라지는 사포닌 섭취를 위해 껍질까지 조리
2 손질한 도라지는 소금물에 담가 갈변 방지
3 더덕의 쓴맛을 제거하려면 소금물에 담근 후 조리
4 도라지, 더덕의 사포닌 용출을 막기 위해 오랜 시간 물에 담그는 것은 피할 것

도라지에 함유된 유효성분인 사포닌은 껍질 부분에 특히 함량이 높기 때문에 가능하면 껍질까지 조리하거나 껍질을 최소한으로만 벗겨내는 것이 좋다. 또는 껍질을 따로 모아 말려서 차 등으로 활용하는 것도 좋은 방법이 될 수 있다.

더덕의 껍질 역시 플라보노이드가 풍부하니 말려서 더덕차로 활용하면 좋다. 도라지는 손질한 후에 소금을 넣고 주물러 쓴맛이 나는 성분을 제거하고 찬물에 헹궈 조리해야 하며 보관을 할 경우에는 물에 담가두어야 갈변을 막을 수 있다.

더덕은 사포닌 성분 때문에 껍질을 제거하기 어려운데 끓는 소금물에 잠시 넣었다 빼거나 살짝 구우면 쉽게 껍질을 제거할 수 있다. 도라지와 더덕의 사포닌은 수용성으로 물에 오래 담가두면 용출될 수 있으니 필요하다면 소금물에 담그는 것이 좋다.

안전한 보관 Tip

1 종이에 싸 서늘하고 통풍이 잘되는 곳에 보관

2 여름철에는 종이에 싸 냉장 보관

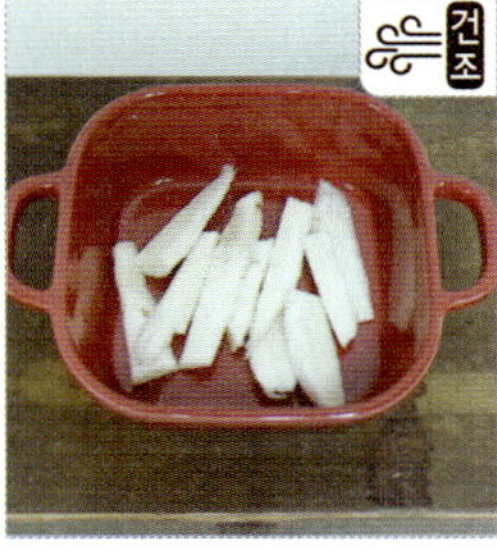

3 손질한 도라지는 건조기나 채반에서 건조 후 보관

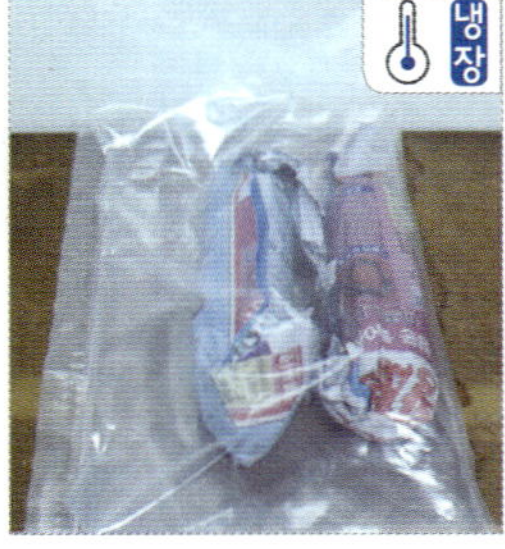

4 손질한 더덕은 종이 타월로 싸 비닐팩에 넣어 냉장 보관

도라지와 더덕은 흙이 묻은 채로 종이로 싸서 서늘하고 통풍이 잘되는 곳에 보관하며 여름철에는 냉장고에 보관한다.

손질한 도라지는 물에 담아 냉장 보관해야 하는데 오래 담그면 사포닌 성분이 용출되므로 짧은 시간 동안만 보관한다. 도라지를 장기 보관할 경우 깨끗이 세척해 껍질을 벗긴 후 건조시켜 보관한다.

마늘·양파

양파의 껍질에는 콜레스테롤을 감소시키는 케르세틴이 풍부하니 껍질째 섭취하세요

싹이 나거나 썩은 부분은 없는가?

마늘은 알이 고르고 단단한가?

양파는 껍질이 잘 말라있으며 단단한가?

마늘, 양파 알고 먹기

마늘과 양파는 땅속 비늘줄기를 식용으로 하는 구근채소이자 백합과 또는 파과에 속하는 채소라는 공통점을 지닌다. 한국 음식에 다양하게 사용되는 마늘과 양파는 특유의 강한 맛이 있으며 영양소 또한 풍부한 식품이다. 마늘은 단군신화에도 등장할 정도로 오랜 세월을 우리민족과 함께 해온 채소로 거의 모든 음식에 빠지지 않고 들어가는 주요 향신 채소이다. 마늘의 강한 맛과 냄새 때문에 꺼려하는 사람도 있지만 예로부터 마늘은 냄새 외에는 100가지 이로운 점만 있다고 하였다. 오늘날에는 항암 특성을 비롯하여 마늘의 효능이 과학적으로 입증되면서 건강한 식품으로 빠지지 않고 언급되고 있다.

주요 영양소와 특징

1. 땅속 비늘줄기를 식용으로 하는 구근채소

2. 알리신, 소코르디닌, 케르세틴 등 다양한 생리활성물질 함유

3. 비타민B_1의 흡수 증가, 항암 작용, 항균 작용, 항산화 작용, 콜레스테롤 저하 작용

마늘과 양파의 아리고 매운맛은 알리신이라는 성분 때문이다. 알리신은 강력한 항생제로 살균, 항균 작용을 하여 식중독균, 헬리코박터파이로리균 등을 죽이는 효과가 있다. 또한 비타민B_1이 체내에서 잘 흡수되도록 도와주며 혈중 콜레스테롤을 낮추고 혈액순환을 촉진시켜 심혈관질환을 예방하는 효과도 있다. 알리신의 이같은 효능은 양파보다 마늘에서 더 강하게 일어난다.

마늘은 당질의 함량이 24% 정도로 매우 높고 100g당 약120kcal로 채소로는 열량이 상당히 높은 편이며 식이섬유와 비타민C와 비타민B군, 칼륨과 인, 칼슘, 구리, 철분, 아연 등을 함유한다. 마늘은 주요 영양소 이외에도 알리신을 포함한 유황화합물, 스코르디닌, 셀레늄과 게르마늄 등 다양한 생리활성물질을 함유한다. 마늘의 메틸시스테인은 간암과 대장암을 억제하는 효과가 있으며 셀레늄과 유기게르마늄 역시 암을 예방하고 억제하는 효과가 있는 것으로 알려졌다. 마늘에 함유된 스코르디닌은 내장을 따뜻하게 하고 혈액순환과 신진대사를 원활하게 하며 강장효과가 있다.

양파는 마늘에 비해 수분의 함량이 높아 전반적인 영양소 함량은 다소 낮은 편이다. 하지만 식이섬유소는 물론 비타민C, 비타민B군, 칼륨과 칼슘, 인 등 다양한 영양소와 알린을 함유한다. 양파는 가열하면 매운맛은 사라지고 단맛이 남게 되는데 이는 양파의 매운맛 성분이 가열에 의해 단맛을 내는 성분으로 바뀌기 때문이다.

양파의 껍질에는 항산화 특성을 지니는 케르세틴이 풍부하다. 케르세틴은 혈압을 떨어뜨리고 혈중 콜레스테롤을 감소시키며 혈전의 생성을 억제하고 모세혈관을 튼튼하게 하여 혈관을 건강하게 하고 뇌졸중 예방에도 도움이 된다. 또한 내장지방의 축적을 억제하는 것으로도 알려져 있으며 노화방지 및 항염증 효과도 있다. 양파에 함유된 알리신 역시 항균, 항염증, 항암 효과는 물론 혈당을 떨어뜨리는 효과도 있는 것으로 보고되었다. 자색 양파에는 케르세틴은 물론 항산화 특성을 지니며 눈 건강에 좋은 안토시아닌 색소가 풍부하다.

1 싹이 나거나 썩은 부분이 없는 것
2 마늘 알의 크기가 일정하며 단단한 것
3 깐마늘은 변색 없고 무르지 않은 것
4 양파는 단단하고 껍질이 잘 건조된 것
5 깐양파는 무르지 않고 물기가 없는 것

마늘이나 양파는 국내산을 구매하는 것이 좋다. 국내산 마늘은 뿌리가 붙어있고 마늘이 길고 가는 편이며 껍질이 잘 벗겨지지 않는다. 또한 껍질에 흰 줄무늬가 많고 껍질이 얇다. 반면 수입산은 뿌리가 없거나 붙어 있을 경우 뿌리가 적고 굵으며 마늘 껍질이 잘 벗겨지고 마늘쪽이 크다. 국내산 깐마늘은 모양이 가늘고 뾰족하며 뿌리 부분의 면적이 좁고 마늘의 면이 삼면을 이룬다. 반면 수입산은 마늘의 모양이 통통하고 크며 뿌리 부분의 면적이 넓고 면이 여러 개이다.

국내산 양파는 줄기 부분이 길고 뿌리가 붙어 있으며 껍질이 얇아 잘 찢어진다. 반면 수입산은 뿌리가 거의 남아 있지 않고 줄기가 짧게 잘려졌으며 껍질이 두꺼워 잘 찢어지지 않는다. 깐양파의 경우 국내산은 세로줄 무늬가 희미하고 간격이 넓은 반면 수입산은 무늬가 진하고 간격이 좁다. 국내산은 줄기 부분의 녹색이 연한 반면 수입산은 색이 짙다. 국내산은 알맹이가 연하고 부드러우나 수입산은 단단하다.

1 알리신 섭취를 위해서라면 마늘은 생으로 또는 살짝만 가열해 섭취
2 케르세틴 섭취를 위해서라면 양파를 익혀 섭취
3 수용성 성분 용출을 막기 위해 장시간 물에 담그지 않을 것
4 마늘은 하루 한 쪽 섭취면 충분

마늘의 주요 생리활성물질인 알리신은 마늘을 다질 때 생성되며 가열하면 분해된다. 따라서 마늘은 먹기 직전에 다져서 음식에 넣거나 생으로 천천히 씹어 먹는 것이 좋으며 장아찌, 초마늘 등으로 가열하지 않고 만들어 먹어야 알리신의 효능을 충분히 볼 수 있다.

양파에 함유된 케르세틴은 가열에 의해 오히려 함량이 증가되고 흡수도 잘되므로 익혀 먹는 것이 좋으며 양파 껍질 부위에 특히 많으니 껍질로 국물을 내거나 차로 활용하면 좋다. 양파의 매운맛을 없애기 위해 찬물에 담가놓는 경우가 있는데 오랜 시간 물에 담그면 케르세틴, 알리신, 수용성 비타민이 용출되므로 물에 담그지 않는 게 좋다.

몸에 좋은 마늘과 양파이지만 점막을 자극하기 때문에 과다하게 먹는 것은 오히려 문제를 일으킬 수 있으며 특히 위장에 염증이 있을 경우 생으로 먹는 것은 피해야 한다. 마늘은 하루 한 쪽이면 충분하다.

안전한 보관 Tip

1 통마늘은 어둡고 서늘한 곳에, 깐마늘은 냉장 보관

2 깐마늘, 깐양파는 랩으로 싸 냉장 보관

3 장기 보관 시 마늘을 다져서 냉동 보관

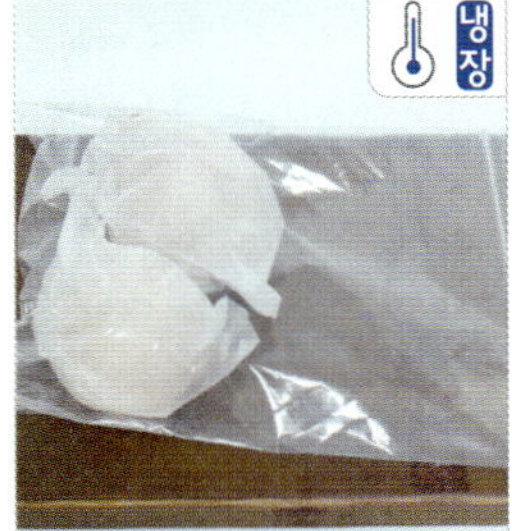

4 양파는 종이로 싸 비닐에 넣어 냉장 보관

양파와 마늘은 서로 눌리지 않도록 주의해 어둡고 서늘한 곳에 보관한다. 덥고 습기가 많은 여름철에는 냉장 보관하는 것이 좋은데 이때 양파는 종이로 싸 비닐에 넣어 냉장 보관하고 마늘은 껍질을 제거해 랩으로 싸 냉장 보관한다.

마늘은 다진 후 비닐에 넣고 얇게 펴 냉동하면 장기 보관도 가능할 뿐 아니라 사용할 만큼 잘라 쓰기도 편하다.

생강

중불에서 30분 끓이면 유효성분을 가장 효과적으로 섭취할 수 있어요

생강의 껍질이 얇고 윤기가 도
는가?

검은 반점이나 검은빛을 띠지
는 않는가?

매운 향이 강하고 굵고 단단한
가?

생강 알고 먹기

톡 쏘는 향과 강한 매운 맛을 지닌 생강은 생선이나 육류의 비린
맛을 없애는 데 효과적이고 음식의 맛을 돋우어 향신료로 많이
이용된다. 또한 예로부터 특유의 약효로 여러 질병의 예방과 치
료를 위한 약재로도 활용된 채소이다.

주요 영양소와 특징

1. 소화, 살균, 항산화 작용에 탁월한 진저롤, 진저론, 쇼가올 함유

2. 세균의 생육을 억제하는 라피노스 함유

3. 전분의 소화를 돕는 디아스타제 함유

생강은 다양한 영양소를 풍부하게 함유하는 채소는 아니다. 당질과 섬유질의 함량은 높은 편이며 비타민C와 칼륨 등을 함유하지만 양은 많지 않다. 하지만 생강에 함유된 매운맛 성분과 플라보노이드를 비롯한 폴리페놀, 소화를 돕는 효소 등의 특성으로 건강에 아주 유익한 식품으로 인정받고 있다.

생강의 매운맛과 향 성분은 진저롤, 진저론, 쇼가올인데 이 성분들은 특유의 강한 향과 맛으로 식품의 비린내를 제거해주는 것은 물론 다양한 약리 작용도 한다. 이 성분들은 위 점막을 자극해 소화액의 분비를 돕고 소화를 촉진하며 식욕을 증진시킨다. 또한 세균에 대한 살균 효과가 있어 날 생선을 먹을 때 함께 먹으면 세균성 식중독을 예방하고 일부 전염병균에 대한 항균 효과도 있다. 또한 호흡기의 세균 감염을 막아 가래나 기침을 줄이고 호흡기를 건강하게 유지해준다. 생강에는 세균의 생장을 억제하여 항균력을 높이는 라피노스라는 올리고당도 함유되어 있으니 생강은 세균에 의한 질병을 예방하는 데 효과적인 식품이라 볼 수 있다.

또한 염증 유발 물질의 생성을 억제하여 소염, 진통 효과가 있기 때문에 기관지의 염증이나 관절염에 의한 통증 완화에 도움이 된다. 혈액의 지질 농도를 떨어뜨리고 혈전의 생성을 막아주며 항산화 작용과 면역 증강, 종양을 억제하는 효과도 있다. 편두통, 멀미, 입덧을 완화해주기도 한다.

생강의 매운맛 성분들이 위액의 분비를 촉진하여 소화를 돕는 한편 생강에는 전분을 분해하는 디아스타제라는 소화 효소도 함유되어 있어 음식의 소화 작용을 원활하게 한다.

1 국내산으로 구매
2 매운 향이 강하고 굵고 단단한 것
3 껍질이 얇고 윤기가 돌며 검은 반점이 없는 것
4 잘랐을 때 실 같은 섬유가 없는 것

다른 채소와 마찬가지로 생강도 국내산이 신선하고 위생적인 면에서 안심할 수 있으니 가능한 국내산을 구입하는 것이 좋다. 일반적으로 수입된 생강은 세척을 하여 들여오기 때문에 흙이 묻지 않았으니 흙이 묻어있는 것을 선택하면 대부분 국내산이라 볼 수 있다.

생강은 매운 향이 강하고 외관이 굵고 굴곡이 없으며 단단한 것이 좋다. 흠집이 있거나 검은 반점이 보이는 것, 잘랐을 때 실 같은 섬유질이 있는 것은 피한다. 수입 생강은 연한 갈색을 띠고 전체적으로 매끈하며 큰 반면에 국내산은 색이 짙은 편이고 울퉁불퉁한 편이다.

1 생강의 굴곡진 부분은 솔로 깨끗이 세척
2 껍질은 숟가락으로 얇게 벗겨낼 것
3 진저롤 섭취를 위해서라면 장시간 조리는 피할 것
4 열이 많거나 혈압이 높은 사람, 출혈성질환자, 위장질환자는 섭취 제한
5 생강편, 생강차, 생강절임으로 섭취하면 유효성분의 섭취를 많이 할 수 있음

생강의 굴곡진 부분은 세척이 어려워 이물질이나, 세균, 농약 등이 남아있을 수 있으니 솔 등으로 꼼꼼하게 세척하여 껍질을 제거한 후 조리에 이용한다.

향신료로 생강을 사용할 경우 섭취량이 적어 생강의 유효성분을 효과적으로 이용하기 어렵다. 따라서 편강이나 생강차, 절임 등으로 활용하면 생강을 보다 효과적으로 섭취할 수 있다. 생강차의 경우 레몬이나 오렌지 또는 대추 등의 과일과 함께 끓여서 만들면 단맛과 새콤한 맛 등이 강한 매운맛과 잘 조화되어 더 편하게 먹을 수 있다.

가열하는 과정에 생강의 유효성분이 용출되어 효과적으로 섭취할 수 있는데 생강은 3~5mm 정도로 저미고 중불에서 30분 가량 끓이면 진저롤의 용출량이 최대가 되며 1시간 이상 가열하면 오히려 용출된 진저롤이 열에 파괴된다. 하지만 3번까지는 재탕하여도 진저롤이 용출되니 재탕하여 활용할 수 있다.

건강에 좋은 식품인 생강이지만 발열 작용을 하므로 몸에 열이 있는 사람은 섭취를 피하는 것이 좋으며 혈압이 높은 사람도 주의해야 한다. 생강은 항응고제의 특성이 있으니 출혈성질환이 있는 사람 역시 조심해야 하는데 특히 위궤양이나 십이지장궤양이 있는 경우에는 매운맛 성분들이 위를 자극하고 출혈을 유발할 수 있으니 피해야 하며 건강한 사람도 한 번에 과다한 섭취는 하지 않는 것이 좋다.

안전한 보관 Tip

1 종이에 싸 어둡고 서늘한 곳에 보관

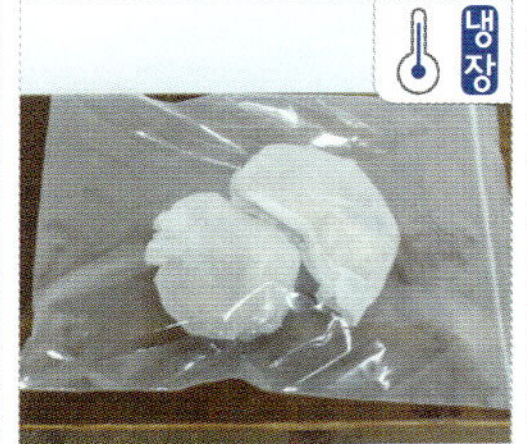

2 종이에 싸 비닐에 넣어 냉기가 약한 곳에 냉장 보관

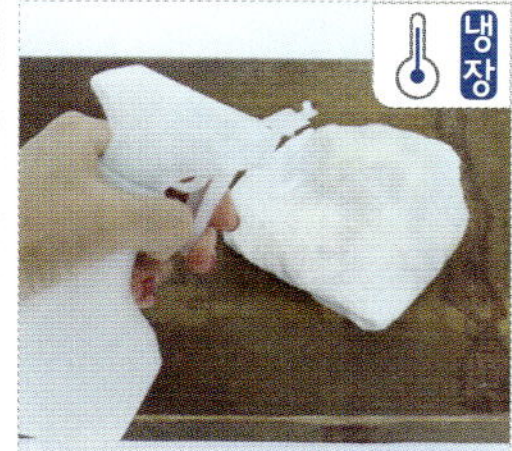

3 다듬은 생강은 젖은 종이타월에 싸 비닐에 넣어 냉장 보관

4 장기 보관 시 흙에 묻어 보관

생강은 어둡고 서늘하며 통풍이 좋은 곳에 보관한다. 냉장고에 보관할 경우에는 종이에 싸 냉기가 약한 냉장고 문 쪽에 보관한다. 손질한 생강을 보관할 때는 젖은 종이타월에 싸서 비닐에 넣어 보관하며 보관 기간은 하루가 넘지 않도록 한다. 장기 보관할 경우 갈거나 다져 밀봉해 냉동 보관한다. 생강은 흙에 묻어 보관하면 장기 보관할 수 있다.

오이·가지

쓴맛이 강한 오이는 구토, 복통 증상을 유발할 수 있으니 먹지 마세요

굵기가 일정하고 단단한가?

오이는 돌기가 날카롭고 꼭지에 잔가시가 있는가?

가지는 주름이 없고 가시가 날카로운가?

오이, 가지 알고 먹기

오이, 가지는 초본식물의 열매를 식용으로 하는 채소로 과채류라고 부른다. 과채류에 포함되는 채소는 식이섬유가 풍부하고 비타민, 미네랄을 함유하며 특유의 맛과 색, 질감을 지니며 항산화 물질들도 함유한다. 오이나 가지에 풍부한 식이섬유는 장의 운동을 활발하게 하여 변비를 예방하고 장내에서 콜레스테롤이나 지방, 당분 등을 흡착하여 배출해 혈당의 급격한 상승을 막고 혈중 콜레스테롤의 저하와 대장의 건강에 매우 도움이 된다. 또한 식이섬유소는 포만감을 주어 배고픔을 덜 느끼게 하여 체중 조절에도 좋다.

주요 영양소와 특징

오이

1. 비타민C와 베타카로틴, 알파카로틴, 제아잔틴, 루테인 등 다양한 항산화 성분 함유

2. 혈액 응고와 뼈 건강에 도움이 되는 비타민K가 풍부

3. 수분 보충과 이뇨작용을 하는 이소퀘르시트린 함유

4. 나트륨 배출을 도와주는 칼륨 함유

가지

1. 항산화, 항염증, 항암 효과가 있는 나스닌과 히아신, 각종 알칼로이드를 함유

2. 진통 작용과 경련 억제 효과가 있는 스코폴레틴과 스코파론 함유

오이는 수분의 함량이 96% 정도로 여름철 갈증을 풀어주는 매우 좋은 식품이며 100g당 약 15kcal의 열량을 지닌 저칼로리 식품이다. 또한 이뇨 작용을 하는 이소퀘르시트린을 함유하고 나트륨을 배출하는 칼륨의 함량도 높아 체내 노폐물을 배출과 부종에도 효과가 있다.

오이에는 항산화 기능을 하는 비타민C와 베타카로틴의 함량이 높고 그 외에도 알파카로틴, 제아잔틴, 루테인, 카페인산 등 다양한 항산화 성분이 풍부하게 들어 있다. 이런 항산화 물질들은 활성산소를 효과적으로 제거하고 염증 반응을 억제하며 노화와 관련된 여러 질병을 예방한다. 또한 혈액의 응고에 중요한 역할을 하고 칼슘의 흡수를 돕고 골격의 형성에 관여하여 뼈 건강에 도움을 주는 비타민K가 풍부하다. 오이의 쓴맛 성분인 쿠쿠르비타신B는 항암, 간염에 효과가 있는 것으로 알려졌다.

가지는 약 95%의 수분으로 이루어져 있으며 100g당 열량은 약 17kcal로 저열량식품이다. 비타민C, 비타민B, 무기질 함량이 낮아 영양이 풍부하다고 말하기는 어렵지만 다음과 같은 이유로 건강에 좋은 식품으로 각광받고 있다.

가지에는 특유의 보라색을 띠는 안토시아닌 색소를 비롯한 다양한 폴리페놀과 알칼로이드 등 각종 식물성화학물질이 풍부하게 들어 있기 때문에 항산화력이 매우 높은 식품이다. 다양한 항산화 물질들이 유해산소를 효과적으로 제거하고 면역력을 향상시키며 노화와 염증 반응을 억제하고 암을 예방한다.

가지의 안토시아닌 색소인 나스닌과 히아신은 지방을 잘 흡수하는 특성도 지녀 지방의 배출을 촉진하고 피를 맑게 하며 좋은 콜레스테롤인 HDL-콜레스테롤을 증가시켜 혈관을 건강하게 하고 동맥경화 등 심혈관질환을 예방한다.

가지는 다양한 약리 작용을 지니는 식품으로 약재로도 많이 활용되는데 진통, 진정 작용, 염증을 억제하는 작용 등이 있는 것으로 알려졌다.

똑똑한 구매 Tip

1 굵기가 일정하고 단단한 것
2 오이는 돌기가 날카롭고 꼭지에 잔가시와 꽃이 달린 것
3 가지는 짙은 보랏빛을 띠고 주름이 없는 것
4 가지가 너무 큰 것은 억센 것이니 피할 것
5 가지의 꼭지가 촉촉하며 가시가 날카로운 것

오이는 굵기가 일정하고 표면에 주름이 없이 돌기가 날카로운 것이 좋으며 꽃이 달려있고 꼭지 부분에 가시가 있는 것이 싱싱한 것이다.

가지 역시 일정한 굵기에 적당히 통통하고 보랏빛이 진한 것이 좋다. 가지의 표면에 주름이 있는 것은 신선도가 떨어지는 것이며 너무 큰 것은 억세고 맛도 덜하니 20~25cm 정도의 크기가 적당하다.

1 오이는 꼭지와 껍질을 모두 섭취

2 구토, 복통 예방을 위해 쓴맛이 나는 오이는 억지로 섭취하지 않을 것

3 오이는 비타민C가 풍부한 식품과 함께 섭취하지 않을 것

4 가지는 장시간 물에 가열하지 않을 것

5 가지는 소금에 절인 후 기름에 조리할 것

6 위가 약하거나 냉증이 있는 사람은 가지, 오이의 과다 섭취 제한

오이는 껍질과 꼭지 부분까지 먹어야 몸에 좋은 각종 영양소를 더 많이 섭취할 수 있다. 가시를 제거하고 굵은 소금으로 문질러 닦은 후 흐르는 물에 씻으면 잔류농약이나 이물질이 깨끗이 제거된다. 특히 약간의 쓴맛이 나는 오이 꼭지 부분은 항암 작용을 하는 쿠쿠르비타신이 풍부하게 함유된 것이니 먹는 것이 좋다. 하지만 쓴맛이 너무 강하면 쿠쿠르비타신이 너무 많이 생성된 것으로 구토와 복통 증상을 유발할 수 있으니 섭취하지 않는것이 좋다.

당근과 마찬가지로 오이에도 비타민C를 파괴하는 아스코르비나제가 들어 있다. 따라서 비타민C 함량이 높은 과일이나 채소와 오이를 함께 먹는 것은 좋지 않다.

가지는 기름을 잘 흡수하기 때문에 기름에 조리할 경우 열량 섭취가 많이 질 수 있다. 이런 경우에는 소금에 잠시 절였다가 기름에 조리하면 기름의 흡수량을 줄일 수 있다.

오이나 가지는 모두 차가운 식품으로 위가 약하거나 냉증이 있으면 많이 먹지 않도록 한다.

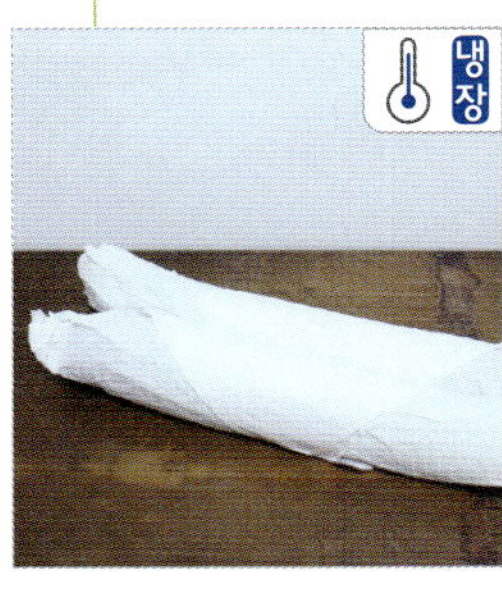

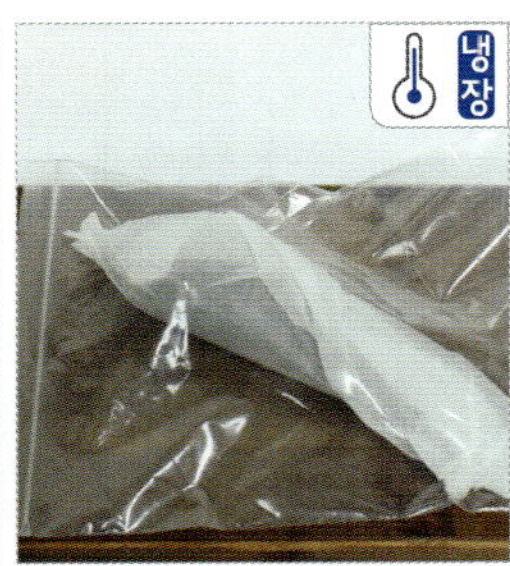

1 오이는 물기를 제거하고 종이타월로 싸서 냉장 보관

2 가지는 종이에 싸 어둡고 서늘한 곳에 보관

3 가지는 종이에 싸 밀봉해 냉장고 채소칸에 보관

4 장기 보관 시 가지를 편으로 썰어 말려 보관

오이는 습기에 약하기 때문에 표면에 물기가 있다면 완전히 제거하고 꽃이 달렸으면 떼어낸 후에 보관한다. 오이는 냉장고에서 냉해를 입기 쉬우니 랩이나 종이타월로 싸서 비닐봉지에 넣고 냉장고 채소칸에 둔다.

가지는 저온에 약하기 때문에 하나씩 신문지에 싸서 어둡고 시원한 곳에 보관하는 것이 좋다. 냉장 보관할 때에는 종이타월이나 종이로 싸서 비닐에 넣어 채소칸에 둔다. 가지를 썰어서 말리면 쫄깃한 질감에 영양소의 밀도도 높아지며 계절에 관계없이 가지를 이용할 수 있다.

호박

호박은 부기 제거, 노폐물 배출에 탁월한 식품이에요

Check Point

애호박은 밝은 연두색을 띠고 꼭지 부분이 촉촉한가?

늙은호박은 색이 짙고 골이 깊으며 흰 분이 있는가?

단호박은 짙은 초록색을 띠고 꼭지 주위가 움푹 팬 것인가?

호박 알고 먹기

호박은 크게 동양계 호박, 서양계 호박, 페퍼계 호박으로 나뉘는데 우리가 많이 먹는 호박은 동양계 호박인 애호박과 늙은호박, 서양계 호박인 단호박이 있다. 애호박과 늙은호박은 성숙된 정도의 차이일 뿐 같은 호박으로 영양성분은 유사하다. 하지만 늙은호박보다는 미숙과인 애호박의 이용이 훨씬 많아 호박의 약 80%는 애호박으로 소비된다.

1. 항산화 성분과 각종 영양소가 풍부하여 면역 기능을 높이고 질병을 예방하는 데 효과적

2. 비타민A, 베타카로틴이, 비타민C, 비타민E, 비타민B₁, 아연, 칼륨 등 함유

3. 이뇨작용을 도와 부종에 효과적

4. 위를 보호하고 소화를 도와줌

5. 식이섬유가 풍부하게 함유되어 변비 예방, 콜레스테롤 저하, 체중 감량에 도움을 줌

호박에는 신진대사에 관여하는 비타민B₁과 항산화효소의 구성분이자 면역 기능에 관여하는 아연이 풍부하고 비타민A, 비타민C, 비타민E, 베타카로틴, 식이섬유 등이 들어 있으며 호박의 씨 부분에는 두뇌 건강에 좋은 레시틴도 함유되어 있다. 비타민B₁과 아연은 당질의 대사와 관련이 있는 영양소들로 비타민B₁은 당의 대사를 촉진하고 아연은 인슐린의 기능을 도와 혈당을 낮춰 당뇨환자에게도 좋은 음식이라 할 수 있는데 이 성분은 특히 애호박에 풍부하다.

저장성이 좋아 겨울철 비타민의 급원으로 훌륭한 역할을 하는 늙은호박은 당질을 비롯하여 애호박에 들어 있는 영양소 대부분의 함량이 높은데 특히 베타카로틴은 애호박의 약 3배이다. 베타카로틴은 항산화력이 강한 물질로 유해산소의 작용을 억제하여 염증과 각종 질병의 예방 도움을 주는데 특히 폐암을 비롯하여 식도암, 위암, 전립선암 등 여러 암의 예방과 치료에 효과가 있는 것으로 알려졌다. 베타카로틴은 체내에서 비타민A로 전환되어 야맹증을 예방하고 망막의 건강과 피부와 점막의 유지 등에 중요한 기능을 한다. 특히 기관지, 폐 등 호흡기와 소화기관의 점막을 유지하여 호흡기와 소화기 등의 건강에 좋다.

애호박이나 늙은호박은 위에도 좋은 음식으로 알려져 있는데 호박의 당질이 소화가 잘되고 호박에 풍부한 비타민A는 위벽을 보호하고 베타카로틴을 비롯한 항산화 영양소가 염증을 억제하는 작용을 하기 때문이다.

호박에는 항이뇨호르몬의 작용을 억제하는 성분이 함유되어 이뇨작용을 돕고 부기를 제거해주는 효과는 물론 노폐물의 배출에도 도움이 된다.

서양계호박인 단호박은 동양계호박에 비해 당질의 함량이 아주 높고 단맛이 강해 밤호박이라고도 불린다. 전분의 함량이 높다보니 주식 대용으로도 활용되고 있다. 단호박은 짙은 노란색에서 예측할 수 있는 것처럼 베타카로틴 늙은호박의 5배 이상이 들어 있고 비타민A의 함량 역시 매우 높다. 동양계호박에 비해 수분 함량이 낮고 당질과 식이섬유소를 비롯하여 각종 비타민과 무기질이 풍부하고 루테인, 제아잔틴, 베타크립토잔틴 같은 항산화 영양소의 함량도 높다.

똑똑한 구매 Tip

1 애호박은 밝은 연두색을 띠고 표면에 윤기가 있으며 형태가 곧고 꼭지가 마르지 않은 것
2 애호박은 전체적으로 굵기가 일정하고 들어보아 묵직하며 상처나 흠집이 없는 것
3 늙은호박은 상처나 흠집, 얼룩이 없이 깨끗하고 단단하고 무거우며 골이 깊은 것 선택
4 늙은호박은 색이 짙고 흰 분이 있는 것
5 단호박은 전체적으로 짙은 초록색을 띠며 표면에 윤기가 있고 상처나 흠집이 없는 것
6 단호박은 단단하고 꼭지 주위가 움푹 팬 것

수분 함량이 높아 저장성이 떨어지는 애호박은 싱싱한 것을 자주 구매하는 것이 좋다. 애호박 특유의 밝은 연두색을 띠고 윤기가 있으며 모양이 휘지 않고 반듯하고 전체적으로 굵기가 일정한 것을 선택한다. 표면에 흠집이나 상처가 없으며 꼭지가 마르지 않고 들었을 때 묵직한 느낌이 있는 것이 좋다.

늙은호박은 크기가 클수록 좋으며 표면에 상처나 얼룩이 없이 깨끗한 것, 단단하고 무거우며 골이 선명하고 깊게 팬 것을 고른다. 또한 흰 분이 있는 것이 당도가 높으며 색이 짙을수록 베타카로틴의 함량이 높다.

단호박은 짙은 초록빛을 띠고 표면에 윤기가 도는 것이 좋으며 단단하고 묵직하며 꼭지 주위가 움푹 팬 것이 잘 익은 것이다.

1 기름과 함께 조리해 베타카로틴, 비타민E의 흡수를 높일 것
2 육류, 우유 치즈와 함께 섭취
3 애호박은 가열해 섭취
4 단호박에는 꿀, 설탕 등 당분을 추가하지 않을 것
5 단호박은 껍질까지 섭취

호박의 대표적인 영양소인 비타민A와 베타카로틴, 비타민E는 지용성이므로 볶음이나 전, 튀김 같이 기름을 이용하여 조리하면 이들 영양소의 흡수율을 높일 수 있다. 또한 육류나 콩류, 견과류 등과 함께 먹으면 호박에 부족한 단백질과 지방, 비타민 등을 보완할 수 있으며 이들 식품에 풍부한 지방이 호박류에 풍부한 지용성 비타민의 흡수를 도와준다. 예를 들어 단호박을 갈비찜에 함께 넣으면 영양은 물론 맛도 좋아지는데 가능하면 껍질을 까지 말고 활용하는 것이 좋다. 단호박의 초록색 껍질에는 항산화 작용을 하는 페놀산과 식이섬유의 함량이 풍부하고 베타카로틴도 속보다 더 많이 함유되어 있다.

단호박의 껍질을 제거할 때는 전자레인지에 5분 정도 돌리면 껍질을 쉽게 벗겨낼 수 있다. 단호박은 애호박이나 늙은호박에 비해 당질의 함량과 열량이 상당히 높다. 따라서 단호박에 꿀이나 설탕 등을 넣고 조리하게 되면 열량이 너무 높아질 수 있으니 피한다.

애호박에는 비타민C를 파괴하는 아스코르비나제가 함유되어 있는데 아스코르비나제는 가열에 의해 파괴되므로 애호박은 가열해 섭취하는 것이 좋다. 호박의 씨앗에는 단백질과 지방 특히 리놀레산이 풍부하고 아연, 셀레늄, 마그네슘, 레시틴 등 이 함유되어 있으니 버리지 말고 세척하고 햇볕에 말린 후 볶아서 먹으면 좋다.

안전한 보관 Tip

1 애호박은 물기 제거 후 종이나 랩으로 싸 냉장 보관

2 늙은호박, 단호박은 씨 제거 후 랩으로 싸 냉장 보관

애호박은 물기를 완전히 제거하고 종이나 랩으로 싸 냉장고에 보관하며 늙은호박과 단호박은 어둡고 서늘한 실온에 보관한다. 냉장고에 보관할 경우에는 씨를 제거한 후 랩으로 싸 채소칸에 보관한다. 애호박은 씨를 제거하고 얇게 썰어 건조시키면 1개월간 보관이 가능하다.

고추

껍질에 주름이 있거나 반점이 보이는 것은 신선하지 않은 것이에요

껍질이 두껍고 연하며 꼭지가
마르지 않고 잘 붙어 있는가?

주름, 흠집, 짓무른 곳이 있지는
않은가?

풋고추의 끝이 뭉툭한가?

홍고추의 색이 짙고 매끈한가?

말린고추의 꼭지가 잘 붙어있
는가?

고추 알고 먹기

고추의 원산지는 남미이다. 임진왜란시기에 일본을 거쳐 우리나라에 들어온 고추가 처음에는 그리 환영을 받지 못했으나 18세기 김치에 고추를 넣으면서부터 널리 이용되기 시작했다. 고추의 매운맛은 일종의 통증으로 매운 고추를 먹으면 통증을 잊게 하는 엔돌핀이 분비되어 오히려 기분이 좋아진다고 한다. 실제로 고추의 사용양은 계속 증가하고 있다. 실제로 오늘날 한국인 1인당 고추 섭취량은 세계 최고 수준이라 한다.

1. 비타민C와 비타민A를 비롯하여 각종 비타민과 미네랄이 풍부

2. 홍고추가 풋고추보다 영양소 함량이 높음

3. 홍고추의 붉은 색소인 카로틴과 캡산틴은 항산화 작용을 함

4. 매운맛 성분인 캡사이신은 항산화, 항암, 항균 작용과 체지방 연소, 혈액 순환 촉진

고추에는 비타민A와 비타민C, 비타민B군, 비타민E와 비타민K, 베타카로틴 등이 풍부하게 들어 있다. 홍고추가 풋고추에 비해 영양소 함량이 높은데 풋고추에는 베타카로틴과 비타민A는 거의 들어 있지 않다.

고추에 풍부한 비타민C와 비타민E, 베타카로틴은 항산화 작용을 하는 비타민으로 비타민C는 체내 수용성 물질의 산화를 억제하고 비타민E는 LDL-콜레스테롤 같은 지용성 물질의 산화를 억제한다. 또한 다양한 항산화 성분의 작용으로 노화를 억제하고 감기 등 질병에 대한 저항력을 높이며 심혈관질환을 예방하며 항암 효과도 있다.

신진대사에 관여하는 비타민B군도 함유하며 홍고추에는 눈 건강에 필요한 비타민A도 풍부하다. 홍고추의 붉은 색소는 베타카로틴과 알파카로틴 등 카로틴과 캡산틴으로 항산화 작용을 한다.

고추의 매운맛 성분인 캡사이신은 위액과 타액의 분비를 촉진하여 소화를 돕고 식욕을 돋우며 항산화 작용과 항암 작용, 항균 작용을 한다. 또한 지방의 연소를 촉진하여 체지방을 줄여주기 때문에 체중 감량에도 효과가 있는 것으로 알려졌다. 캡사이신의 매운맛은 엔돌핀의 분비를 증가시켜 스트레스를 완화하고 혈액의 순환을 촉진하고 통증을 억제하는 효과도 있다.

1	껍질이 두껍고 연하며 꼭지가 마르지 않고 잘 붙어 있는 것
2	주름이 있거나 상처, 짓무른 곳이 있는 것은 피할 것
3	풋고추는 끝이 통통하고 뭉툭한 것이 단맛이 좋음
4	풋고추는 모양이 곧고 매끈하며 선명한 초록색을 띠며 윤기가 있는 것
5	홍고추는 빨간색이 짙고 매끈하며 탱탱한 것
6	말린고추는 매끈하고 붉은색이 짙으며 윤기가 돌고 꼭지가 잘 붙어있는 것

고추는 풋고추, 홍고추, 말린고추, 고춧가루 등 다양한 형태로 구입할 수 있다. 용도에 따라 풋고추는 채소로, 붉은고추와 말린고추는 향신료로 이용한다.

풋고추나 홍고추는 전체적으로 모양이 곧고 특유의 색이 선명하며 껍질에 윤기가 있는 것이 좋다. 꼭지가 잘 붙어있고 시들거나 검게 변하지 않은 것을 선택한다. 껍질에 주름이 있거나 무른 반점이 있는 것은 신선하지 않은 것이기 때문에 피해야 한다. 풋고추는 끝 부분이 통통하고 뭉툭한 것일수록 단맛이 높다.

홍고추는 빨간색이 퇴색된 것을 고르지 않도록 한다. 특히 고춧가루를 구매할 경우에는 원산지를 반드시 확인하고 국내산을 구매한다.

1	생으로 섭취할 때는 표면을 문질러 충분히 세척하여야 잔류농약을 제거
2	베타카로틴과 비타민A 흡수를 위해 기름과 함께 섭취
3	육류와 함께 섭취
4	위 건강을 위해 과다 섭취 금지

고추의 표면에는 농약이 남아있을 수 있으니 섭취하기 전에 표면을 문질러 씻고 여러 번 헹궈 충분히 세척한 후에 먹는다.

고추에 풍부한 베타카로틴과 비타민A는 지용성으로 기름과 함께 먹어야 흡수가 잘된다. 전이나 튀김, 고추잡채 같이 기름이 들어가는 조리법을 잘 활용하면 맛도 좋고 지용성 영양소의 흡수율도 증가시킬 수 있다.

육류와 고추를 함께 먹는 것도 좋은데 이는 육류에 풍부한 단백질과 고추의 비타민, 미네랄을 함께 섭취할 수 있고 육류의 지방이 고추의 지용성 영양소의 흡수를 도와주며 고추의 캡사이신은 지방의 대사를 촉진하여 체중 증가를 막아주기 때문이다.

건강에 좋은 고추이지만 과다하게 섭취하는 것은 오히려 위 점막을 상하게 하여 병을 유발하기도 한다. 따라서 적당히 먹는 것이 좋으며 특히 위가 약한 사람이나 매운 고추를 먹으면 설사를 하거나 속이 쓰린 사람은 매운맛이 강한 고추는 피한다.

안전한 보관 Tip

1 물기를 완전히 제거한 후 비닐 봉지에 담아 냉장 보관

2 건고추, 고춧가루는 밀봉하여 냉장 또는 냉동 보관

고추는 표면에 수분이 남아있지 않도록 물기를 완전히 제거한 후 비닐봉지에 넣어 냉장고에 보관한다. 홍고추의 색소는 공기와 접촉하면 퇴색하는 성질이 있으므로 건고추나 고춧가루는 밀봉하여 반드시 냉장 또는 냉동 보관해야 한다. 사용하고 남은 홍고추는 햇빛에 잘 말려 건조해 보관하거나 실고추로 만들어 요리에 활용하면 편리하다.

배추·양배추

양배추는 손상된 조직을 회복시키는 비타민U가 풍부해 위궤양질환자에게 좋아요

겉잎이 붙어있고 속이 꽉 차 단
단한가?

배추의 흰 부분이 단단하고 탄
력이 있는가?

양배추는 둥글고 시들거나 벌
레 먹은 곳이 없는가?

잘랐을 때 꽃대가 올라오지 않
았으며 단면이 싱싱한가?

배추, 양배추 알고 먹기

배추는 한국인의 식생활에서 빼놓을 수 없는 중요한 식재료로
고려시대 이전부터 재배되어 온 것으로 추측되지만 오늘날 김치
의 주재료로 이용되는 속이 찬 결구형 배추는 1800년대 말부터
재배되기 시작했다. 배추와 양배추는 초본식물의 잎과 줄기 부
분을 식용으로 하는 경엽채류로 분류되는 채소이자 십자화과에
들어가는 채소로 유사한 영양적 특성을 지니며 글루코시놀레이
트라고 불리는 향미 성분을 함유하고 있다. 배추는 대부분 수분
으로 이루어져 있어 열량이 매우 낮다. 영양소로는 식이섬유소
와 비타민C, 칼륨과 칼슘의 함량이 높다.

주요 영양소와 특징

배추

1. 비타민C, 칼륨, 칼슘, 식이섬유가 풍부
2. 항산화, 항암 물질인 글루코시놀레이트 함유

양배추

1. 비타민C, 칼슘, 베타카로틴, 비타민K 함유
2. 배추보다 식이섬유가 월등히 풍부
3. 위궤양을 치료하는 비타민U 함유
4. 항산화, 항암물질인 글루코시놀레이트 함유

양배추는 배추와 비슷한 정도의 비타민C와 칼슘, 칼륨을 함유하고 식이섬유의 함량은 훨씬 높으며 베타카로틴, 비타민K 등도 함유한다. 양배추에는 손상된 조직을 회복시켜 위궤양의 치료에 효과가 있는 비타민U도 함유한다. 비타민K는 혈액의 응고에 관여하고 칼슘의 흡수를 돕고 골격의 형성에 관여하여 뼈 건강에 도움을 준다. 양배추는 채소류지만 칼슘의 함량이 높은 편이고 칼슘의 흡수와 뼈의 형성을 돕는 비타민K와 비타민C도 함유되어 있으니 칼슘 영양원으로 훌륭한 식품이라 볼 수 있다.

배추와 양배추에 들어 있는 글루코시놀레이트라는 향미 성분들은 섭취하거나 조리하는 과정에서 알릴이소티오시아네이트, 인돌-3-카비놀이라는 성분으로 바뀐다. 이 물질들은 뛰어난 항산화 작용과 염증 억제 효과가 있는 것으로 알려졌으며 항암 작용이 뛰어난 것으로 밝혀졌다. 글루코시놀레이트는 DNA 손상으로부터 세포보호하고 악성세포의 사멸 유도하여 강력한 항암 작용을 하며 인돌-3-카비놀은 특히 유방암과 관련된 여성호르몬의 분해를 촉진하여 유방암을 예방하는 효과가 있다. 또한 알릴이소티오시아네이트는 암세포의 자멸을 유도하는 작용을 하며 대장의 염증을 완화하고 헬리코박터파이로리균을 억제하는 효과도 있는 것으로 알려졌다.

1 배추는 겉잎이 붙어있고 배춧잎이 단단히 잘 밀착되어 벌어지지 않고 속이 꽉 찬 것

2 배춧잎이 두껍지 않고 잎맥이 얇고 부드러운 것

3 배추의 흰 부분이 단단하고 탄력이 있으며 뿌리가 싱싱하며 묵직한 것

4 양배추는 모양이 둥글고 겉잎이 붙어 있으며 겉잎이 시들거나 벌레 먹지 않은 것

5 들어보아 묵직하고 단단하며 속이 꽉 찬 것

6 잘라보았을 때 꽃대가 올라오지 않고 심의 단면이 싱싱한 것

배추나 양배추는 국내산이 신선도나 위생적으로 안심할 수 있으니 가능하면 국내산을 구매한다. 싱싱한 배추나 양배추가 맛도 영양도 좋으니 신선할 때 구입하여 빨리 먹는 것이 바람직하다.

배추는 초록색 겉잎이 싱싱하게 붙어있고 묵직하며 아랫부분과 윗부분의 굵기가 일정한 것이 좋다. 배춧잎의 흰 부분이 시들지 않고 탄력이 있으며 뿌리 부분을 살펴보아 마르거나 시들지 않고 들어보다 묵직한 것이 싱싱하다. 배춧잎은 너무 두껍지 않고 잎맥이 얇은 것이 부드럽고 맛도 좋다.

양배추 역시 초록색 겉잎이 싱싱한 상태로 붙어있으며 벌레 먹거나 상처가 없는 것으로 고른다. 들었을 때 묵직한 느낌이 있는 것을 선택하고 절단해서 판매하는 것은 심의 단면이 싱싱하고 속이 꽉 차있으며 꽃대가 올라오지 않아야 한다. 양배추는 늦가을부터 겨울에 생산되는 것이 맛이 좋고 신선하다.

1 초록색 겉잎까지 섭취

2 양배추 심지 부분도 섭취

3 가능하면 생으로 섭취

4 삶는 조리 방법은 피할 것

배추나 양배추의 초록색 겉잎에는 카로틴을 비롯하여 여러 영양소의 함량이 안쪽 잎보다 더 높다. 따라서 초록색 잎도 버리지 말고 음식으로 이용하는 것이 좋으며 양배추의 심지 부분 역시 영양이 풍부하니 함께 조리하는 것이 좋다.

배추와 양배추의 유효성분인 글루코시놀레이트 화합물은 물에 잘 녹는 성질을 지니므로 썬 다음 물에 세척하지 말고 세척 후에 자르는 것이 좋으며 잘게 절단한 것을 물에 담가놓는 것은 좋지 않다.

글루코시놀레이트를 비롯한 유효성분들은 열에 약한 특성을 지니기 때문에 이런 유효성분을 효과적으로 섭취하려면 생으로 먹는 것이 가장 좋다. 배추나 양배추를 오래 가열하면 이런 좋은 성분들이 분해되고 황화수소가 발생해 좋지 않은 냄새가 날 수도 있다. 따라서 양배추나 배추를 물에 넣어두거나 오래 삶는 것은 피하는 것이 좋으며 배추나 양배추를 익힐 땐 살짝만 찌는 것이 좋다.

안전한 보관 Tip

1 통배추나 통양배추는 겉잎을 떼지 않은 채 종이로 싸 어둡고 서늘한 곳에 보관

2 뿌리 부분을 아래쪽으로 가도록 보관

3 배추를 냉장 보관할 때는 종이나 종이타월로 싸 세워 보관

4 양배추를 냉장 보관할 때는 랩으로 싸서 보관

통배추는 겉잎을 제거하지 않은 채 종이로 싸 서늘하고 어두운 곳에 세워서 보관하는 것이 좋으며 기온이 높을 때는 냉장고에 같은 방법으로 보관한다. 일단 자르거나 세척을 한 것은 종이타월로 싸고 비닐에 넣어 냉장고에 두고 빠른 시간 내에 먹는 것이 좋다. 한 번에 다 먹지 못할 경우에는 세로로 쪼개지 말고 겉잎부터 떼어서 먹은 후 나머지는 랩으로 싸 보관한다.

브로콜리

꽃송이가 빼곡한 브로콜리는 여러 번 헹궈야 이물질을 제거할 수 있어요

꽃이 짙은 초록빛을 띠고 빽빽
하게 차 있는가?

줄기가 단단하고 싱싱한가?

꽃이 피지 않고 가운데가 볼록
솟아 있는가?

브로콜리 알고 먹기

독특한 모양과 식감의 브로콜리는 건강식품을 꼽을 때 빠지지 않
는 영양이 풍부한 채소이다. 원산지는 지중해 연안으로 우리나라
에는 1960년대에 도입되었는데 원래 양배추의 변종으로 녹색꽃
양배추라고도 한다. 브로콜리는 비타민 함량이 상당히 높은 채소
인데 하루에 브로콜리 100g만 먹으면 비타민C 하루 권장섭취량
을 거의 섭취할 수 있다.

1. 십자화과 채소로 양배추의 변종

2. 각종 비타민과 무기질, 식이섬유 등을 풍부하게 함유

3. 다양한 항산화 성분을 함유

4. 항암 작용을 하는 설포라판이 풍부

5. 위를 건강하게 하는 비타민U 함유

브로콜리에는 비타민B₁, B₂, B₆, 엽산 등 비타민B군과 비타민A, 베타카로틴, 비타민K 등의 함량이 상당히 높다. 특히 비타민C는 브로콜리 100g만 먹어도 하루에 필요한 양을 모두 섭취할 수 있을 만큼 많이 들어 있다. 또한 인, 철, 칼슘, 칼륨, 셀레늄 등 각종 무기질의 함량도 높고 채소로는 단백질도 풍부한 편이며 식이섬유와 항산화 성분인 루테인과 제아잔틴도 풍부하게 함유되어 있다.

비타민B 그룹은 체내 신진대사에 필요한 물질들로 에너지 대사는 물론 신경 전달 물질의 생성을 도와 숙면과 정서적 안정에도 관여한다. 특히 엽산은 태아의 정상적 발달에 반드시 필요한 영양소이며 조혈 작용에도 관여한다.

비타민A와 루테인, 제아잔틴은 눈 건강에 빼놓을 수 없는 작용을 하는 성분으로 백내장이나 황반변성의 예방에 도움이 되고 비타민K는 혈액의 응고와 뼈의 건강에 중요한 성분이다.

브로콜리는 항산화 성분이 매우 풍부한 식품이다. 항산화 성분의 대표라 볼 수 있는 비타민C와 베타카로틴의 함량이 높고 루테인과 제아잔틴 같은 카로티노이드도 풍부하며 무기질인 셀레늄 역시 항산화 효소의 활성을 도와 항산화 작용에 관여하는 성분이다. 이러한 항산화 물질들은 체내에서 유해산소의 생성을 억제하고 효과적으로 제거하여 세포의 변이를 예방하고 염증성 반응을 억제하며 세포내 물질의 산화적 손상을 막아 암과 관상동맥질환, 간경화 같은 질병의 치료와 예방에 효과가 있으며 면역력을 높이고 노화도 억제한다.

브로콜리는 위를 비롯하여 소화기의 점막을 재생하고 회복시켜 위궤양의 치료에 효과가 있는 비타민U가 함유되어 있고 헬리코박터파이로리균을 억제해 위염과 위암의 발생을 예방하는 설포라판의 함량이 매우 높아 위장 건강에 도움이 되는 식품이다. 브로콜리는 배추나 양배추보다 설포라판의 함량이 높다. 설포라판은 항암 작용으로도 잘 알려져 있는데 위암은 물론 식도암, 대장암과 유방암, 전립선암 등에 대해 효과가 있는 것으로 보고된다.

설포라판과 마찬가지로 글루코시놀레이트로부터 만들어지는 인돌 역시 유방암의 성장과 전이를 억제하는 효능이 있으니 브로콜리의 여러 성분이 함께 효과적으로 항암 작용을 하는 것으로 보인다. 설포라판의 항산화 작용은 노화로 인한 면역 기능과 자외선에 손상된 피부를 회복시키기도 하며 폐나 기관지의 점막의 염증을 억제하는 효과도 있다.

똑똑한 구매 Tip

1　노란빛을 띠지 않고 짙은 초록빛을 띠는 것
2　꽃이 피지 않고 가운데가 볼록 솟은 것
3　줄기가 단단하고 싱싱한 것
4　꽃들이 작고 빽빽하게 차 있는 것
5　봉우리들이 밀집해 송이가 단단하고 힘이 있는 것

브로콜리에 풍부한 비타민C나 베타카로틴은 싱싱할 때 그 함량이 가장 높다. 따라서 싱싱한 브로콜리를 구매하는 것이 맛도 좋으며 영양가도 높다. 브로콜리의 색은 짙은 초록빛인 것을 선택해야 하는데 노란 빛이 나는 것은 오래된 것으로 싱싱하지 않다.

꽃이 피지 않아 입자가 작고 빽빽하게 꽉차있으며 봉우리들이 밀집해 만져보았을 때 단단하고 힘이 있는 느낌이 나야 하며 줄기를 살펴보아 시들거나 주름이 없이 단단하고 싱싱한 것을 고른다.

1 통째로 소금물에 담갔다 헹구어 조리
2 비타민, 식이섬유 섭취를 위해 줄기 부분까지 섭취
3 지용성 영양소 흡수를 위해 기름과 함께 섭취
4 견과류와 함께 섭취해 영양소 보완
5 갑상선 기능 이상자는 섭취 제한

브로콜리의 꽃송이 부분은 작은 꽃이 빼곡히 모여 있어 사이에 낀 이물질이나 농약, 벌레 등을 제거하기 힘들다. 따라서 조리하기 전 통째로 소금물에 10분 정도 담근 후 흐르는 물에 흔들면서 여러 번 헹궈야 한다.

브로콜리는 주로 꽃봉오리만 먹지만 줄기에 비타민과 식이섬유소 등의 영양이 풍부하니 함께 먹는 것이 좋다. 이 경우 줄기는 익는 속도가 느리니 줄기와 봉우리를 따로 익히거나 줄기를 잘게 썰어서 조리하면 좋다.

브로콜리에 풍부한 비타민C와 비타민B군, 설포라판을 비롯한 글루코시놀레이트 물질들은 수용성이므로 브로콜리를 물에 삶는 조리법은 피해야 하며 가열을 오래해도 파괴되기 쉬우므로 조리는 가능하면 짧게 해야 한다. 가장 좋은 방법은 수증기나 전자레인지로 살짝만 익히거나 기름에 살짝 볶는 방법이다. 기름에 볶는 것은 베타카로탄 같은 지용성 영양소의 흡수에도 도움이 된다. 브로콜리를 데칠 경우에는 소금물을 충분히 넣고 데치도록 하며 아주 살짝만 데치고 찬물에 헹구지 말고 그대로 먹도록 한다.

브로콜리를 견과류와 함께 먹으면 브로콜리에 부족한 단백질, 지방, 비타민E 등의 영양소가 보완되고 지용성 비타민의 흡수에도 도움이 되어 좋다. 육류나 어류, 달걀, 유제품과 함께 먹는 것도 영양 균형의 면에서 좋다.

건강에 좋은 슈퍼푸드로 언급되는 브로콜리지만 갑상선종을 유발하는 물질도 함유하기 때문에 갑상선 기능에 문제가 있는 사람으로 피해야 한다. 이런 성분은 배추, 무, 양배추 등 대부분의 십자화과식물에 모두 들어 있으며 건강한 사람은 섭취해도 문제가 되지 않는다.

1 종이타월로 싸거나 랩을 씌워 비닐봉지에 넣어 냉장 보관

2 단기간 사용할 것은 찌거나 데쳐 밀폐 용기에 담아 냉장 보관

3 장기 보관 시 찌거나 데친 후 간격을 두고 밀폐해 냉동 보관

브로콜리를 보관할 때는 종이타월로 싸거나 랩을 씌워 비닐봉지에 넣고 냉장고에 보관한다. 바로 조리하거나 단기간 소비할 것은 찌거나 데친 후 물기를 털어내고 밀폐 용기에 담아 냉장 보관하며 장기 보관 시에는 냉동 보관한다.

냉동 보관할 경우에는 해동 후 바로 사용할 수 있게 적당한 크기로 잘라 냉동한다. 물기가 있으면 한 덩어리로 얼게 되므로 물기를 최대한 없애고 1회 분량씩 소분해 얼리거나 넓게 펼쳐 얼리는 것이 사용할 때 편리하다.

파·부추

알리신이 쉽게 파괴되니 생으로 먹거나 살짝만 조리하세요

파의 줄기가 반듯하게 뻗어 있는가?

파뿌리에 흙이 묻어있고 흰 줄기가 단단하고 탄력이 있는가?

부추는 향이 강한가?

부추를 만졌을 때 억세지 않고 연한 것인가?

파, 부추 알고 먹기

파와 부추는 모두 중국이 원산지로 뿌리를 제외한 식물 전체를 식용으로 하는 채소로 우리나라에서 가장 널리 사용되는 향신채소이다. 식물학적으로 백합과 부추속에 속하며 양파나 마늘과 마찬가지로 알린을 비롯한 황화합물을 함유하고 있기 때문에 강한 맛과 향을 내며 항산화 작용, 면역력 증진, 심혈관질환 예방 효과가 있다.

1. 백합과에 속하는 채소로 마늘, 양파와 유사한 맛, 향기, 생리적 특성을 가짐

2. 항산화 물질인 알리신 함유

3. 파는 비타민C와 비타민A, 베타카로틴, 비타민K 등 풍부, 칼륨, 칼슘, 인 함유

4. 부추는 비타민B₁을 비롯한 B군, 비타민C, K, 베타카로틴과 비타민A, E, 철분 함유

파에는 대파, 실파, 쪽파, 움파 등 다양한 종류가 있으며 생산되는 계절이나 맛, 용도 등에서 약간의 차이가 있기는 하지만 파의 영양이나 특성은 비슷하다. 수분을 제외하면 섬유소와 탄수화물이 가장 많이 함유되었으며 파의 녹색 부분에는 비타민A와 베타카로틴, 비타민C와 비타민K가 풍부하다. 무기질로는 칼슘, 칼륨, 인 등이 들어 있다. 파에 들어 있는 비타민C와 베타카로틴은 항산화 작용을 하여 체내 유해산소를 제거하고 노화를 억제하며 면역력을 증가시킨다. 파에 함유된 알리신 역시 항산화 작용을 하며 파에는 루테인과 제아잔틴 같은 항산화 물질도 풍부하다, 비타민A와 비타민C는 피부의 건강에도 중요한 역할을 하며 비타민A와 루테인은 눈 건강에 필수적이다. 비타민K는 혈액 응고와 뼈의 건강을 유지한다.

부추 역시 모양이나 맛, 용도는 차이가 있지만 파류 채소에 포함되며 파와 비슷한 특성이 있다. 알릴화합물을 함유하며 비타민B₁의 흡수를 돕고 알리신의 여러 생리활성을 나타낸다. 비타민B₁을 비롯한 B군의 함량이 높고 흡수도 잘되므로 피로 회복 및 자양강장에 효과가 있다. 비타민C와 베타카로틴, 비타민E 등 항산화비타민이 함유되어 있으며 알리신은 물론 녹색 색소인 엽록소와 카로티노이드를 함유하여 항산화력과 면역력을 높이고 각종 질병을 예방하는 효과가 있다. 비타민A와 비타민K 무기질로는 철분이 많이 함유되어 있다.

똑똑한 구매 Tip

1 파의 줄기가 반듯하게 뻗어 있는 것
2 파뿌리에 흙이 묻어있는 것
3 파뿌리 쪽 흰 줄기는 단단하고 탄력이 있는 것
4 부추는 특유의 향이 강한 것
5 부추는 줄기가 길고 두꺼우며 끝부분이 곧고 뒤틀리지 않은 것
6 부추는 만졌을 때 억세지 않고 연한 것

파와 부추는 저장성이 좋지 않으며 빨리 시들기 때문에 신선한 것을 필요한 만큼만 구입하여 소비해야 한다. 파는 한 묶음 안에 있는 파의 길이와 굵기가 비슷하고 잎이 시들거나 꽃대가 올라오지 않으며 물기가 있어 싱싱한 상태인 것을 고른다. 파 줄기의 흰 부분이 가늘고 짧거나 구부러지지 않아야 하고 만져 보았을 때 물렁거리는 것은 신선하지 않은 것이므로 피한다.

부추는 특유의 향이 강하고 시들거나 짓무른 잎이 없이 색이 진하고 잎의 끝부분이 말리거나 뒤틀리지 않고 곧게 펴져있는 것을 선택한다. 너무 억센 부추보다는 만져보아 부드럽고 연한 것이 맛도 좋다.

현명한 조리 및 섭취 Tip

1 대파 뿌리는 칫솔로 흙을 털어내고 조리
2 파와 부추는 가능한 생으로 섭취
3 육류 요리와 함께 섭취
4 나트륨 배출을 위해 된장찌개에 부추를 넣을 것
5 몸에 열이 많은 사람은 과다 섭취 제한

파와 부추는 흙에서 수확하고 생으로 많이 먹기 때문에 꼼꼼히 세척해 이물질과 농약, 세균 등을 철저히 제거하고 먹어야 한다.

대파의 뿌리에는 알리신과 폴리페놀 등 영양소의 함량이 잎이나 줄기보다 높으니 버리지 말고 깨끗이 세척하여 국물을 내거나 조리에 활용하는 것이 좋다. 파의 뿌리 쪽은 칫솔로 털어내면 흙과 이물질을 깨끗하게 제거할 수 있다.

파와 부추는 가열 시간이 길어지면 알리신이나 비타민 등이 쉽게 파괴되니 생으로 먹거나 먹기 직전에 살짝만 가열하는 것이 좋다.

파와 부추는 육류와 함께 먹는 것이 좋은데 이는 파와 부추가 육류에 많이 들어 있는 비타민B_1의 흡수와 이용을 도와주고 육류에 부족한 비타민C나 베타카로틴 등의 영양소를 보충해주기 때문이다. 특히 돼지고기와 파를 함께 먹는 것은 아주 좋은 방법으로 삼겹살에 파채를 얹어 먹으면 돼지고기에 풍부한 비타민B_1의 영양도 높아지고 파에 풍부한 베타카로틴과 비타민K의 흡수율도 높일 수 있다.

된장찌개에 부추를 넣으면 부추에 풍부한 칼륨이 된장에 많은 나트륨의 배출을 도와주고 된장에 부족한 비타민도 보충해준다.

건강에 좋은 식품인 파와 부추이지만 알리신이 혈액의 순환을 도와 열을 내는 성질이 있으므로 몸에 열이 많은 사람은 피하는 것이 좋다.

1 대파는 비닐이나 종이에 싸 세워서 냉장 보관

2 사용한 대파는 뿌리를 살려 화분에 심어 보관

3 부추는 뿌리 쪽 잘린 단면을 물에 잠시 담근 후 종이로 싸 냉장 보관

대파는 랩이나 종이에 싼 후 뿌리 쪽이 아래로 가도록 세워서 냉장 보관한다. 장기 보관할 경우에는

흙에 묻어두면 되는데 묻은 상태로 물을 주면 계속 자라나 유용하게 쓸 수 있다.

자른 부추는 뿌리 쪽 잘린 단면을 물에 잠시 담근 후 종이로 싸 냉장 보관한다.

시금치·미나리

시금치는 겨울에, 미나리는 봄에 섭취해야 맛도 영양도 풍부해요

시금치 잎은 진한 녹색을, 뿌리는 붉은색을 띠는가?

시금치 잎의 길이가 짧고 얇으며 줄기는 도톰하고 부드러운가?

미나리에 누런 잎이 붙어있지는 않은가?

미나리 줄기 아래 부분이 붉은빛이 돌고 잔뿌리가 없는가?

시금치, 미나리 알고 먹기

초록색 색소인 엽록소를 함유하는 녹색 채소이자 식물의 잎과 줄기 부분을 식용으로 하는 채소인 시금치는 페르시아지역이 원산으로 우리나라에는 조선시대 초기에 도입되었다. 겨울이 제철인 채소로 겨울철에 생산된 것이 맛도 영양도 좋다. 시금치를 먹으면 힘이 불끈 솟는 뽀빠이 만화처럼 영양가가 높은 채소로 다양한 비타민과 무기질, 섬유소가 풍부하게 함유한다.

주요 영양소와 특징

시금치

1. 베타카로틴, 비타민C, 비타민A, 비타민K, 엽산이 풍부

2. 비타민B군, 칼륨, 칼슘, 철분 함유

3. 베타카로틴, 비타민C, 루테인, 제아잔틴, 엽록소 등 항산화 성분 함유

4. 눈 건강에 좋은 비타민A, 루테인, 제아잔틴 함유

5. 빈혈을 예방하는 철분과 태아의 발달에 필요한 엽산 함유

6. 칼슘과 결합해 체내에서 결석을 만드는 옥살산 함유

미나리

1. 베타카로틴, 비타민C, 비타민A, 엽산이 풍부

2. 비타민B군과 무기질을 고르게 함유

3. 항산화 성분인 케르세틴, 캠퍼롤 함유

시금치는 비타민과 무기질이 풍부하고 식이섬유의 함량이 높으며 단백질도 꽤 많이 들어 있는 편인데 라이신이나 트립토판 같이 식물성식품에 부족한 아미노산이 풍부해 단백질의 질도 우수한 편이다. 베타카로틴과 비타민A, 비타민C, 비타민K, 엽산이 풍부하게 들어 있으며 비타민B군과 비타민E, 칼륨, 칼슘, 철분, 마그네슘, 구리 등 각종 무기질의 함량도 높다.

시금치에 풍부한 베타카로틴과 비타민C, 루테인, 제아잔틴, 엽록소 등은 항산화 작용을 하는 성분들로 활성산소를 제거하고 지방의 산화를 억제하며 세포나 DNA의 변이를 억제하여 면역력을 높이고 노화 및 암, 감기 같은 질병을 예방하며 콜레스테롤의 산화를 억제하여 혈관을 건강하게 하는 작용을 한다. 베타카로틴은 폐암의 예방에 효과가 있는 것으로 알려졌다. 루테인과 제아잔틴은 눈의 황반 부분에서 항산화 작용을 하고 자외선이나 전자기기의 청색광 등 눈에 좋지 않은 빛을 여과하여 노화로 인한 눈의 질환을 예방하며 피로 회복에도 효과가 있다. 비타민A 역시 눈의 건강에 중요한 영양소이다.

시금치에는 조혈 작용에 관여하는 엽산과 철분도 풍부하며 빈혈 예방에도 좋은 식품이며 엽산은 세포와 DNA의 정상적 분열에 관여하여 기형아의 출산 위험을 낮추므로 임신 시에 특히 잘 섭취해야 하는 영양소이다. 시금치에는 옥살산의 함량도 높은데 옥살산은 칼슘과 결합하여 체내에서는 결석을 만드는 성질이 있으므로 과하게 섭취하지 않는 것이 좋다.

독특한 풍미가 생선의 비린내를 제거하고 입맛을 돋우는 미나리는 예로부터 해독 작용이 뛰어난 채소로 알려졌다. 영양소의 조성은 시금치와 유사하지만 함량은 다소 낮은 편이다. 베타카로틴, 엽산, 비타민C 등이 풍부하고 칼슘의 함량은 시금치보다 훨씬 높다. 비타민B군과 기타 무기질도 고루 함유한다.

미나리에 풍부한 식이섬유는 중금속이나 여러 유해물질을 흡착하여 배출해주는 해독 작용을 한다. 미나리에 풍부한 비타민K는 혈액을 응고에 관여하여 지혈에 필수적인 영양소이며 칼슘의 흡수와 뼈의 생성을 도와 뼈의 건강에 도움이 되는 영양소이다.

미나리의 칼슘 함량(130mg/100g)은 동량의 우유(91mg/100g)보다 높다. 칼슘의 흡수를 방해하는 식이섬유소도 있지만 칼슘의 흡수와 이용을 돕는 비타민K, 비타민C 등이 풍부하니 뼈 건강에도 좋은 식품이라 할 수 있다.

미나리에는 플라보노이드인 케르세틴과 캠퍼롤이 함유되어 있는데 이들 성분은 항산화 작용과 항암 작용이 있는 것으로 알려졌다.

똑똑한 구매 Tip

1 시금치는 진한 녹색을 띠며 윤기가 도는 것
2 시금치 뿌리는 붉은색을 띠는 것
3 시금치 잎의 길이가 짧고 얇으며 줄기는 도톰하고 부드러운 것
4 미나리는 초록색이 선명하고 누런 잎이 없는 것
5 미나리 줄기 아래 부분이 붉은 빛이 돌고 잔뿌리가 없는 것

사시사철 볼 수 있는 시금치와 미나리이지만 한랭성작물인 시금치는 겨울철에 나는 것이 단맛이 강하고 영양소 함량도 높으며 미나리는 봄철에 나는 것이 연하고 맛이 좋으니 제철에 맞는 녹색 채소를 구입한다면 특유의 맛과 영양을 더 풍부하게 즐길 수 있다.

　시금치는 신선도가 떨어지면 영양소 함량이 크게 감소하니 반드시 신선한 것을 구매한다. 녹색이 진하고 뿌리는 붉은 색을 띠며 잎은 윤기가 있어 마르거나 시든 잎이 없어야 하며 잎의 길이가 짧고 얇은 것이 좋다. 줄기는 도톰하면서도 부드러운 것을 고른다.

　미나리 역시 녹색이 선명하고 누렇거나 마른 잎, 짓무른 잎이 없는 신선한 것을 선택하고 줄기가 굵은 것은 억세져서 맛이 좋지 않으니 연한 것을 골라야 한다.

현명한 조리 및 섭취 Tip

1 옥살산 제거를 위해 데친 후 섭취

2 베타카로틴 흡수를 위해 기름과 함께 섭취

3 시금치는 뿌리까지 섭취

4 시금치는 삶는 것보다 찌는 방법을 활용

5 시금치는 하루 500g 이하로 섭취

미나리는 생으로 먹어도 좋으나 살짝 데치면 케르세틴이나 캠퍼롤 성분 함량이 증가해 영양소 흡수가 더 좋아진다. 체내에서 결석을 만드는 시금치의 옥살산은 수용성으로 데치면 70~80% 가량 제거할 수 있으니 결석이 있는 사람은 데쳐 먹는 것이 좋으며 결석이 없는 사람은 수용성 성분을 충분히 하기 위해 물에 데치지 않고 찜기를 이용해 쪄 먹는 것이 좋다. 시금치에 들어 있는 옥살산은 칼슘과 결합하여 신장이나 요도 등에 결석을 형성할 수 있으니 하루에 500g 이상 먹지 않아야 하고 결석이 있는 경우에는 섭취를 피하도록 한다.

　시금치의 붉은 뿌리에는 조혈 성분인 구리와 망간 등 영양소가 풍부하게 들어 있으니 뿌리까지 함께 섭취하는 것이 좋다.

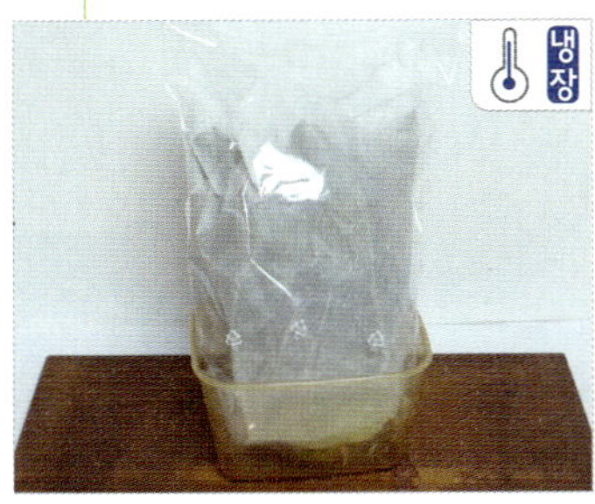

1 시금치와 미나리는 종이에 싸 비닐에 넣고 뿌리를 아래로 가게 하여 냉장 보관

2 장기 보관 시 살짝 데쳐 냉동 보관

미나리와 시금치는 저장 기간이 길어질수록 영양소가 줄어들기 때문에 가능한 신선한 상태로 빨리 소비하는 것이 좋다.

시금치는 종이에 싸서 비닐봉지에 넣어 뿌리를 아래로 가도록 하여 냉장 보관한다. 미나리의 경우도 똑같이 하여 세운 뒤 냉장 보관한다. 장기 보관할 경우에는 살짝 데쳐서 냉동 보관한다.

상추·깻잎·치커리·케일

포기상추는 뿌리를 아래로 향하게 세워 냉장 보관하면 신선함이 오래가요

쌈채소 특유의 색과 향이 진고 윤기가 도는가?

상추를 잘랐을 때 흰 유액이 나오는가?

깻잎은 솜털과 잔가시가 뚜렷한가?

치커리의 잎이 벌어지지는 않았는가?

상추, 깻잎, 치커리, 케일 알고 먹기

샐러드로 생채소를 즐기는 서양과 달리 우리나라에서는 쌈이라는 독특한 방식으로 생채소를 즐겨왔다. 잎이 큰 채소에 고기나 밥을 넣고 싸서 먹는데 맛이 달고 연한 상추는 쌈으로 최고의 식품이었다. 요즘에는 상추이외에도 다양한 맛과 효능을 지닌 깻잎, 케일, 치커리 등 여러 쌈 채소들이 쌈으로 활용되면서 더욱 다양한 맛을 즐길 수 있게 되었다. 쌈채소들은 종류에 따라 차이는 있지만 일반적으로 식이섬유가 풍부하고 열량은 낮으며 비타민C와 비타민A, 베타카로틴이 풍부하다.

상추

1. 베타카로틴과 비타민A, 비타민K가 풍부
2. 비타민C와 엽산을 비롯한 비타민B군 함유
3. 칼륨, 칼슘, 망간과 철, 인등의 다양한 무기질 함유
4. 눈 건강에 좋은 루테인, 제아잔틴 함유
5. 신경 안정, 진정, 스트레스 완화에 탁월한 락투카리움 함유
6. 멜라토닌의 함량이 높아 숙면에 도움

깻잎

1. 베타카로틴, 비타민A, 비타민C, 비타민K가 풍부
2. 칼슘, 철분, 식이섬유가 풍부
3. 식욕 억제, 식중독 예방
4. 염증 완화, 피부 미백에 좋은 루테올린 함유
5. 항염증, 항산화 효과가 있는 로즈마린산 함유
6. 암세포를 제거하는 파이톨 함유

케일

1. 십자화과의 식물로 양배추, 브로콜리와 유사한 특성의 건강 채소
2. 항암 작용을 하는 글루코시놀레이트, 설포라판, 인돌-3-카비놀 함유
3. 위장 건강에 좋은 비타민U 함유
4. 비타민A, 비타민B, 비타민C, 비타민K, 베타카로틴, 엽산의 함량이 높음
5. 구리, 철분, 칼슘 등 각종 무기질과 단백질의 함량이 높음
6. 루테인, 제아잔틴 등 엽록소의 함량이 상당히 높음

치커리

1. 비타민A와 베타카로틴, 비타민C, 비타민K가 풍부
2. 엽산을 비롯한 비타민B군 함유
3. 칼륨과 칼슘이 풍부
4. 쓴맛 성분인 인비틴은 소화를 돕고 입맛을 돋우며 혈관을 강화
5. 이눌린은 육류에 함유된 콜레스테롤의 흡수를 억제

쌈채소들은 종류에 따라 차이는 있지만 일반적으로 식이섬유가 풍부하고 열량은 낮으며 비타민C와 비타민A, 베타카로틴이 풍부하다. 쌈채소는 특유의 색소와 쓴맛이나 향을 내는 성분, 폴리페놀 등 다양한 식물성 화학물질을 함유하는데 이들 성분은 항산화 특성을 비롯하여 여러 가지 생리적 기능을 한다.

쌈채소는 육류와 함께 섭취하면 영양적으로 상호보완이 되는데 고기는 채소류에 부족한 단백질을 함유하고 채소는 육류에 부족한 비타민과 무기질, 식이섬유를 함유하기 때문이다. 또한 식이섬유가 육류의 지방과 콜레스테롤, 조리 과정에서 생기기 쉬운 발암 물질을 체외로 배출하고 쌈채소에 풍부한 항산화 성분이 발암 물질의 작용을 억제해준다.

많은 쌈채소는 초록색을 띠는데 이는 엽록소라 불리는 초록색 색소를 함유하기 때문이다. 엽록소 역시 여러 색소 물질들처럼 항산화 작용을 하며 면역력을 높이고 염증을 억제하고 상처를 치료하며 콜레스테롤, 카드뮴이나 납 같은 중금속, 발암물질 등 여러 유해 물질을 흡착하여 배출해주는 효과가 있다.

녹황색 채소에는 엽록소와 더불어 카로티노이드계 색소도 풍부하여 쌈채소에는 공통적으로 베타카로틴, 루테인, 제아잔틴 등 카로티노이드 색소가 풍부하고 베타카로틴으로부터 전환되는 비타민A도 풍부하다. 비타민A와 루테인, 제아잔틴은 눈의 건강에 관련된 물질들로 시력의 유지와 야맹증, 안구건조증, 백내장, 황반변성 등 여러 눈 관련 질환의 예방에 효과가 있으며 베타카로틴은 항산화 작용과 폐암을 비롯한 암의 예방 효과가 있는 것으로 알려졌다.

쌈채소류에는 비타민K의 함량도 매우 높은데 비타민K는 혈액의 응고에 필요하고 칼슘의 흡수와 뼈의 형성을 돕는 기능을 한다.

똑똑한 구매 Tip

1 상추는 잎이 연하고 도톰하며 색이 선명하고 윤기가 있는 것
2 상추를 잘랐을 때 흰 유액이 나오는 것
3 깻잎은 초록색이 짙고 검은 반점이 없고 부드러운 것
4 깻잎 특유의 향이 강하고 솜털과 잔가시가 뚜렷한 것
5 케일은 잎이 진한 녹색을 띠고 표면에 반점이나 흠집이 없는 것
6 케일을 흔들었을 때 탄력이 있고 들었을 때 묵직한 것

7 녹즙용 케일은 대가 굵은 것, 쌈용은 어린 것을 선택

8 치커리는 선명하고 진한 녹색을 띠고 윤기가 있는 것

9 치커리를 만졌을 때 단단하고 잎이 벌어지지 않은 것

쌈채소들은 보관이 어렵기 때문에 필요한 양만 구입해야 하여 심심할 때 빨리 먹는 것이 맛도 좋고 영양가도 높다. 쌈채소 특유의 색이 짙고 향이 강하며 표면이 윤기가 나고 반점이나 상처가 없이 깨끗한 것을 구매한다. 세척하여 판매되는 쌈채소는 짓무른 데 없이 싱싱한 상태로 냉장 판매되는 것을 구입한다.

현명한 조리 및 섭취 Tip

1 고기와 함께 섭취하면 영양소 보완

2 기름과 함께 섭취

3 익히는 것보다 생으로 섭취

4 케일은 천천히 여러 번 씹을 것

5 케일즙을 만들 때는 식초나 레몬을 첨가할 것

쌈채소는 주로 가열하지 않고 생으로 먹기 때문에 세척을 충분히 해야 한다. 먼저 물에 10분 정도 담가둔 후에 흐르는 물에 한 장씩 꼼꼼히 씻어 잔류농약이나 이물질, 벌레나 식중독 균 등을 제거한다.

쌈채소를 육류와 함께 먹는 것은 채소의 무기질, 비타민과 육류의 단백질을 함께 섭취해 영양적으로 보완이 될 뿐만 아니라 육류의 지방이 쌈채소에 풍부한 베타카로틴, 비타민A, 비타민K 등 지용성 영양소의 흡수를 도와주기도 한다. 또한 쌈채소에 풍부한 섬유질은 육류의 콜레스테롤 흡수를 방해하고 발암 물질을 제거하며 작용을 억제해준다. 쌈채소를 샐러드 소스 등 기름과 함께 먹는 것도 지용성 영양소의 흡수에 좋다.

십자화과 채소에 들어가는 케일은 항암 성분인 글루코시놀레이트를 함유하는데 가열하지 않고 천천히 씹어서 먹어야 이 성분들이 효소의 작용을 충분히 받아 설포라판이나 인돌같은 유효성분으로

전환될 수 있다. 케일즙을 만들 때 식초나 레몬을 첨가하면 비타민C의 손실을 줄일 수 있다.

안전한 보관 Tip

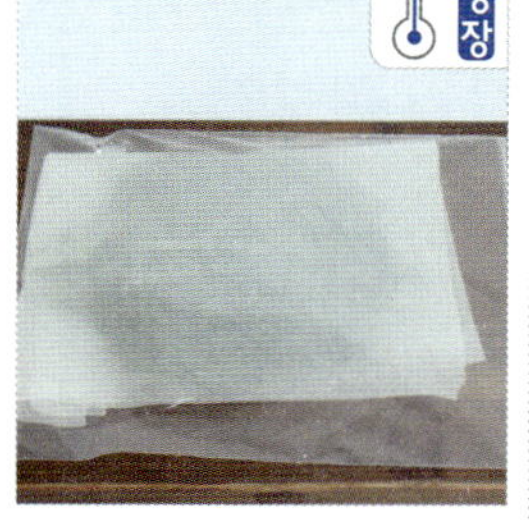

1 상추, 케일, 깻잎은 종이에 싸 비닐에 담아 냉장고 채소칸에 보관

2 치커리는 물을 뿌린 종이로 싸 비닐에 담아 냉장 보관

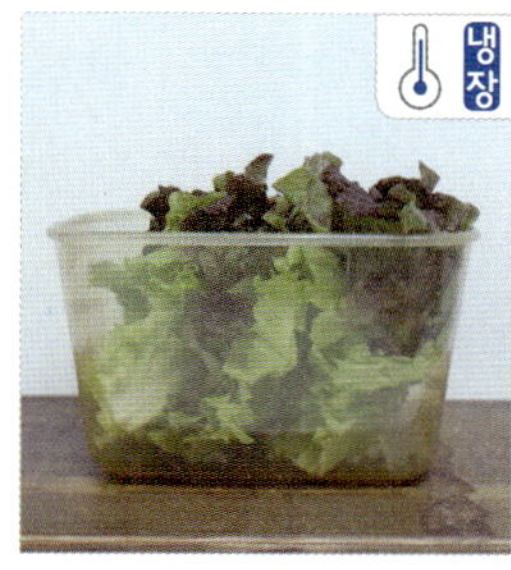

3 포기상추는 뿌리를 아래로 향하게 세워 냉장 보관

4 세척한 채소는 수분을 털어내고 비닐에 담아 냉장 보관

쌈채소는 종이로 싸 비닐봉지에 담아 냉장고 채소칸에 보관하는 것이 좋은데 치커리는 종이에 물을 뿌린 후 싸야 신선하게 보관할 수 있다.

포기상추는 뿌리를 아래로 향하게 하여 세운 상태로 냉장 보관한다. 세척한 채소는 수분을 최대한 제거한 후 비닐봉지에 넣고 냉장 보관한다.

콩나물

콩나물은 머리와 뿌리에 영양소가 많으니 다듬지 말고 모두 섭취하세요

머리는 밝은 노란색을 띠고 통통한가?

줄기가 무르지 않고 잔뿌리가 적은가?

화학 약품 냄새가 나지는 않는가?

지나치게 굵고 길이가 길지는 않은가?

콩나물 알고 먹기

콩을 물에 담가 어두운 장소에 두고 싹이 나게 한 콩나물은 사시사철 흔하게 먹을 수 있으며 가격도 저렴한 채소이다. 건강에 좋은 대표 식품인 콩이 싹을 틔운 것이니 콩의 영양에 새싹채소의 영양까지 함께 지닌다. 특히 감기나 숙취 해소에 좋은 것으로 알려졌다.

1. 식이섬유가 풍부한 저열량 식품

2. 비타민B_1의 함량이 매우 풍부

3. 비타민C, 엽산과 비타민B군, 칼륨, 인, 칼슘과 철분 함유

4. 숙취해소에 도움이 되는 아스파라긴산 함유

5. 갱년기 증후군을 완화하고 뼈 건강과 유방암 등에 효과적인 이소플라본 함유

콩나물에는 단백질과 레시틴 등의 성분 이외에도 특히 비타민B_1의 함량이 매우 높고 콩에는 없는 비타민C도 들어 있다. 식이섬유소와 올리고당도 풍부하며 칼륨와 인, 칼슘과 철분 등 무기질도 고르게 들어 있다.

콩나물 100g에는 약 0.59mg의 비타민B_1이 함유되어 있는데 콩나물 200g이면 하루에 필요한 비타민B_1을 충족할 수 있는 수준으로 이는 돼지고기와 비슷한 양이다. 비타민B_1은 에너지대사에 중요한 비타민으로 밥이 에너지로 전환되는 과정에 꼭 필요하다. 따라서 밥을 주식으로 하는 한국인에게 콩나물은 최고의 반찬 중 하나라고 볼 수 있다.

콩나물에 풍부한 식이섬유와 올리고당은 배변 활동을 도와 장을 깨끗하고 건강하게 하며 콜레스테롤의 배출을 돕는 역할을 한다. 콩나물에는 식물성 스테롤도 들어 있는데 식물성 스테롤 역시 콜레스테롤의 체내 흡수를 방해하는 역할을 한다. 또한 식이섬유가 포만감을 주어 과식을 피하게 하고 열량은 낮아 체중 감량에도 도움을 준다.

콩나물에는 풍부한 아스파라긴산은 숙취의 원인이 되는 아세트알데하이드을 제거하는 데 도움이 되어 간의 피로를 풀어주어 숙취의 해소에 좋은 효과가 있다.

콩나물에도 콩에 함유된 이소플라본이 들어 있다. 이소플라본은 식물성 에스트로겐으로 폐경기 증후군과 골다공증 및 유방암, 전립선암, 심혈관질환에도 도움이 된다.

1 머리가 통통하고 밝은 노란색을 띠며 검은 점이나 썩은 것이 없는 것
2 줄기 부분이 전체적으로 하얗고 뿌리 부분이 갈색으로 변하지 않은 것
3 줄기는 짧고 적당히 통통하면서 무른 부분이 없고 잔뿌리가 적은 것
4 가능하면 국산콩으로 재배한 콩나물 선택
5 농약 등 약품 냄새가 나지 않는 것
6 콩나물이 너무 굵고 큰 것은 피할 것

콩나물은 부패가 빠르게 일어나기 때문에 유통 중에도 쉽게 상할 수 있다. 포장된 콩나물은 유효기간이나 포장일을 확인하고 가장 최근에 생산된 것을 선택한다. 국산콩으로 재배된 것이 GMO(유전자변형작물) 문제 등 여러 가지 면에서 안심할 수 있다. 또한 냄새를 맡아보아 농약 같은 화학약품 냄새가 나는 것은 피한다.

콩나물의 머리 부분은 검은 반점이나 무른 부분 없이 깨끗하고 노란색을 띠며 줄기 부분은 전체적으로 하얗고 무른 부분이 없으며 짧고 적당히 굵고 잔뿌리가 없는 것이 좋다. 콩나물이 통통하고 크며 잔뿌리가 없는 것들은 비료나 성장 촉진제를 사용한 것일 수 있으니 주의해야 한다.

1 다듬은 콩나물은 물에 빠르게 세척
2 데칠 때는 충분한 물로 재빨리 데칠 것
3 머리와 뿌리 부분은 제거하지 않고 섭취

콩나물은 뿌리나 머리 부분을 잘라낸 후에 물에 담그면 영양소 손실이 많으므로 다듬기 전 물에

2~3분 정도만 담가둔 후에 다듬고 흐르는 물에 빠르게 세척한다. 콩나물을 데치는 시간이 길어져도 비타민B군이나 비타민C의 손실이 발생할 수 있으므로 충분한 물에 단시간 데쳐 조리해야 한다.

콩나물의 영양성분 중 비타민B 군은 주로 머리에 많고 숙취에 좋은 아스파라긴산은 뿌리에 많으므로 머리부터 뿌리까지 제거하지 않고 먹는 것이 좋다.

안전한 보관 Tip

1 포장 상태 그대로 냉장 보관

2 2일 이상 보관 시 데친 후 밀폐 용기에 넣어 냉장 보관

콩나물은 부패가 빠르게 일어나기 때문에 저장하지 않고 바로 먹는 것이 바람직하다. 따라서 필요한 만큼만 구입하여 바로 먹는 것이 가장 좋다.

꼭 보관이 필요한 상황이라면 씻지 않은 상태로 비닐봉지에 넣어 냉장 보관하며 2일 이상 보관할 경우에는 데친 후 밀폐 용기에 넣어 보관한다.

새싹채소

식중독균이 발생하기 쉬운 채소이니 반드시 신선한 제품을 골라 여러 번 헹궈야 해요

잎이 시들거나 마르지는 않았
는가?

뿌리가 누렇게 변색되지는 않
았는가?

구매 당일에 포장되고 냉장 보
관된 것인가?

새싹채소 알고 먹기

새싹채소는 보통 종자를 발아하여 1주일 정도 지난 어린 싹을 말
한다. 발아하기 위해서는 종자의 영양분을 활용하기 위해 효소
활성이 높아지고 생육과 성장을 위해 영양소나 생리 활성 물질을
만들어 내기도 한다. 따라서 일반적으로 새싹채소는 성숙한 채소
에 비해 영양소의 밀도가 3~4배 이상 높고 세포벽이 얇고 부드
러워 소화, 흡수도 잘된다. 하지만 새싹채소는 미생물의 오염과
성장은 쉬운데 반해 세척이 잘되지 않고 생으로 먹기 때문에 식
중독의 주된 원인 식품의 하나로 섭취 시 주의가 필요하다.

주요 영양소와 특징

1. 발아 후 1주일 정도 된 채소의 어린 싹

2. 영양소의 밀도가 성숙한 채소의 3~4배 이상

3. 브로콜리싹의 항암 성분인 설포라판은 브로콜리의 20배

4. 브로콜리싹에는 베타카로틴, 비타민C가 풍부

5. 알파파싹에는 항산화 작용을 하는 카로틴과 비타민C, 위장에 좋은 비타민U 함유

6. 알파파싹은 식물성 에스트로겐이 풍부해 갱년기 증상을 완화

7. 양배추싹에는 항암 성분인 황화합물과 면역력을 높이는 셀레늄이 풍부

8. 메밀싹은 루틴 함량이 메밀의 27배로 심혈관질환 예방에 탁월

9. 무순에는 베타카로틴, 비타민A, 비타민C, 철분, 칼슘, 항산화 성분이 풍부

브로콜리싹은 베타카로틴과 비타민A, 비타민C 등이 풍부하여 야맹증을 예방하고 눈 건강에 좋으며 항산화 작용을 하여 노화 억제 및 폐암의 예방에도 효과가 있다. 또한 위 건강에 좋은 설포라판 성분이 브로콜리의 20배 이상이나 함유되어 있다.

알파파싹은 식이섬유가 풍부해 장의 건강에 좋으며 콜레스테롤을 낮추는 효과가 있다. 비타민A와 비타민K가 풍부하고 위장의 건강에 도움이 되는 비타민U도 함유한다. 또한 식물성에스트로겐을 함유하여 갱년기 증상을 완화하고 뼈의 건강에도 도움이 된다.

양배추싹에는 비타민A와 비타민B군, 비타민C, 비타민K 등이 들어 있으며 항산화, 항암 작용을 하는 황화합물이 풍부하고 면역 작용에 관여하는 셀레늄의 함량도 높다.

메밀은 플라보노이드 화합물인 루틴의 함량이 높은 건강식품으로 알려져 있는데 메밀싹에는 메밀보다 무려 27배나 많은 루틴이 들어 있다. 루틴은 모세혈관을 튼튼하게 하고 혈관의 탄력성을 증가시켜 고혈압과 동맥경화, 뇌졸중 등 심혈관질환에 효과가 있다. 또한 혈당을 떨어뜨려 당뇨병에도 도움이 되는 것으로 알려졌다.

메밀싹에는 칼슘과 칼륨 등 무기질이 풍부하고 메밀보다 식이섬유도의 함량도 높다.

무순은 베타카로틴과 비타민A, 비타민C, 철분과 칼슘 등 비타민과 무기질의 함량이 높고 매운맛 성분인 알릴이소티오시아네이트를 함유한다. 매운맛 성분으로 십자화과채소에 들어 있는 황화합물인 알릴이소티오시아네이트는 위액의 분비를 촉진하여 소화를 도우며 항산화 작용, 항암 작용도 한다. 또한 무순에는 무보다 소화효소가 더 풍부하게 함유되어 있다.

똑똑한 구매 Tip

1 잎이 시들거나 마르지 않은 것
2 뿌리가 누렇게 변색되지 않은 것
3 구매 당일에 포장되고 냉장 보관된 것

새싹채소는 세포벽이 얇고 조직이 부드러워 쉽게 무르고 상하며 식중독균 등 미생물의 성장도 쉽다. 실제로 새싹채소는 주요 식중독 발생 원인 식품 중 하나이다. 따라서 싱싱하고 위생적으로 생산, 관리, 판매되는 것을 먹을 만큼만 구매해야 한다.

새싹채소는 검은 잎이나 무른 잎이 없고 전체적으로 깨끗한 것을 구입한다. 대부분 포장 판매 되니 당일 포장된 것을 구매하고 반드시 냉장 상태로 판매되는 것을 고른다. 가능하면 HACCP 인증을 받은 업체에서 생산된 것을 구매하는 것이 좋다.

무순의 경우 바로 먹을 것이 아니라면 뿌리까지 있는 재배 상태 그대로 포장된 것을 구매하는 것이 좋다.

1 3회 이상 충분히 세척 후 섭취

2 식중독이 염려된다면 데친 후 섭취

3 여러 종류의 새싹채소를 함께 섭취

4 단백질이 풍부한 식품과 함께 섭취해 영양소 보완

새싹채소를 재배하는 환경은 미생물도 성장하기 좋은 조건으로 새싹은 자칫 식중독의 원인식품이 될 수 있으니 잘 세척하는 것이 중요하다. 물을 받아서 3회 이상 꼼꼼히 씻은 후 섭취하는데 세척은 재빠르게 해야 영양소 손실을 최소화할 수 있다. 면역력이 약하거나 식중독이 염려된다면 끓는 물을 부어 살짝 데쳐서 먹는다.

　여러 가지 새싹을 함께 먹으면 여러 영양소 보완도 되고 다양한 생리 활성 물질을 동시에 섭취할 수도 있다. 또한 육류나 두부, 밥, 빵 등과 함께 섭취하면 단백질, 전분 등 새싹채소에 부족한 영양소 보충에 도움이 된다.

1 포장 상태 그대로 냉장 보관

2 물기 제거 후 밀폐 용기에 담아 냉장 보관

새싹채소는 쉽게 상하고 식중독균 번식이 쉬운 채소이므로 가능한 당일 먹을 것만 구매해 바로 섭취하는 것이 가장 좋다. 구매한 것은 섭취 전까지 반드시 냉장 보관한다.

먹고 남은 것을 보관해야 할 경우에는 물기를 제거한 후 밀폐해 냉장 보관하며 식중독균이나 곰팡이가 생길 수 있으므로 하루 이상 보관하지 않는 것이 좋다. 뿌리가 있는 무순은 포장된 용기 그대로 윗부분을 덮어 냉장고에 보관한다.

버섯

말린 표고버섯에는 현대인에게 부족하기 쉬운 비타민D가 풍부해요

줄기에 무른 부분이 없고 향이 강하며 탄력이 있는가?

표고는 갓 가장자리가 둥글게 말려있고 주름이 뭉개지지 않은 것인가?

송이는 줄기가 짧고 통통한가?

새송이는 줄기가 길고 굵으며 아래로 갈수록 통통한가?

양송이는 갓이 잘 말려있고 줄기가 짧고 통통한가?

팽이는 갓이 피지 않고 크기가 작으며 뿌리가 변색되지 않은 것인가?

느타리는 완전히 피지 않고 덩어리로 잘 붙어있는가?

버섯 알고 먹기

생물학적으로 균류로 분류되는 버섯은 스스로 영양원을 만들어낼 수 없어 고목 등에 기생하여 번식한다. 우리나라에 기생하는 것만 100여 종으로 세계적으로는 그 수가 만 여종이 넘는 다양한 버섯이 있으나 우리나라에서 재배되는 것은 20여 종으로 버섯의 종류에 따라 형태나 색 뿐 아니라 맛과 특성도 차이가 있다. 식품으로 이용하는 식용버섯은 특유의 쫄깃한 질감과 향, 감칠맛이 있어 고대부터 오랜 세월 식용되어 왔으며 오늘날에는 버섯의 영양적 장점이나 함유된 생리활성물질들이 알려지며 건강에 좋은 식품으로도 각광받고 있다.

1. 감칠맛을 내는 구아닐산, 글루타민산, 아스파라긴산 함유

2. 비타민B_1, B_2, B_6, B_{12}, 니아신, 엽산 함유

3. 혈관 강화, 콜레스테롤을 저하시키는 에르고스테롤 함유

4. 뼈의 건강, 면역력, 암 예방에 좋은 비타민D 함유

5. 새송이는 비타민C, 비타민B군, 나이아신의 함량이 높음

6. 양송이는 비타민C, 비타민B군, 에르고스테롤, 글루칸 성분 함유

7. 팽이는 체내 노폐물 배출을 돕는 키토글루칸과 면역 작용을 돕는 셀레늄 함유

8. 느타리는 니아신, 엽산이 풍부하며 에르고스테롤, 베타글루칸 함유

독특한 향과 맛으로 다양한 용도로 이용되는 표고버섯은 버섯 중에서도 영양이 매우 풍부하고 식이섬유 함량이 매우 높다. 표고버섯은 니아신을 비롯한 비타민B군이 아주 풍부하고 셀레늄, 구리, 아연, 마그네슘의 함량도 높은 편이다. 또한 비타민D의 전구체로 작용하는 에르고스테롤도 풍부하다. 표고에는 영양소로 분류되지는 않지만 생리활성을 지니는 여러 물질을 함유하는데 혈중콜레스테롤 농도를 조절하여 혈관 건강에 효과가 있는 에리타데닌, 항암 작용과 면역 강화, 혈중 콜레스테롤 감소에 특성이 있는 렌티난을 함유한다. 표고버섯에는 감칠맛을 내는 구아닐산과 글루타민산도 풍부해 천연조미료로도 많이 이용된다.

버섯 중에 으뜸이라는 송이버섯은 가을철 맛볼 수 있는 귀한 버섯으로 뛰어난 향과 풍미로 유명하다. 인공 재배가 불가능하기 때문에 가격이 비싸지만 영양도 풍부한 버섯이다. 송이버섯에는 비타민B_2를 비롯한 비타민B군, 철분과 칼륨, 인 등의 무기질이 풍부하고 식이섬유의 함량도 높다. 에르고스테롤을 함유하고 항종양 작용이 있는 베타글루칸도 함유하는데 송이버섯은 버섯류 중에서도 항종양 효과가 높은 버섯이다. 또한 전분과 단백질을 소화하는 효소도 풍부하게 함유하여 당질이나 단백질 식품과 함께 먹으면 소화를 돕는다.

자연송이의 개량종으로 재배가 가능해 사시사철 손쉽게 구입해 이용할 수 있는 새송이버섯은 대부분의 버섯에 없는 비타민C를 풍부하게 함유한다. 적혈구의 합성에 필요하고 백혈구와 림프구의 생성에 관여해 신체의 면역작용에 필수적이며 신경전달물질의 생성에 관여하여 정서적 안정이나 수면에도 중요한 역할을 하는 비타민B6도 많이 들어 있으며 악성빈혈을 예방하는 비타민B12와 철분의 함량도 높다.

양송이버섯은 한국음식에서는 많이 활용되지 않지만 세계적으로 가장 소비량이 많은 버섯으로 담백한 맛이 특징이다. 양송이버섯은 니아신, 엽산 등 비타민B군을 풍부하게 함유하며 비타민C와 에르고스테롤이 함량도 높다. 무기질로는 철분과 칼슘의 함량이 높은 편이며 나트륨도 꽤 많이 함유한다. 양송이 버섯에는 항암 작용이 있는 베타글루칸이 풍부하며 각종 소화 효소가 풍부하며 맛성분인 글루타민산도 들어 있다.

마트에서 흔히 볼 수 있는 팽이버섯은 가격은 저렴하지만 영양가는 높은 버섯이다 식이섬유의 함량이 높은데 특히 키토글루칸이 풍부하여 체내 노폐물의 배출에 효과적이다. 니아신을 비롯하여 비타민B군을 함유하고 면역작용을 하는 무기질인 셀레늄을 함유한다.

느타리버섯은 우리나라에서 가장 많이 생산되는 버섯으로 굴처럼 생겼다고 해서 '굴버섯'이라고도 부른다. 식이섬유가 풍부하고 니아신과 태아의 뇌 발달을 돕는 엽산을 함유하였으며 소량이지만 비타민C도 들어 있다. 에르고스테롤이 풍부하여 혈관의 건강에 좋은데 건조시키면 그 함량이 2배로 증가한다.

똑똑한 구매 Tip

1 갓이나 줄기에 무른 부분이 없고 미끌거리지 않는 것

2 특유의 향이 강하고 탄력이 있는 것

3 표고는 갓 가장자리가 둥글게 말려 있고 두꺼운 것

4 표고의 주름이 뭉개지지 않고 깨끗한 것

5 송이는 줄기가 짧고 통통한 것

6 새송이는 줄기가 길고 굵으며 아래로 갈수록 통통한 것

7 양송이는 갓이 잘 말려있고 줄기가 짧고 통통한 것

8 팽이는 갓이 피지 않고 크기가 작으며 뿌리가 변색되지 않은 것

9 느타리는 완전히 피지 않고 덩어리로 잘 붙어있는 것

버섯은 일반적으로 너무 피지 않으며 무른 데가 없고, 이물질과 물기가 없는 것이 좋다. 건조시킨 버섯이나 수입산이 판매되는 버섯의 경우에는 국내산을 선택해야 신선하며 맛도 좋고 위생적이다. 표고버섯의 경우 국내산은 갓이 넓적하고 크기가 불규칙하며 표면의 골이 얕고 뚜렷하지 않고 진한 갈색을 띠는 반면 중국산은 갓의 크기가 둥글고 일정하며 골이 깊고 뚜렷하며 색은 연하다. 말린 표고버섯은 갓이 둥글고 두꺼우며 크기가 큰 것이 좋다. 느타리버섯은 대부분 줄기보다는 갓에 영양이 더 많으므로 갓은 두툼하고 크며 대가 작은 것을 선택하는 것이 좋다. 팽이버섯은 단단하고 줄기가 가지런하며 깨끗한 흰색을 띠고 미끌거림이 없는 것을 선택한다.

1 흐르는 물에 살짝만 세척
2 오랜 시간 가열 조리하지 않을 것
3 비타민이 풍부한 녹황색 채소와 함께 섭취
4 육류 요리와 함께 섭취
5 표고버섯은 줄기를 제거하지 않고 조리
6 비타민D 섭취를 위해서는 말린 표고버섯을 섭취
7 팽이버섯은 영양소 흡수를 위해 절단해 섭취

버섯은 너무 깨끗하게 씻으면 오히려 특유의 맛과 향 그리고 영양 성분이 감소할 수 있으니 흐르는 물에 살짝만 씻는 것이 좋다. 송이나 새송이, 양송이 같은 경우는 젖은 행주로 살짝 닦아내기만 해도 된다.

버섯은 비타민C와 A, 단백질 등이 부족하므로 이들 영양소가 풍부한 녹황색채소, 육류와 함께 먹으면 영양적으로 보완이 되고 육류의 콜레스테롤 흡수도 억제한다.

버섯을 가열 조리할 때 너무 오래 가열하면 비타민B군이 쉽게 파괴되니 살짝만 가열하는 것이 영양적으로나 향이나 맛 면에서도 좋다. 특히 송이는 특유의 향을 잃을 수 있으니 오래 가열하는 것은 피한다.

표고버섯은 보통 줄기는 버리고 갓 부분만 조리하는데 줄기에도 영양소가 풍부하고 섬유소 함량도 높으므로 함께 먹는 것이 좋다. 줄기를 요리에 활용하기 어려우면 건조해 국물을 내는 용도로 사용하면 좋다.

　팽이버섯은 뿌리만 제거하고 그대로 조리하는 경우가 많은데 영양소를 효과적으로 흡수하기 위해서는 2~3번 절단하는 것이 좋다.

안전한 보관 Tip

1 씻지 않은 상태로 밀봉해 냉장 보관

2 표고와 팽이는 머리가 위로 가게 해 냉장 보관

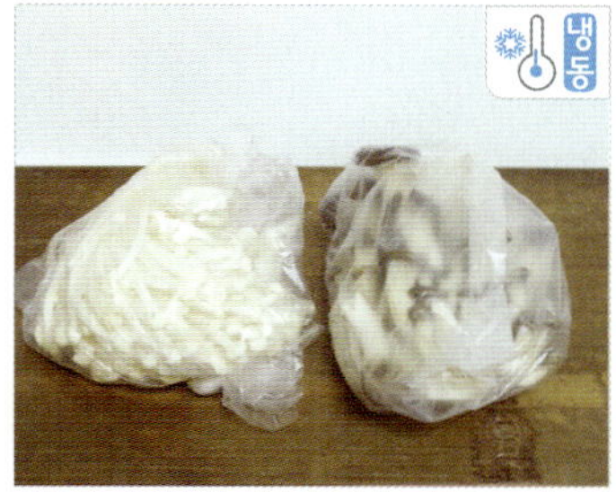

3 장기 보관 시 팽이는 밀봉해, 느타리는 데친 후 밀봉해 냉동 보관

버섯은 씻지 않은 상태로 밀봉해 냉장고에 보관한다. 이때 표고버섯은 주름이 위로 향하게, 팽이버섯은 뿌리가 아래로 향하게 세워서, 송이버섯은 2~3개씩 종이로 싸서 밀폐 용기에 담아 냉장 보관한다.

　장기 보관할 때는 냉동실에 보관하는데 표고버섯은 말려서, 송이버섯과 느타리버섯은 종이에 싸서, 새송이버섯은 적당한 크기로 잘라서 밀봉해 냉동 보관한다.

PART 03

01 제로 칼로리 음료를 마시면 정말 체중 감량에 도움이 될까?

설탕과 당류가 비만의 주범 중 하나로 알려지면서 높은 열량을 내는 설탕 대신 단맛은 강하지만 열량은 거의 내지 않는 인공감미료 또는 대체감미료를 넣은 제품이 많이 출시되었다. 식품제조업체에서는 '무설탕'이라는 말로 소비자를 현혹시켜 매출을 올리기 위해 노력을 다한다. 그렇다면 설탕 대신 인공/대체감미료를 넣은 제품은 정말 체중 감량에 도움이 될까?

제로 칼로리 음료는 칼로리는 거의 섭취하지 않으면서 단맛은 충분히 즐길 수 있으니 다이어트 중인 사람에게는 최선의 음료로 느껴지기도 한다. 하지만 최근 시행된 연구들에 의하면 인공감미료가 들어 있는 제로 칼로리 음료의 섭취가 비만이나 대사증후군을 유발할 수 있으며 심지어 제2형 당뇨병도 악화시킨다는 보고가 있다. 왜 그런 것일까?

인공감미료를 섭취하면 식욕을 억제하는 호르몬의 분비량이 줄어든다. 따라서 장기적으로 보면 오히려 식욕이 증가되어 식품의 섭취량이 늘어나게 되기 때문이다. 또한 인공감미료가 장에서 당류의 흡수를 증가시켜 오히려 체중을 증가시킨다는 연구 결과도 있다. 제로 칼로리 음료의 섭취가 체중 감량에 도움이 되는 것이 아니라 오히려 체중을 증가시키고 비만 및 비만과 밀접한 관련이 있는 대사증후군이나 당뇨병까지 악화시킬 수 있다니 일반 식품보다 칼로리가 낮다고 해서 마음 놓고 먹는 것은 문제가 될 수 있다.

체중 감량을 위해서 인공감미료가 들어 있는 칼로리 제로 음료나 식품을 선택하는 것보다는 건강에 좋은 식품을 적당히 섭취하고 적절한 운동과 생활 습관을 변화시켜 체중을 감량하는 것이 바람직하다.

02 '기능성 식품'의 실제 기능

식품은 3가지 기능을 가진다. 1차 기능은 생명의 유지에 필수적인 영양 기능이며, 2차 기능은 맛, 냄새, 색, 질감 등 기호적인 기능이다. 3차 기능은 건강의 유지나 증진에 관련된 생체 조절 기능이다. 기능성 식품이란 식품의 3차 기능인 생체 조절 기능에 초점을 맞춰 제조되는 식품을 의미하며 우리나라에서는 공식적으로 '건강기능식품'이라고 부른다.

기능성원료나 성분의 생체 조절 효과가 동물 시험이나 인체 적용 시험 같은 과학적 근거를 바탕으로 평가되고 효능이 인정된 것만이 건강기능식품의 제조에 이용할 수 있으니 건강에 좋은 식품으로 알려진 것들이라고 해서 모두 건강기능식품인 것은 아니다. 건강기능식품은 식품의약품안전처의 허가에 의해 제조, 판매되어야 하며 이는 '건강기능식품'이라는 문구나 마크로 확인할 수 있다. '건강기능식품'이라는 문구가 아니라 '건강식품'이나 '천연식품' 등의 문구는 법적으로 그 기능을 인정받은 것이 아니니 혼동하지 않아야 한다.

건강기능식품에는 기능성을 지닌 성분의 효능이 과학적으로 확인된 것은 물론 그 기능성 성분의 함량이 기능성을 발휘할 만큼 충분이 함유되어 있어야 한다. 예를 들어 홍삼이 들어 있다면 홍삼 제품이 될 수는 있지만 그 양이 피로 회복이나 면역력을 증강시키는 기능을 하기에 부족하다면 건강기능식품이 될 수 없다. 따라서 기능적 효과를 보기 위해 홍삼 제품을 구매한다면 건강기능식품표시와 기능성 정보가 있는 제품을 선택해야 하는 것이다.

건강기능식품이 갖는 기능성에는 '영양소 기능', '질병 발생 위험 감소 기능', '생리 활성 기능'이 있으며, 생리 활성 기능은 근거 자료에 기초하여 1,2,3등급으로 구분한다. 생리 활성 기능 1등급은 특정 기능에 효과가 있는 것이며 2등급은 특정 기능에 효과가 있을 수 있는 것을 의미한다. 3등급은 효과가 있을 수 있으나 인체 적용 시험이 부족한 것이다. 생리 활성 기능 등급은 건강기능식품의 기능성 정보로 포장에 표시하기 때문에 소비자가 보고 등급에 따라 그 기능의 효과에 대하여 판단할 수 있다.

영양소 기능을 하는 성분으로는 비타민, 무기질, 단백질, 식이섬유, 필수지방산 등이 있으며 질병 발생 위험 감소 기능에는 골다공증발생위험 감소에 효과가 있는 칼슘과 비타민D, 충치 발생 위험 감소에 효과가 있는 자일리톨이다.

생리 활성 기능에는 장 건강, 혈당 조절, 뼈 건강, 콜레스테롤 개선, 체지방 감소, 면역 기능, 항산화, 피부 건강, 혈압 조절, 혈중중성지방 개선, 혈행 개선, 기억력 개선, 간 건강, 눈 건강, 긴장 완화, 인지 능력 개선, 전립선 건강, 칼슘 흡수 증진, 운동 수행 능력 개선, 요로 감염 예방, 충치 발생 위험 감소, 피로 개선, 배뇨 기능 개선, 갱년기 남성 건강, 면역 과민 반응에 의한 피부 상태 개선, 월경 전 변화에 의한 불편한 상태 개선, 정자 운동성 개선, 유산균 증식을 통한 여성의 질 건강, 어린이 키 성장 개선 등이 있다.

건강기능식품 구매 시 주의할 점

① 건강기능식품을 구매할 때는 먼저 나에게 필요한 기능의 식품인지를 판단해야 한다.(혈당에 전혀 문제가 없는데 혈당 조절 식품을 먹을 필요는 없다.)

② 포장의 표시 사항을 확인하여 국가에서 인정하는 '건강기능식품' 문구나 마크가 있는지 확인한다.

③ '표시.광고 사전심의필' 마크가 있다면 표시된 광고 내용이 식품의약품안전처에서 인정한 기능의 내용에 맞는 것으로 과대광고 등의 염려를 하지 않아도 된다.

④ GMP마크가 있는 제품을 선택한다. GMP마크는 우수건강식품제조기준으로 과학적으로 품질이 관리되는 상태로 제조된 것을 의미하므로 위생성이나 안전성에 대한 염려가 적다.

⑤ 생산된 지 얼마 되지 않은 유통기한이 충분한 제품을 구매한다.

⑥ 안전성이 확인되지 않은 해외 판매 제품을 구매할 경우엔 특히 주의해야 한다.

건강기능식품 섭취 시 주의할 점

① 섭취량과 섭취 방법을 지켜서 섭취해야 한다. 건강 기능에 효과가 있다고 해서 많이 먹는 것은 오히려 문제를 유발할 수 있으며 너무 적게 먹는 것은 기능성을 발휘하기 어렵다. 따라서 표시 사항에 있는 건강기능식품의 섭취 기준을 지켜서 먹는 것이 중요하다.

② 여러 제품을 한꺼번에 먹지 않는다. 건강기능식품은 생리 활성 기능을 지닌 성분이 농축된 식품이기 때문에 여러 가지 기능 성분을 한꺼번에 먹으면 서로 화학 반응을 일으켜 문제를 유발하거나 성분의 흡수, 기능을 방해하는 등 여러 문제가 생길 수 있다.

③ 어린이나 임신, 수유부, 노인 등은 농축된 기능 성분의 섭취로 인해 문제가 발생할 수 있으니 주의 사항을 보고 해당 사항이 있다면 함부로 섭취하지 않도록 해야 한다.

④ 질환이 있거나 약을 복용 중인 경우엔 의사와 섭취 가능 여부를 상담 한 후에 섭취한다.

⑤ 질병을 치료하기 위한 수단으로 '건강기능식품'을 섭취하지 않는다. 건강기능식품은 의약품이 아니기 때문이다. 질병이나 건강에 문제가 있을 경우에 건강기능식품을 통해 도움을 받을 수는 있지만 질병을 치료할 수는 없다.

03 흑설탕이 백설탕보다 건강할까?

사탕수수나 사탕무를 분쇄하고 압착하여 얻어지는 당액을 정제해서 만드는 설탕은 깔끔한 단맛으로 각종 음식에 단맛을 낼 때 가장 많이 이용되는 감미료이다. 당액의 정제, 가공 정도에 따라 여러 종류의 설탕이 존재하지만 흔히 설탕이라고 하면 정제도와 순도가 높은 백설탕을 의미한다.

백설탕은 한 분자의 포도당과 과당이 결합해 있는 서당(sucrose)으로 이루어져 있으며 다른 영양소는 함유하지 않아 대표적인 엠프티 칼로리(empty calorie) 식품으로 알려져 있다. 칼로리는 내지만 체내에서 대사되고 열량을 생산하는 과정에 필요한 다른 영양소는 함유하지 않아서 칼슘, 비타민B₁ 등 영양소를 손실시키고 비만을 비롯하여 당뇨병, 고지혈증, 충치 등을 유발하거나 악화시키며 중독성까지 있는 것으로 알려져 소금, 밀가루와 더불어 건강을 위해 피해야 하는 3백 식품으로도 꼽힌다.

설탕의 이런 문제점들이 제기되면서 조리 시 건강을 위해 백설탕 대신 흑설탕을 사용하기도 한다. 원래 흑설탕은 당액에서 당밀을 제거하지 않고 농축하여 만들기 때문에 서당 이외에 단백질, 칼슘, 철분, 인, 비타민B군 등을 함유하며 특유의 어두운 색을 띠고 독특한 풍미도 있다. 하지만 요즘 시중에서 흔히 볼 수 있는 흑설탕은 당액을 농축하여 만드는 것이 아니라 백설탕에 제당용 당밀을 입혀 흑설탕의 풍미와 색만 나도록 한 것으로 서당 이외의 영양소가 들어 있다 해도 그 함량이 매우 낮아 백설탕과 큰 차이가 없다.

따라서 건강을 위하여 백설탕 대신 흑설탕을 사용하는 것은 별 의미가 없다. 백설탕이든 흑설탕이든 설탕의 과다한 섭취는 건강에 해롭다. 가공식품의 이용과 외식이 많아지면서 우리는 알게 모르게 단맛에 중독되어가고 있다. 백설탕이냐 흑설탕이냐가 중요한 것이 아니라 설탕의 섭취를 줄이고 단맛에 중독되어가는 우리의 미각을 회복하여 건강한 식생활을 하는 것이 중요하다.

04 유정란과 무정란, 어떤 것이 영양적으로 더 우수할까?

양질의 단백질을 비롯하여 철분, 인, 비타민A, 비타민B군 등 다양한 영양소를 고르게 함유하며 육류에 비해 가격까지 저렴한 동물성식품인 달걀은 영양적으로 우수할 뿐 아니라 조리에서의 활용성이나 풍미 면에서도 매우 훌륭한 식품이다.

하지만 건강에 대한 관심이 높아지면서 건강 식품인 달걀의 선택에도 여러 가지를 고민하게 되었다. 열악한 환경에서 공장식으로 대량 생산되는 달걀보다는 자연스러운 환경에서 생산된 달걀(동물복지란)을, 무정란보다는 유정란을 선호하는 사람이 늘어나고 이런 소비자의 욕구에 맞추어 다양한 달걀이 출시되어 우리의 선택을 기다리고 있다. 게다가 얼마 전 문제가 되었던 살충제 달걀 파동 이후 달걀에 대한 불신이 늘어가며 이런 고민은 더 깊어지게 되었다.

무정란이란 교미 과정을 거치지 않아 병아리로 부화될 수 없는 달걀로 우리가 흔히 구입하는 대부분의 달걀이 바로 무정란이다. 반면 유정란은 교미 과정을 통해 수정이 이루어졌기 때문에 적절한 환경에서 병아리로 부화될 수 있는 달걀이다. 당연히 유정란에 비해 생산이 편리한 무정란이 생산량도 많고 가격도 저렴하다.

비싼 가격을 지불하고 유정란을 구매하는 많은 사람들은 유정란이 영양적으로 우수하고 건강에도 좋을 것이라 생각하지만 영양 성분으로만 보았을 때 유정란과 무정란은 큰 차이가 없다. 유정란이 비타민 함량이 약간 많은 정도이다.

건강과 관련된 식품의 가치를 논할 때 서양에서는 주로 그 함유된 성분을 중요시 여기며 동양에서는 식품이 지니는 성질을 따지는 특징이 있다. 따라서 사람에 따라 영양소 함량의 많고 적음보다는 병아리가 될 수 있는 달걀이 진정한 달걀의 성질을 지닌 것으로 보는 시각이 있을 수 있기는 하다. 하지만 경제성을 고려할 때 굳이 2배나 비싼 가격으로 유정란을 선택해야 하는지는 의문이 든다.

달걀은 영양가 높은 식품인 만큼 부패도 쉽다. 따라서 달걀의 선택에 있어서 유정란인지 무정란인지를 고민하는 것보다는 신선하고 위생적인 것을 선택하는 것이 더 의미가 있다. 방사된 환경에서 키운 닭이 면역력이 높아 질병 등의 위험이 발생할 확률이 적어 더 안심할 수 있어 건강한 달걀이라 볼 수 있다. 유정란이 밀집 사육이 아닌 동물친화적인 조건에서 항생제나 살충제 등으로부터 자유로운 환경에서 생산된 것이 확실하다면 단지 높은 영양소 함량 이외의 동물 복지라는 또 다른 가치를 지닐 수 있다.

05 무가당 음료에도 당분이 들어 있다

오렌지주스, 사과주스, 토마토주스, 망고주스 등 시중에 판매되는 과일주스는 상큼하고 시원한 단맛에 갈증도 해소하면서 비타민도 보충할 수 있으니 건강을 위한 최선의 음료수처럼 느껴진다. 하지만 과일주스의 달달한 맛을 내는 당분이 비만과 각종 성인병의 원인이라는 사실이 알려지면서 주스를 선택할 때도 과즙의 함량과 첨가물 특히 당분에 대한 신경을 많이 쓰게 된다.

소비자들의 당분에 대한 거부감 때문에 업체에서는 무가당 과즙음료를 생산하고 용기의 라벨에도 무가당임을 크게 광고하기 시작했다. 무가당 과일음료를 마신다면 당분을 전혀 섭취하지 않는 것일까? 물론 답은 '아니오'이다. 모두 알다시피 과일에는 과당, 포도당을 비롯하여 설탕이라 부르는 서당(sucrose)까지 다양한 당분이 함유되어 있다. 무가당은 과일음료를 만들 때 당분을 추가적으로 더 첨가하지 않았을 뿐이지 당분이 들어 있지 않다는 의미는 아니며 원료과일의 당분은 그대로 함유되어 있는 것이다. 실제로 무가당 주스는 원료의 당도가 높아 굳이 당분을 첨가할 필요가 없는 것으로 전체적인 당의 함량을 보면 가당 주스나 무가당 주스나 큰 차이가 없다.

과일을 주스로 만들게 되면 식이섬유소가 제거되면서 생과일로 먹을 때보다 당분의 흡수가 훨씬 빨라져 혈당의 증가 속도도 빨라지는데 이는 직접 만든 생과일주스도 마찬가지이다. 또한 과일 속에 있던 일부 비타민도 파괴되니 건강을 위해서라면 과일주스보다는 신선한 과일을 갈지 않고 꼭꼭 씹어서 먹는 것이 가장 좋다.

06 몸에 좋은 불포화지방, 과함이 부족함만 못하다

지방은 열량원인 동시에 체내 세포막과 장기의 주요 구성분이며 국소호르몬을 합성하여 신체 기능을 조절하고 체온을 유지하는 등 체내에서 중요한 기능을 수행한다. 그러나 동물성식품에 풍부한 포화지방은 체내 합성이 가능하고 과도하게 섭취할 경우 비만은 물론 혈중 콜레스테롤 함량을 높여 심뇌혈관질환의 원인이 되기 때문에 현대인이 가능하면 피해야할 성분이 되어 버렸다.

반면 일부 불포화지방은 체내 합성이 불가능하여 식품으로 섭취해 주어야 하므로 필수지방산으로 불리며 혈액의 콜레스테롤을 저하시키는 등의 기능을 지녀 건강에 좋은 지방으로 알려지면서 불포화지방이 풍부한 식물성 기름을 먹으려고 노력하는 이들이 많아졌다.

필수지방산에는 오메가-6지방인 리놀레산과 오메가-3지방인 리놀렌산이 있는데 오메가-3지방인 리놀렌산은 들기름을 제외하면 식물성기름보다는 생선에 많이 함유되어 있으며 우리가 흔히 식용유로 이용하는 식물성기름에는 오메가-6지방인 리놀레산의 함량이 훨씬 높다. 실제로 한국인은 주로 콩기름이나 옥수수기름 같은 식용유를 통해 불포화지방을 섭취하고 오메가 3지방이 풍부한 등푸른생선보다는 흰살생선의 섭취가 많아 상대적으로 오메가-3의 섭취가 부족한 실정이다.

오메가-6지방과 오메가-3지방의 섭취 비율은 4:1에서 10:1 사이가 적절하며 오메가-3지방에 비해 오메가-6지방을 과다하게 섭취하는 것은 오히려 만성염증을 일으키는 등 암을 비롯한 여러 문제를 유발할 수 있으니 오메가-3지방이 풍부한 들기름과 등푸른생선을 충분히 섭취해 오메가-3와 오메가-6지방의 균형을 맞추는 것이 좋다.

하지만 아무리 좋은 불포화지방이 풍부한 기름이라 해도 지방은 지방이다. 과다한 섭취는 비만에 원인이 되고 여러 부작용이 있을 수 있으니 신선한 식품으로 적당한 양만 섭취하는 것이 가장 바람직하다.

07

글루텐 프리(gluten free) 식품은
다이어트에 필수일까?

언제부터인가 '글루텐 프리'란 말이 심심치 않게 들리곤 한다. 글루텐이란 밀가루 반죽에 들어 있는 단백질인데 점탄성이 있기 때문에 밀가루 반죽이 모양을 유지하면서 팽팽해서 빵을 만들 수 있는 것이다. 국수를 밀 때 쭉쭉 잘 늘어나면서도 쫄깃하고 탱탱한 촉감을 지니는 것도 글루텐 덕분이라고 할 수 있다. 밀가루는 글루텐의 함량에 따라 강력분, 중력분, 박력분으로 나뉘고 용도도 다르게 이용되는 것이다.

그런데 밀가루에 특별한 제빵 적성을 부여하고 비록 불완전단백질이기는 하지만 단백질인 글루텐이 언제인가부터 피해야할 성분으로 부각되기 시작 하였고 글루텐 프리 다이어트가 꼭 따라야 할 건강한 식생활인 것처럼 포장되기도 한다.

글루텐프리 식품이 건강식으로 부각되기 시작한 것은 셀리악병이라 불리는 소아지방변증 때문이다. 셀리악병은 일종의 알레르기 질환으로 밀가루 음식을 먹었을 때 장점막이 손상되어 영양소의 소화와 흡수에 장애가 일어나는 질병으로 글루텐에 대한 민감성이 원인이라고 보고 있다. 그러나 셀리악병은 유전병으로 대부분의 셀리악병 환자는 HLA-DQ2라는 유전자를 가지고 있는 사람이며 미국인의 약 1%가 정도가 셀리악병 환자이다. 하지만 우리나라를 포함하여 동양인은 이 유전자를 거의 가지지 않으며 따라서 셀리악병의 발병 사례도 없다. 셀리악병와 글루텐은 연관이 없다는 연구 결과들도 꾸준히 발표되고 있다.

서양의 글루텐 알레르기 환자들 때문에 생겨난 글루텐 프리 식품이 우리나라에서 건강식으로 둔갑한다는 것은 일종의 사대주의적 사고에서 생긴 것이 아닐까 싶다. 우리는 우리 체질과 특성에 맞게 식품을 선택하고 섭취하는 것이 가장 좋다. 물론 셀리악병은 아니지만 글루텐이 들어 있는 빵이나 국수를 먹었을 때 소화 불량 등 문제가 있다면 당연히 밀가루 식품은 피해야 할 것이다. 하지만 밀가루 이외에 보리, 호밀, 귀리 같은 맥류에도 소량이지만 글루텐은 들어 있으니 글루텐이 문제라면 이런 식품도 전부 피해야 효과가 있다. 이것이 아니라면 글루텐 프리 다이어트를 따라할 필요가 없는 것이다.

08

슈퍼푸드는 슈퍼 건강 식품?

건강에 대한 관심이 높아지면서 좋은 식품을 선택하고 섭취하고자 하는 욕구도 높아지고 있다. 이러한 소비자의 요구에 맞추어 탄생한 용어 중 하나가 슈퍼푸드가 아닐까? 2002년 미국의 시사 주간지인 타임에서 세계 10대 슈퍼푸드를 선정하여 발표하면서 슈퍼푸드라는 말이 크게 화제가 되었다. 당시 타임지에서 발표한 슈퍼푸드에는 귀리, 블루베리, 녹차, 마늘, 연어, 브로콜리, 아몬드, 적포도주, 시금치, 토마토가 포함되었다. 타임지에 언급된 식품이외에도 단호박, 당근, 밤, 콩, 케일, 렌즈콩, 퀴노아, 아마씨, 햄프시드, 치아씨드, 통밀빵, 요구르트, 견과류, 등푸른생선, 비트, 달걀, 올리브유, 다크초콜릿, 해조류 등 다양한 식품이 전문가 또는 기관에 따라 슈퍼푸드로 언급된다.

실제로 슈퍼푸드의 종류나 범위가 정해져 있는 것은 아니며 일반적으로 열량과 지방은 적게 포함하고 비타민, 무기질, 섬유소 특히 항산화 성분이 풍부하게 들어 있는 식품들을 말한다. 슈퍼푸드로 언급되는 식품들은 항산화 작용을 통해 노화를 억제하고 면역력을 강화하며 심혈관 질환, 고혈압, 당뇨병 같은 성인병과 암의 발생을 예방하는 데 도움을 주는 것으로 알려졌다.

그러나 항산화 성분의 섭취가 지나치면 오히려 산화촉진물질과의 균형을 깨서 골격근의 기능이 손상될 수도 있다는 연구가 발표되었으며 퀴노아의 렉틴처럼 항산화 식품에 들어 있는 다른 성분이 영양소의 흡수를 방해하거나 알레르기를 유발하는 등 건강에 안 좋은 작용을 할 수도 있다. 얼마 전 이슈가 되었던 아마씨에 들어 있던 카드뮴처럼 불순물이 문제가 될 수도 있다. 또한 아무리 좋은 성분도 과다 섭취하는 것은 문제를 유발할 수도 있으며 다른 영양소의 결핍이나 불균형을 초래할 수도 있다.

슈퍼푸드로 언급된 식품의 장점만 과대 포장되면서 우리나라에서 생산되지도 않고 한국인이 즐겨먹지도 않던 식품이 불티나게 팔리는 것은 아마도 상술의 힘이 아닐까 싶다. 아무리 몸에 좋은 식품도 모든 면에서 완벽하기는 어렵고 몸에 좋다고 하여 그 식품만 먹을 수도 없는 일이다. 슈퍼푸드라는 부제가 식품을 선택하는 기준이 되어서는 안 된다. 주위에서 흔히 구할 수 있는 신선하고 다양한 식품을 골고루 그리고 적당히 먹는 것이 건강을 슈퍼로 지키는 일이다.

09 트랜스지방 제로 마가린은 안전할까?

트랜스지방은 주로 액체지방에 수소를 첨가하여 고체지방(경화유)을 만드는 과정에서 생기는 것으로 비만은 물론 혈중 LDL-콜레스테롤을 증가시켜 동맥경화나 심혈관계질환의 위험성을 높이고 유방암이나 대장암 등의 암세포의 증식을 촉진하는 것으로 알려졌다.

대표적인 경화유인 마가린이나 쇼트닝은 식품에 고소하고 바삭한 맛을 부여하는 성질 때문에 빵이나 과자를 만들거나 튀김을 할 때 많이 이용되고 있으며 식물성 기름을 원료로 하여 만들어진다는 이유로 한때는 버터나 라드보다 건강한 식품으로 잘못 알려지기도 했었다. 하지만 트랜스지방의 문제점들이 알려지며 정부에서는 트랜스지방의 섭취를 줄이기 위해 마가린을 비롯하여 모든 식품의 포장에 트랜스지방의 함량을 표시하도록 하고 소비자들이 판단하여 선택하도록 하였다.

많은 소비자들이 트랜스지방 제로라는 표시를 보고 안심하고 마가린을 구매한다. 트랜스지방 제로 마가린에는 트랜스지방이 전혀 들어 있지 않은 것일까? 실제로 트랜스지방 제로 식품에 얼마만큼의 트랜스지방이 들어 있는지는 정확히 알 수 없다. 왜냐하면 우리나라에서는 식품 100g당 0.2g 미만의 트랜스지방이 들어 있으면 '0'으로 표시할 수 있기 때문이다. 실제로 0이 아닌데도 0으로 표기하도록 하는 것은 측정상의 오차나 경화 과정이 아닌 자연적으로 존재할 수 있는 트랜스지방의 양, 건강에 미치는 영향 등을 고려한 수치이다. 미국은 0.5g, 일본은 0.3g을 '0'의 기준으로 하고 있다.

마가린의 트랜스지방이 무시할 만한 양이라 하여도 마가린 뿐 아니라 경화유가 들어간 빵이나 과자, 튀김 등을 함께 먹었을 때 실제로 섭취하게 되는 트랜스지방의 총 양은 무시할 수 없는 수준이 될 수도 있는 일이다.

따라서 트랜스지방의 피해를 줄이려면 트랜스지방 제로 표기를 맹신하지 말고 경화유의 이용과 경화유가 들어간 초콜릿이나 스낵, 비스킷, 빵 같은 식품의 섭취를 줄여야 하며 튀김유를 반복적으로 재사용하는 것도 피해야 한다.

10 현미 vs 백미

현미가 사람을 서서히 죽이는 독약이라는 이야기가 있다. 우리 조상들은 현미를 먹지 않았으며 제초제로 쓰일 정도로 독하다고 한다. 그렇다면 과연 현미는 우리를 죽이는 독인가? 그렇다면 건강을 위해 피해야 할 3백 식품에 들어가기도 하는 흰쌀밥은 건강에 좋은 식품인가 아니면 나쁜 식품인가? 건강과 영양에 대한 온갖 정보가 넘치는 시대에 이러한 이야기는 소비자를 혼란스럽게 만든다. 더구나 밥은 한국인의 주식으로 매일 먹어야 하는 음식이니 이런 괴담을 무시하기 어렵다.

쌀 낟알의 구조를 보면 외피와 내피, 쌀눈이라 불리는 배아 그리고 낟알의 대부분을 차지하는 배유 부분으로 나뉜다. 이중 외피를 제거하여 속껍질과 쌀눈 부분이 남아있는 것이 현미이고 백미는 도정에 의해 속껍질은 물론 쌀눈까지 모두 제거된 것이다. 쌀 낟알의 각 부위에 따라 함유하는 영양소 구성은 다소 차이가 있다. 배아 부분에는 단백질과 지방, 비타민, 무기질이 풍부하고 속껍질에는 식이섬유소가 풍부하다. 반면 배유 부분에는 탄수화물이 대부분을 차지한다. 도정에 의해 단백질, 지방, 무기질, 비타민, 식이섬유소가 들어 있는 껍질, 쌀눈 부분이 제거된 백미보다는 현미가 영양적으로 우수한 것은 당연하다. 하지만 함량이 높으면서 백미보다 현미에 2배가량 많이 들어 있는 비타민B₁, 인, 칼륨 등 일부 영양소를 제외하고 나머지 영양소에 대해서는 현미와 백미의 차이가 크지 않기 때문에 큰 의미가 있다고 보기는 어렵다.

그렇다면 현미가 백미보다 좋은 식품이라고 보는 이유는 무엇일까? 바로 현미에 풍부한 식이섬유소 때문이다. 현미에 풍부한 식이섬유소는 장의 운동을 활발하게 해주어 장의 건강에 도움이 되고 탄수화물의 소화, 흡수 속도를 늦추어 혈당의 급격한 상승을 억제하며 포만감이 오래가도록 하므로 식욕 조절에도 도움이 된다. 따라서 당뇨나 비만인 사람은 백미보다는 현미가 좋다. 특히 현미 속껍질에 풍부한 특히 지용성식이섬유소인 리그난은 체내 독성 물질의 흡착과 배출에 매우 도움이 된다.

하지만 현미의 껍질에는 피틴산이라는 성분도 많은데 식이섬유소나 피틴산은 무기질을 흡착하여 체외로 배출하는 특성이 있다. 어찌 보면 현미에 무기질이 좀 더 들어 있다 하더라도 실제 체내 흡수율은 좋지 않을 수도 있다. 또한 미국소비자협회가 발표한 내용에 따르면 현미는 백미보다 더 많은 양의 비소를 함유하고 있다고 한다.

그렇다면 백미는 어떠한가? 소화가 잘 되기 때문에 혈당을 빠르게 올리고 전분 이외의 영양소 특히 식이섬유소의 함량이 낮은 백미는 건강을 해치는 식품일까? 물론 아니다. 백미는 현미보다는 식이섬유소가 적지만 단백질의 함량은 현미 만큼 높은 편이며 무엇보다 소화 흡수가 좋다는 장점이 있다. 특히 소화 기능이 떨어지는 사람에게는 현미보다 좋은 훌륭한 에너지원이다.

모든 면에서 완전한 식품은 없다. 어떤 사람에게는 좋은 식품이 다른 누군가에게는 좋지 않은 식품이 될 수도 있다. 현미나 백미 역시 그렇다. 당뇨환자에게는 백미보다 현미가 좋으며 소화 기능이 떨어지는 노인은 백미를 먹는 것이 좋다. 현미를 먹더라도 너무 과하게 먹지 않고 다른 곡류와 섞어 먹거나 번갈아 먹는다면 현미의 단점을 보완할 수 있다.

PART 04

01 식품의약품안전처

회수/판매 중지 식품, 국내외 부적합 식품 등에 관한 정보를 얻을 수 있다. 일반 식품, 공산품, 건강보조제 등 식품의 범주에 있는 모든 것들이 포함되어 있으며 궁금한 제품은 검색창을 이용해 찾아볼 수 있다. 상단 왼쪽의 '회수판매 중지 식품'을 터치하면 판매 중지된 식품의 이미지와 함께 업체명과 주소, 판매 중지 날짜와 사유 등이 상세하게 나온다. 실제로 흔히 볼 수 있는 제품들이 의외로 많아 가끔씩이라도 앱을 통해 확인하는 것을 추천한다.

02 내손안(安) 식품안전정보

내 위치를 기준으로 식품 관련 업소를 검색할 수 있고 업소 위반 사항, 회수 제품 등의 정보도 확인할 수 있다. 식품 라벨의 바코드를 조회하는 기능이 있는데 시범 단계라 모든 제품이 검색되지는 않지만 시범 단계가 끝나면 식품의 유통 과정을 쉽게 조회할 수 있어 유용할 것으로 보인다.

03 의약품 검색

의약품에 대한 정보를 쉽게 검색할 수 있다. 약, 음식의 상호 작용 정보, 임신 중 사용 가능한 약물, 의약품 낱알 식별 정보, 응급 처치 등을 검색할 수 있다. 의약품명을 검색하면 낱알의 상세 이미지부터 용법, 효능, 주의점, 복약법 등의 정보가 있어 의약품 케이스를 잃어버렸을 때 유용하다. 또한 제품명을 알 수 없는 낱알만 남은 약도 모양과 색상, 식별표시를 입력하여 정보를 얻을 수 있어 좋다.

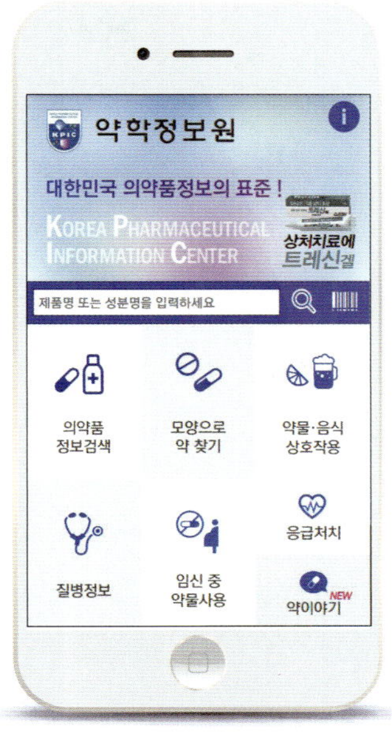

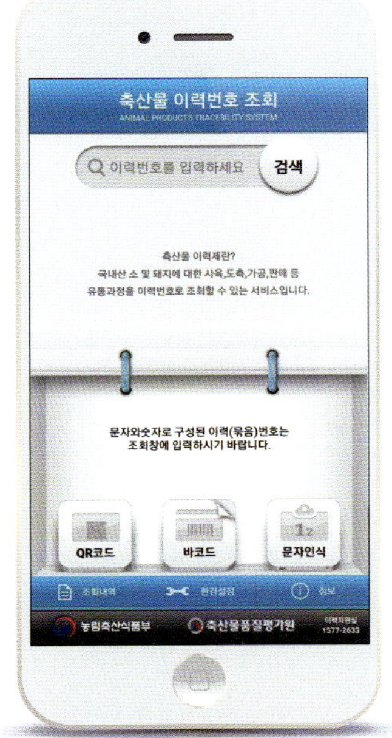

04 축산물이력제

소고기와 돼지고기의 이력 정보를 제공한다. 사육 농장, 도축 일자, 성별 등을 조회할 수 있으니 신선도가 의심된다면 한번쯤 검색해보는 것도 좋다. QR코드, 바코드, 이력번호 모두 조회 가능하다.

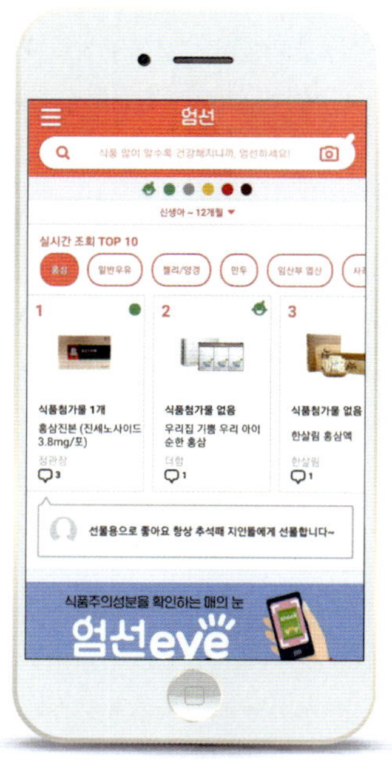

05 엄선
내 아이의 건강을 위한 엄마의 선택

제품명을 검색하거나 바코드를 인식하면 공산품에 함유된 식품첨가물과 위험 정도를 알 수 있으며 1일 권장량 대비 나트륨, 칼로리 함량과 알레르기 성분 정보도 있다. 또한 식품첨가물이 함유되지 않은 공산품들을 추천하기도 하니 장을 보기 전 검색해 보면 좋다.